城 市 设 计

城市营造中的设计方法

［德］克里斯塔·莱歇尔（Christa Reicher） 著

孙宏斌 译

同济大学 出版社

Tongji University Press

图书在版编目（CIP）数据

城市设计：城市营造中的设计方法 / （德）克里
斯塔·莱歇尔（Christa Reicher）著；孙宏斌译 . --
上海：同济大学出版社，2018.5
　ISBN 978-7-5608-7236-0

　Ⅰ.①城… Ⅱ.①克… ②孙… Ⅲ.①城市规划 – 设
计 Ⅳ.① TU984.1

中国版本图书馆 CIP 数据核字 (2017) 第 182521 号

Translation from German language edition:
Städtebauliches Entwerfen
by Christa Reicher
Copyright ©2014 Springer Fachmedien
Springer Fachmedien is a part of Springer Science+Business Media
All Rights Reserved

图字 09-2015 – 835

城市设计　城市营造中的设计方法

［德］克里斯塔·莱歇尔（Christa Reicher） 著　孙宏斌 译

责任编辑　熊磊丽　　责任校对　徐春莲　　封面设计　孙宏斌　李春浓

出版发行　同济大学出版社　www.tongjipress.com.cn
　　　　　（地址：上海四平路 1239 号　邮编：200092　电话：021 – 65985622）
经　　销　全国各地新华书店
印　　刷　常熟市华顺印刷有限公司
开　　本　889mm × 1194mm　1/16
印　　张　18.75
字　　数　600 000
版　　次　2018 年 5 月第 1 版　　2018 年 5 月第 1 次印刷
书　　号　ISBN 978-7-5608-7236-0
定　　价　99.00 元

中文版 序一

　　城市设计，在我国当下的规划和建设领域受到广泛关注，它不仅仅涉及城市营造中所处理的街道、公园、建筑、市政等物质环境，而且更关心人们在其中就业、居住、游憩等日常和节庆的活动感受，因此是一项复杂的综合性工作。要培养优秀的城市设计师，就要加强建筑学、城市规划和景观建筑学的综合训练以及社会、人文、经济等多方面的知识整合，这在我国目前的高等院校城市设计教学中是迫切需要的。

　　德国多特蒙德技术大学（TU Dortmund）的克里斯塔·莱歇尔教授在施普林格出版社出版的这本关于城市设计的图书，融汇了德国多名在城市设计领域知名教授的观念和思想，全面系统地总结了德国在这个专业领域中的教学经验和学术态度。德国是"城市形态学"（Urban Morphology）研究学派和理论的发源地之一，这本著作也是基于这样一种对城市演进的结构性认识，从空间和社会层面的认知视角去理解城市设计所指导的城市营造活动；也突出了城市设计作为"设计产品"和"设计过程"的双面性，以及其具有公共利益和私人利益协调下的长期实践特征。此外，作者也强调了城市设计需要通过精心策划的营销和组织来实现以过程为导向的城市营造。虽然，德国城市的人文、社会、经济背景和城市营造过程中遇到的问题与我国的情况不尽相同，但本书所传递的观点和知识节点以及匹配的案例是生动翔实而理性的，对于我国高等院校培养城市设计人才会有很好的促进作用，也有助于建筑师、规划师等对于这个特别领域的深入理解。

　　要把德文原著译成朗朗上口的中文是不容易的，本书译者孙宏斌是留学德国的青年学者和建筑师，带着对城市设计的浓厚兴趣和对我国城市设计实践的热忱期待，将这本优秀的专业图书介绍给中国的城市设计学科师生和实践者们，是非常值得庆贺的。也期盼我国的城市设计在城市更新和城市建设的大背景下，能不断融合更多国内外经验教训而获得持续的创新和发展。

庄宇　博士
同济大学建筑与城市规划学院城市更新
与设计学科主持教授
2017 年 10 月

中文版　序二

2008 年的时候，我设计了青山湖的一系列山地别墅。记得当时让实习生做了几个模型，其中一个木制模型比较特别：不但切割打磨得很细致，而且可以灵活地拆卸组装，制作得相当精致。因为用这个模型展示建筑内部的空间特别方便，所以我一直把它放在办公室的书架上。没想到那么多年过去后，我会突然接到那个当初来实习的小伙子的电话："秦老师好久不见！我回国啦。"

还记得别的实习生都忙着画图，他却特别想做实体模型。不仅如此，尽管不会德语且事务所里英文比他更好的中国年轻人还很多，但德国同事们却更喜欢和他交流设计。因此我干脆把他安排进了德国工作组。后来宏斌告诉我，当初他听了我的课之后只是想来实习一下。但实习结束之后，他就打算去德国留学了。这段实习经历对他的人生影响很大。然后在德国进修建筑的过程中，他接触到了一本城市设计领域的新书，于是下定决心要翻译成中文，来国内出版。"秦老师，请您一定要为这本书作序，"宏斌很诚恳地说，"若没有您，就不会有翻译完这本书的我。"

看了宏斌的书稿，我发现他是从建筑设计出发，自行研究到更上层的城市设计理论，然后无意间发现这本书中的理论很有意思，并最终和同济大学出版社达成出版立项的。且不说德语本身就很复杂艰深，这整套翻译立项工作也要耗费巨大的努力和辛劳，对此我是深有体会的。有时候，人生就是这样充满了巧合，当年我也翻译了德国《城市结构与城市造型设计》一书，回国三年后终于出版。其实说巧也不巧，是冥冥中时代的洪流让我们再度有了交集。因为在如今的城市化发展阶段，中国确实不能再一味推进以往的造城运动，而应该从欧洲的城市设计中好好汲取经验和养分，来建设宜居宜业、富有品质的美好城市。我和宏斌引进的这两本书的内容既有共通之处，也有作者观点之间的侧重区别，从学术上看，也是一种传承和呼应。我告诉宏斌：你在德国的时候生活相对安逸，在中国则会接触到大量建设项目的压力；而且国外的理论在结合中国的实践的过程中，还需要好好地探索和转化。这些都是你今后要面对的挑战。

时隔八年的重逢，我没想到他带回一本书并邀请我写序，他没想到那个模型还放在我的书架上。我们都笑得很开心。

博士
浙江大学建筑工程学院　教授　硕士生导师
2017 年 10 月

中文版　前言

　　在现今的建筑师和规划师的教育中，城市设计正愈发成为一项核心技能。这一论断在教学和规划实践中得到了反复证实。这本基础理论图书，承载了我个人全部的规划实践经验，以及过去20年里在不同的建筑和规划学校中的任教经验。

　　在做规划、监理、实施城市营造方面的项目的时候，我一再确信：个人住房与其所在的环境语境（如一座城市或一块居住片区的某个层面）之间的相互关系是多么的重要！公共空间亦可成为城市支柱般重要的纽带和明信片。对于建筑物和开放空间的探查和规划应该保持同等强度，因为"高品质社区"只有在平等的"对话"中才能够出现。

　　城市营造、城市规划和城市发展是极其复杂的过程。不仅建筑师、城市规划师和工程师会参与其中，更有政界人士、机构和个人投资者、创意工作者、社会学家、气象学家、照明设计师、活动经理人，更重要的参与者是那些城市的市民。城市设计需要挑战整个复杂的城市，并且必须在城郊和市中心打造出"品质"。

　　对此而言，我们应该做的是倾听城市的历史、了解它的起源、对接这些文脉，又或者在那些不合时宜的位置，果断地用"新图层"予以替换。今天的现代都市其实都属于过去，那是历史性的图层；而我们如今的行为，在明天也将成为历史！城市营造中的设计，则永远是一项"发现和研究"的过程，让当地的历史根基能被人感知，并更进一步地继续创造历史。

　　那些即将去塑造城市未来，以及正在延续打造城市现状的建筑师和规划师们，他们必须学会如何应对这种新的复杂性。他们必须有能力，用必要的专业技巧来解决问题，以及从自身的立场出发，为有可行性的发展策略制定框架。

　　上述的诉求，这本基础理论图书都可以满足。本书提供了解读城市的辅助手段和城市结构的设计工具。书里所介绍的"层次法"来自于大量的设计实践过程，对于应对城市的复杂性，应能有所帮助。

　　最近，本书在德国也即将更新到第四版了，几乎与这本中文版同步。对此我非常欣慰。在此要向孙宏斌致以特别的感谢，是他促成了这本书中文版的出版，以及亲自完成了中文内容的翻译。若没有他、没有同济大学出版社对这本书的兴趣，这部新书是不会存在的。

　　再次致以衷心的感谢。

克里斯塔·莱歇尔

2017年12月

原版　前言

城市设计是一门建筑师和城市规划师都要学习的核心技能。本书综合了本人过去 20 年在许多建筑、规划高校的任教经验，同时也融入了我的导师们和榜样们的一些学术见解。

因此，我把格哈德·库德斯教授（Gerhard Curdes）的城市结构系统作为我的教学活动以及其中所呈现的城市结构类型的基础。本书阐述的 "从空间和社会层面的认知维度去理解城市营造" 则要归功于我的榜样皮特·兹尤尼奇教授（Peter Zlonicky）。他在教学岗位上给我留下了大量内容丰富的教学草案，也是成就本书的重要基础。

在过去的几年里，我与许多事业伙伴分别合作过，在建筑与城市规划的交叉领域共同指导了许多城市设计项目。多年来安妮·克拉森－哈贝尼教授（Anne Klasen-Habeney）[1] 和克劳斯·科普克教授（Klaus Köpke）[2] 经常和我一起辅导教学活动、作为领队带队游学参观以及合作工程项目，本书的核心概念也是在他们的参与下共同完成的。

我曾经辅导过的博士生，如今已在加拿大的滑铁卢大学任教的莫纳·艾尔·卡夫教授（Mona EI-Khafif）与我之间所进行的建设性讨论，奠定了对维也纳的城市和博物馆区之 "语法" 的研究基础。另外，"城市的构件" 中，"开放空间" 部分是与乌尔里克·伯泰教授（Ulrike Beuter）[3] 合作的，"社会和教育的基础设施" 部分与佩伊维·卡蒂科（Päivi Kataikko）[4] 合作，"商业和供给" 一节则是与安琪拉·乌特克教授（Angela Uttke）[5]（作为共同作者）一起完成的。他们都是各自领域的专家。

"城市设计" 章节和其中所阐述的层次法，源于我和同事皮特·埃普廷（Peter Empting）、佩伊维、伊尔卡、拉斯·尼曼（Lars Niemann）、简·波利维卡（Jan Polivka）和梅蒂·瓦兹费迪欧斯（Mehdi Vazifedoost）一起展开的工作和讨论。在"形象与品牌战略"章节和"激活内城区"章节中，弗兰克·鲁斯（Frank Roost）等博士 [6]、伊尔卡·麦卡伦布劳赫女士（Ilka Mecklenbrauck）[7] 分别和我一起担任共同作者。

我还要感谢德克·哈斯（Dirk Haas）和克劳斯·科普尔在编辑校对上对我的帮助。有些并非从原设计者处获得的插图，则都要归功于阿米尔·拉赫那玛（Amir Rahnama），以及卡琳·塔伊西特（Karhrin Teichtert）和约瑟芬·克兹（Josephine Kreuz）的帮助。还要感谢阿米尔和伊尔卡，他们负责了排版。

此外还要特别感谢伊尔卡·麦卡伦布劳赫女士。本书许多章节以及整体形成过程，是在她的协调下完成的。

也就是说，正是在这些同事们的帮助和协作下，本书才得以问世。在此，我希望向他们再次致以衷心的感谢。

如今，针对传播 "城市营造的基础教学知识" 所进行的相关讨论，证明了本书的重要性。根据来自不同学院和学科的学生们的积极反馈，说明这本书已成为他们在城市设计项目中 "能带来实际帮助的参考书"。同时还收到了来自各个院系和学科的同事们的正面反馈，以及他们对于本书重要性的强调——这些都让所有参与本书紧张工作的成员们感到欣慰。

基于这些反馈，以及自身在教学活动和诸如各种城市规划项目中设计研讨班总结的经验，目前的第三版做了如下修订：补充了建筑类型、建筑尺寸标注的变体和附属；而诸如被简化的街道截面图，则是针对城市设计中所面临的 "对时尚的需求" 和 "对灵活性的需求" 的回应。根据我的经验：与上述同理，城市营造学的基础知识也必须针对当前挑战做出回应。

克里斯塔·莱歇尔
（Christa Reicher）

1　安妮·克拉森－哈贝尼，德国亚琛应用技术大学城规教授、副院长。
2　克劳斯·科普克，德国波鸿应用技术大学设计和建筑结构系教授。
3　乌尔里克·伯泰，德国波鸿应用技术大学景观建筑系教授。
4　佩伊维·卡蒂科，德国多特蒙德工业大学空间规划系学者、建筑师。
5　安琪拉·乌特克，德国柏林工业大学城市与空间规划学院院长。
6　弗兰克·鲁斯特，曾在德国多特蒙德工业大学执教，现为卡塞尔大学城市和区域规划系教授。
7　伊尔卡·麦卡伦布劳赫，现为德国多特蒙德工业大学空间规划系博士。

目 录

中文版 序一
中文版 序二
中文版 前言
原 版 前言

0 引 言 1
  0.1 建筑师和城市规划师、景观设计师面对的挑战 2
  0.2 城市设计具有产品和过程的双重特性 3
  0.3 定义和理解：什么是城市营造 4

1 基本概念 7
  1.1 可持续性 8
  1.2 都市性 10
  1.3 身份 12
  1.4 美学 14
  1.5 建筑文化 15
  1.6 基本概念的综合作用 16

2 概述：从历史到理论 19
  2.1 城市营造史 20
    2.1.1 城市的起源 21
    2.1.2 中世纪的城市 23
    2.1.3 君主专制时代的城市 24
    2.1.4 经济繁荣时期的城市 25
    2.1.5 现代主义的城市营造 25
    2.1.6 重建与新蓝图 26
  2.2 城市营造的理论 28
    2.2.1 伊尔德方索·塞尔达 28
    2.2.2 勒·柯布西耶 28
    2.2.3 凯文·林奇 28
    2.2.4 阿尔多·罗西 29
    2.2.5 克里斯多弗·亚历山大 29
    2.2.6 葛德·阿尔伯斯 30
    2.2.7 托马斯·西弗茨 30

3 城市的"语法" 33
  3.1 理解场所和密码：维也纳博物馆区的转变 34
  3.2 城市的类型和层次 42
    3.2.1 结构层面和结构模式 42
    3.2.2 城市结构 46

3.3 城市的逻辑 ·· 48
　　3.3.1　对图底关系的认知 ·· 48
　　3.3.2　城市形态学 ··· 50
　　3.3.3　用途结构 ··· 52
3.4 城市营造中的结构类型 ··· 54
　　3.4.1　块状街区 ··· 56
　　3.4.2　院落式建筑 ··· 62
　　3.4.3　联排式建筑 ··· 66
　　3.4.4　行列式建筑 ··· 70
　　3.4.5　独栋式建筑 ··· 74
　　3.4.6　集群式建筑 ··· 78
3.5 城市结构的传统与变迁 ··· 82
　　3.5.1　欧洲城市 ··· 84
　　3.5.2　美国城市 ··· 86
　　3.5.3　亚洲城市 ··· 88

4　城市的构件 ··· 91
4.1　城市构件：开放空间 ··· 92
4.2　城市构件：公共空间 ··· 100
4.3　城市构件：居住建筑 ··· 110
4.4　城市构件：产业和工业 ··· 128
4.5　城市构件：社会和教育的基础设施 ························· 143
4.6　城市构件：商业和供给 ··· 151

5　解读城市 ··· 159
5.1　观察和认知 ··· 160
5.2　对现状的记录和分析 ··· 163
5.3　形态学分析 ··· 167
5.4　主观分析 ··· 169

6　城市设计 ··· 173
6.1　"层次法"及其设计步骤 ··· 174
　　6.1.1　对现状的记录和分析 ··· 175
　　6.1.2　蓝图 ··· 175
　　6.1.3　结构规划 ··· 175
　　6.1.4　框架规划 ··· 175
　　6.1.5　形态规划 ··· 176
　　6.1.6　城市营造的节点设计 ··· 176
6.2　蓝图 ··· 177
6.3　结构规划 ··· 181
6.4　框架规划／总体规划 ··· 184
6.5　形态规划 ··· 188
6.6　城市营造的节点设计 ··· 192
6.7　验证 ··· 196
　　6.7.1　图底关系规划图 ··· 196

6.7.2　模型 ··· 196

6.7.3　"齐柏林飞艇"法 ··· 198

6.8　附录：其他的城市营造设计手法 ································· 199

6.8.1　网络城市法 ·· 199

6.8.2　情景法 ··· 201

6.9　对规划和概念设计的解读 ·· 205

7　城市形态设计与态度 ··· 211

7.1　城市形态和城市意象 ·· 212

7.1.1　城市形态 ·· 212

7.1.2　城市意象 ·· 212

7.2　城市的多维元素 ·· 214

7.2.1　设计品质 ·· 214

7.2.2　城市的多维元素 ··· 214

7.3　城市的等级层次和集体记忆 ····································· 216

7.4　对于现状的态度 ·· 217

7.4.1　常量和变量 ·· 217

7.4.2　前置—后置—融入 ··· 217

8　城市营造是一个过程 ··· 221

8.1　实现以过程为导向的城市营造 ··································· 222

8.1.1　过渡用途 ·· 222

8.1.2　时期和阶段 ·· 222

8.2　参与 ·· 225

8.2.1　参与方式和参与人员 ··· 225

8.2.2　开源型规划 ·· 226

8.3　"形象和品牌"战略 ··· 228

8.3.1　形象在城市产品中的新角色 ·································· 228

8.3.2　形象载体和现有的建筑形象 ·································· 229

9　精选专题集 ··· 233

9.1　太阳能利用型和高效节能型的城市营造 ······················ 234

9.2　拆除和改建 ··· 240

9.3　棕地开发 ·· 244

9.4　滨水规划与建设 ·· 249

9.5　激活内城区 ··· 254

附　　录 ·· 263

图片来源 ·· 282

译 后 记 ·· 288

引　言

0.1　建筑师和城市规划师、景观设计师面对的挑战

如今，城市和城市设计面临着大量全新的挑战，但这并非意味着现今城市营造的基础与标准完全异于19世纪或20世纪。然而，城市发展的活力和复杂性开始变得显而易见，比如"发展""萎缩"和"停滞"在空间和时间上同时出现。这就需要人们进一步加深对城市营造的过程性理解——远远超越工业化时期。城市、城市片区、城市组团并不是朝着一个方向发展，因此，合乎时宜的城市营造理念也必须基于多样化的现实，进行合适的设计和塑造。

这种具有过程性的城市营造，一方面需要一个符合项目主题、目标和城市营造法规的、有说服力的整体概念；另一方面，它必须同时兼顾可变性和变异性，从而保证参与城市营造的其他成员各自有发挥的空间，同时积极谋求与当地社会组织展开交流和对话。建立既强大又灵活的城市和城市空间，须基于综合性的思考和行动。因此，比起从前，城市营造方面的设计包含了更多领域，如经济、文化、美学、社会、技术，特别是随着日益复杂的城市而同时更加复杂的政治。[1]

城市设计并非一条以筹划开始、以实现结果的线性轨迹，而是对空间的方案进行开发、构思、放弃和替换的过程，原则上并无休止，是一项长期的区位考察。

——埃里克·巴斯韦尔（Erik Pasveer）[2]

因此可以说，城市设计是一个非常有层次及富有创造性的过程。对有抱负的建筑师、城市规划师和景观设计师来说，它可以成为一个非常有挑战性的实验，关乎结构、形态、景观、地形等不同层面。此外，在城市设计中，一个花园的重要性并不一定比一栋建筑低；"形式"并不比"创意"次要；开放空间并不比已建成的城市收获的关注度低；空间的可用性，也和它的美学品质一样重要。

图 0.1.1　巴比伦通天塔，彼得·勃鲁盖尔，1563 年

1　本书的主题"城市设计"，正如标题原文 Städtebauliches Entwerfen（城市营造中的设计方法）所描述的那样，设计的对象其实并不总是"整个城市"。只要是从"城市营造"的角度出发的设计，其实都是城市设计。
2　埃里克·巴斯韦尔，荷兰建筑师，荷兰代尔夫特理工大学建筑和城规系教授，著有《作为研究策略的城市设计》。

0.2 城市设计具有产品和过程的双重特性

设计的过程，已不仅仅局限于对空间产品的开发，即物理空间（硬件），同时也越来越多地注重空间发展过程中的步骤及相关策略的开发（软件）：这些可以成为沟通和参与的经验，并作为市场、品牌策略，甚至成为新型的规划工具——有可能以此实现更有品质的城市设计。以下城市设计的任务说明，对城市设计中"产品"和"过程"之间的区别进行了阐述。

根据具体的任务要求，城市设计在"产品"和"过程"之间具有众多的交集。本书会详细解读"产品"和"过程"这两个维度，即使"物理空间"对设计来说非常重要，但本书也不会忽略"过程分析"。归根到底，城市设计既是一种空间的编排和填充，又涉及许多未知和惊奇。这既是常见的城市概念所具有的特性，也是其设计过程所具有的特性。

城市设计作为产品：

A 空间结构（物理空间）

- 建筑
- 公共空间

B 空间填充

- 用途
- 策划

城市设计作为过程：

C 空间组织

- 规划程序、规划方法
- 正式与非正式的规则政策

D 空间激活

- 品牌化和形象
- 事件策动
- 参与和合作

每个形体都是整体过程中凝固的片段截图，是将要实现的中途停靠站，而不是死板的最终目标。

——萨尔·瓦多里西茨基

图 0.2.1 城市设计的产品性和过程性

产品		过程	
A	**B**	**C**	**D**
空间结构 建筑、公共空间	**空间填充** 用途、策划	**空间组织** 建造指导性规划、正式非正式规则、网络化连接	**空间激活** 品牌、演绎、事件、图像、参与性
1.建筑 2.公共空间	1.公园 2.工作 3.居住 4.广场 5.商店	控制引导性规划 广场	事件

在公共空间设置家具　　形态设计手册　　社区管理

过渡用途

策略性总体规划

实现公共空间的复苏所产生的魅力

0.3 定义和理解：什么是城市营造

城市营造是对空间整理和环境管理的研究，它包括城市语境和乡村语境。尽管在 19 世纪后半叶，城市营造这门学科才首次出现，但早在人类开始有规划地建立城市时起，城市营造就早已存在。城市营造理论的起源可以追溯到城市的产生，当时聚居区——或者说城市——的建立，被认为是文化、社会、经济、科技，还有形态设计等方面的贸易场所。那么，若城市长期违背居民、经济和生态的基本原则，长期没有规划和建造适宜的基础设施，终将不可持续。

几个世纪以来，由于城市营造的任务及其实际所面对的挑战随着时代演进始终剧烈地变动着，城市营造不得不为了这些完全不同的需求而发展出各种不同的解决方案。当今的城市、城市区块、城市组团，因其自身的复杂性，甚至有时它们之间还具有互相矛盾的发展趋势，而把城市营造这个概念再次推到大量全新的挑战面前。这就促使我们需要对城市营造的任务有相应的多层次理解。

城市营造是城市和区域在三维空间上的规划

既然城市与区域规划往往受限于城市自身及其功能区域二维平面的表达方式，那么在城市营造中就出现了如同空间形态设计一样的第三个维度。从这个意义上来说，城市营造是一种造型化的城市规划，具有"小至城市区块，大至城市群"这样范围跨度的建筑性空间规划的深度。

城市营造进一步发展了已建成的城市

由于出现了工业革命，城市在 19 世纪和 20 世纪快速发展。然而和当初城市的快速生长阶段不同，如今在欧洲，城市营造的处理更加着眼于现状，即建立在分析已建成的城市的发展状况和发展可能性的基础上。然而，已建的城市给人的第一印象，其实也极具欺骗性，因为似乎不同的地段，建筑物具有每年 2% ~ 5% 的改变率，所以从统计学上看，两三代人以后城市已被改建得脱胎换骨。因此，无论城市是扩张还是萎缩，城市改建和城市更新都是城市营造中持久的任务。

举个例子，在萎缩城市里（特征是被放弃使用、建筑被空置），会产生进一步的新任务。这类城市会发展出如下策略，例如：降低城市的建筑密度或者清空部分区域来重塑城市形态，或者用暂时性的解决方案来回收利用城市中有价值的建筑物。[1]

城市是历史的读本。城市营造发展历程的每一个阶段

都留下了自身的印记，对此应该尊重和传承。这种特殊的"指纹"决定了一座城市或者一片街区的身份辨识度。

城市营造塑造了新的城区和社区

虽然高速发展的时代已成为过去，但许多正在持续发展的城市依旧面临着严峻的发展压力：要么在荒废的城市用地（棕地）上建设新城区或新社区，要么只有对城市扩建区域进行规划。当然和 20 世纪五六十年代的"新城计划"相比，这种城市扩展方式的规模都显得较小。

比起现有的城市区域，新的城市片区可以更好地满足居住以及工作需求，适应新的生活方式和科技产品，甚至可以在城市营造的形态设计方面有所创新。因此它们也是我们当下这个时代和时代的社会实践、美学实践所特有的标签。

城市营造描绘了未来的生活愿景。

——皮特·兹尤尼奇（Peter Zlonicky）[2]

城市营造是在公共利益和个人利益之间达成一致

城市营造一直是公共参与者和私人参与者的共同协商成果，尽管两者的权重不同，且不断变化。

把城市营造看作是完全私人的或完全公共的任务，以及如此运作，是绝不可行的。由于越来越难以获得来自城市或公益方面的资金支持，因此私人在城市营造上正获取着越来越大的活动空间。大量的公私合营项目（PPP），以及为数众多的地方性、区域际区域性、国际性等各个级别的民间组织，也证明了在城市发展和城市营造中公私力量对比所发生的变化。

城市营造指导空间的发展

城市营造的一个重要的任务，是指导空间发展，特别是建筑的发展。这既包括确定不同地块的用途、边界和建筑高度，也包括对功能地块未来的入口、交通流线及建筑的结构肌理进行规划。城市设计的成果也可以理解成：对于该城市空间的未来发展所进行的一种假想。这种假想是可被验证且又同时有可能转变的。城市设计是对未来的呈现，但并不会对所有细节都做出详尽规定。

我们可以把城市营造理解成：它是城乡地区对空间发展，特别是建筑发展的指导。它的活动范围从长期的土地利用方面的空间布置和基础设施投资一直延伸到对于建构管理的三维立体的框架设计。基于土地利用规划和建设规

---

1 此处"建筑物"的原文是 Bausubstanz，专门指具有保护价值的历史建筑。
2 皮特·兹尤尼奇是德国多特蒙德工业大学教授、建筑师、城市规划师、慕尼黑城市规划和城市研究办公室领导人。

划这两个主要的规划类型，城市营造在建筑指导性规划中得到了法律性的体现。

——葛德·阿尔伯斯（Gerd Albers）[1]

城市营造给空间用途的可能性提供了前提

城市营造提供了一个草案，来对发展方向进行设定，同时也对空间功能的表达可能性划定范围。尺度参数、技术基础设施的建设、对分区区划和其他方面的设计安排，这些相关的结构会影响和确定空间用途的兼容性——尤其对混合功能的空间来说。多种用途之间的相互作用不但会显著影响一个地区的活力，这种相互作用还能反过来对规划和目标设定提出要求：一方面能够满足需求和实现功能转化，另一方面还要尽可能减少甚至完全避免互相之间的冲突。

作为一项造型任务，城市营造包括了空间布置和城市生活区域的建筑形体制定。秩序来自于基地可感知的自然（环境、地貌、植被、气候、天气等）和人工构建物（如房子、路径、围栏或者石碑）之间的关系。这种关系是人类的艺术和技术在可想象和可操作范围内的结晶。

——尤尔根·霍扎安（Jürgen Hotzan）[2]

城市营造明确建筑和其环境语境之间的空间

针对建筑和公共、半公共、私人性质的开放空间，城市营造为它们构建了物理上的框架。这里的重点是，空间语境（以及其重要性）如何构建和实现？就这方面来说，城市设计充当了介于个体对象与其环境语境之间的中介角色：这种介于建筑和城市空间之间、介于城市区域局部和城市整体之间，介于城市公园和文化景观之间的相互关系正是城市设计的关键任务之一。

城市营造为审美品质的保证和价值的提升提供了基础

城市空间的设计品质日益成为城市发展中的重要因素。城市营造打造出"地段"，并且通过"地段"创造了吸引能提供有趣工作岗位的高品质企业与高品质居住区进驻的机会。这将能保证长期的价值稳定和繁荣幸福。

城市营造是有魅力的"城市营造文化"产生的前提，同时也是其影响的结果

城市未来建设的好坏，取决于城市营造是否成功地创造了城市所特有的（最好也是不可更替的）面貌。这并不意味着那些非常独特，甚至追求标志性的建筑设计，

而是更侧重于城市营造比如城市广场、公园、社区、校园或者内城区等互相之间的整体联系。正是通过建筑相互之间的组合与城市空间的形态设计，一个明确的城市面貌才得以形成。相比人口、购买力和吸引力，城市营造文化的品质正变得越来越重要。当然，关于城市营造和建筑文化之间合理的辩论、争议依旧非常重要，因为它们为城市或城区空间性和建筑性的身份更进一步发展构建了社会性的基础。

城市营造是社会关系的梳理整合

建筑的结构展示了人类沟通和贸易的基础性的外部框架。通过设计城市结构，有的时候可以提高城市整体的活力和促进社会群体之间的对话（不过也可能会反过来成为障碍）。所以得益于城市营造，社会关系可能得到梳理整合，社区贸易可能得到扩张。

"城市营造"是一种对当地社区生活空间的积极主动的安排整理……

——葛德·阿尔伯斯

图 0.3.1 城市作为生活的容器，木刻画，弗兰斯·麦绥莱勒（Frans Masereel）

---

1 葛德·阿尔伯斯（1919—2015 年），德国慕尼黑工业大学教授，德国城市规划界学术领袖，详见本书第 2.2.6 节。
2 尤尔根·霍扎安，著有《城市图集：从初创到现代的城市规划》（*Atlas Stadt, Von den ersten Gründungen bis zur modernen Stadtplanung*）。

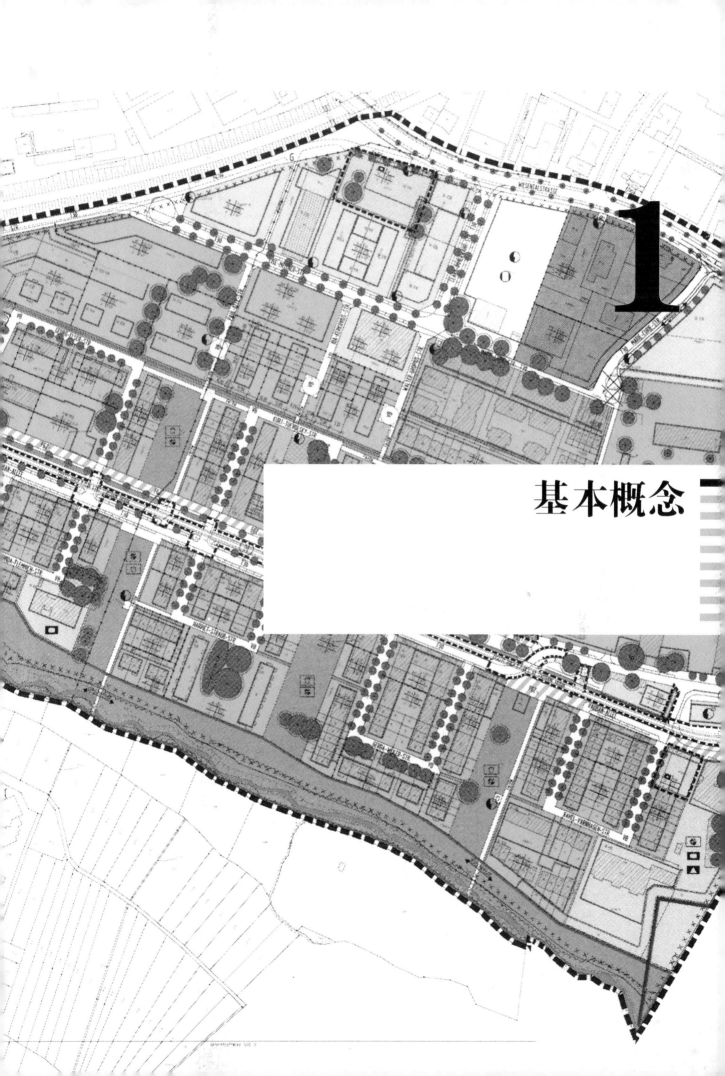

1

基本概念

1.1　可持续性

可持续发展指在生态、经济和社会三个基本因素之间取得平衡的关系。

生态措施是指通过节约地使用某种自然资源（如水、空气、土壤），从而高效地获取自然界的财富。

微观经济和宏观经济，是与"人类基本的物质需求"（比如生活品质的创造和保障）相关联的经济手段。从社会层面的角度来说，可持续发展要求所有人都拥有平等获得资源和发展他们最佳生活的机会。因此从本质上来说，可持续发展意味着包括当代人及未来的下一代人在内的所有人，都同样拥有"满足基本所需的人道生活"的权利。可持续发展的措施应该尽可能地在生态、经济、社会这三个层面中间找到平衡。这三个层面中的任何一个被忽视，都可能会危及继续良好地发展可持续性。

然而，这并非意味着对待所有层面都必须保持同样的权重。

"可持续发展"概念的历史可以追溯到16世纪。当时的林业经济和对林业经济形式的阐述中都使用了可持续发展的原则：从长远来看，不再砍伐树木意味着树木的再生。

四个世纪之后，1987年联合国在名为《布伦特报告》针对环境和发展的文件中正式提出了"可持续发展"这个概念。它首先要求"经济发展和社会发展的持久性可以被验证，且始终具备这种持久性"；而且，"必须建立在符合当下这代人的需求但又不损害未来几代人的满足、选择自身生活方式的基础上"的发展才是可持续的。

后来，可持续发展的原则为1992年在里约热内卢召开的联合国环境与发展会议奠定了基础，有力地推动了与会的国家采取行动。"21世纪议程"，即在21世纪的可持续发展的行动，成为从国家级到地方级的具体政策和计划。"21世纪议程"中提到了各种值得去发展推进的手法和技术，使人类的需求能够通过对自然资源深思熟虑的经营管理而被满足。为了实现可持续的成果，决策过程的改进和转型被视作首要目标。

关于城市可持续发展

随着城市化和郊区化程度日益提高，从城市到城市组团中的空间扩张，常常伴随有高度环境压力，它们提高了城市可持续发展的重要性。城市提供了大量社会互动和沟通的可能性，是社会发展和经济发展的炙手可热的焦点。一座城市的生态、经济和社会效益也决定了其能否让人有"家"的归属感，以及此种感受的程度。对处在人口下降时代的欧洲城市来说，这也关系到彼此之间的竞争优势。城市的发展是会影响居民生活品质的。从可持续性的角度来看，在代表经济利益的相关者、投资者和各种社会利益群体的一方与代表环境利益的另一方之间的谈判过程中，城市发展能够发挥建设性的影响。

可持续性的城市发展以及可持续性的城市营造的核心组成部分，除了经济方面的考虑，还有如：

——对环境保护（自然保护、景观护理等）的考虑；
——对环保能源供给和交通系统的促进；
——高效、环保的近距离交通系统的启用；
——通过就地取材作为建筑材料和资源，推动建造环保建筑；
——当地社区参与的制度化（和居民对话、参与模式等）。

合理地、平衡地对这些诉求进行考虑，是令人信服的城市设计的前提。

图 1.1.1　可持续性的三大支柱

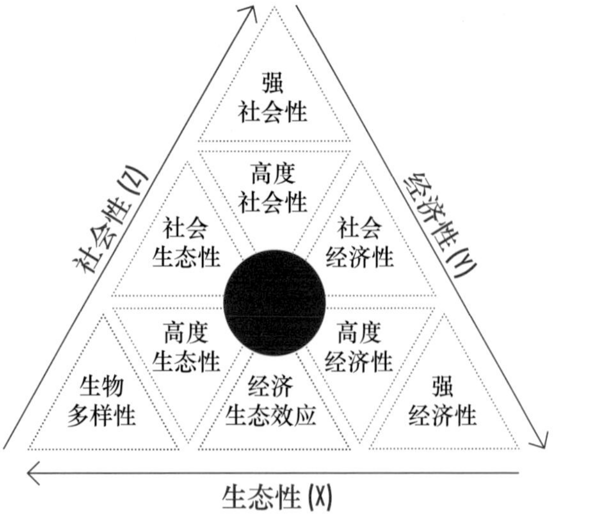

一体化集成的"可持续性三角"，能使生态、经济和社会这三个层面产生连续的融合。

1993/1994 年起通过独立自主居住倡议 SUSI（保障房）计划改建为住宅的兵营建筑

GENOVA 住房合作社。Vauban 注册合作社，1997-2001 年，PIA 建筑师事务所，卡尔斯鲁厄

将停放车辆的位置迁往中心停车场，使街道转化为开放空间

Vauban 林荫大道和 Dorfbach 绿带之间联系的建筑结构

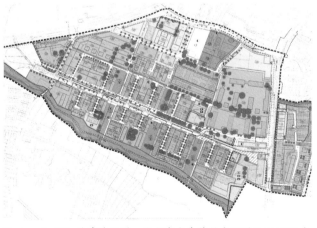

Vauban 6-130e 的建造规划，此方案由弗莱堡市规划厅于 2007 年修改

图 1.1.2　弗莱堡市的 Vauban 社区

随着 1992 年法国驻军的撤离，弗莱堡南部大约 38 公顷的区域陷入了闲置状态。1993 年地方议会决定，依法启用城市营造开发方法中的法规性工具。这个城市区块大约需要 2 000 户住宅单体，所有建筑的能耗都不得低于弗莱堡的低能耗标准。如今已有约 5 000 人居住在该社区。

生态品质

保留了 Dorfbach 的古老树木及其的生态群落，外墙和屋顶的绿化，对现有建筑再利用，对所有新建筑能源优化、对史莱堡（Schlierberg）采取被动节能建筑、低能耗建筑、产能建筑标准、部分太阳能光热设施、就近供热系统、木屑热电联产、太阳能小区建设，在当地采取了雨水就地渗入技术以及与之相结合的真空排水技术、屋顶绿化、建筑垃圾排放少量化等技术。

经济品质

低成本建造，多元化产品：社会保障住房、私有置业、"先租后买"房。混合用途：商业、商住混合区等不同的住房类型，具有良好的技术性和社会性的基础设施建设。

社会品质

小学和幼儿园，开设社区内部的店铺，城市区域社会福利工作，由曾经的赌场改建而成的城市社区中心，餐饮提供送货服务、农贸、社区入口广场、设立无车型居住步行区，混合了不同的社会群体。

1.2 都市性

"都市性"这个词语源于拉丁语的 urbs（城市），最早用来形容罗马是"世界中心"。随后"Urban"的意思变成了"从属于城市的"（杜登大词典，1989年版，P773）。都市性是指一种可以在世界级大城市出现的生活方式。在辩论城市的未来时，"都市性"现已变为一种关键性概念。由于之前"都市性"更多地被理解成社会生活形式和生活态度，以至于如今它在城市营造肌理结构上的意义被削弱，反而让人首先联想到19世纪城市那样密集的都市面貌。

在20世纪60年代后期，建筑师和城市规划者都希望通过密集度实现都市性，但这已被证明是一种假象。"都市性"这个概念被误解了。20世纪70年代，城市营造上的一种被称之为"都市性得益于密集度"的引导意象（蓝图），使号召"扩大都市的建筑尺度"的那种城市理论大幅减少，转而引导向"垂直城市营造"的方向，但缺乏从"都市性的生长性"这个角度去考量的。

在已建成的城市里，若尝试提取"都市性"的各种标记，会发现这些标记往往互相混杂——比如挤在一起的"广场和街道"和"市场和游乐设施"。"都市性仅仅通过密集的建筑结构和可以被俯瞰的空间就能被轻易实现"——这种错误的认知却也流传得十分广泛。对此，托马斯·西弗茨（Thomas Sieverts）[1]指出："都市性"在"建成的"和"生成的"之间存在区别。这种区分对城市空间的理解和设计来说，非常有帮助。

大都会城市的概念不仅可以通过紧凑的建设结构和量化的人口密度来定义，而且也包括文化方面的：

——功能混合；
——社会融合；
——空间功能转化的可能性；
——美观的开放空间；
——城市建筑学；
——类型学传统。

"都市性"是可规划的吗

对"都市性"的理解，以及所引发的讨论（该讨论本身亦是城市设计的重要基础），可追溯到以下几点不同的参考标准。

（1）建筑密集度[2]

密集度是城市的基本特征之一，因而它也是都市性的

一项根本条件。密度是各种不同物理面积之间通过某种运算最后相除的结果（商），从这个方面来看，建筑密集度就来自建筑体量、空间以及面积。建筑密集度是一种可以被量化的标准，被用来控制基地上所建造的房屋尺度，更进一步说，建筑密集度可以用来控制基地上建筑的体量。建筑密集度表现的是"已建区域"和"未建区域"之间的比例，在建设指导规划（Bauleitplanung）中，它取决于建筑密度（GRZ）、容积率（GFZ），或者建筑体积率（BMZ）。建筑密度表示建筑设施在基地上占地面积比例（亦作楼层面积率）；建筑体积率引入了第三个维度，规定了建筑空间体量和基底面积的比值关系[3]。

上述的特征参数对都市性的影响方式和影响的种类都各不相同。建筑密度比容积率更能表现出建筑密集的程度。它是土地利用的一个指标，有力地影响着城市的开发和城市公共空间的个性特征之间的联系。然而，建筑密集度只不过是都市性的前提条件之一罢了。正如之前强调的那样：密度本身，尚不足以产生都市性。

（2）社会密度

除了建筑密集度以外，用来描述一个区域里的人数和他们的活动的还有社会密度。一般来说，建筑密集度是与城市或社区的人口密度相关的。但这两者有时候也并非一致。在经济繁荣地区，建筑密集度保持恒定；与此同时，源于对居住面积需求的增长以及逐步加深的郊区化，人口密度反而逐渐下降。同样，人口数量和可用空间的比例，也可以截然不同：曼哈顿每平方千米居住着大约25 000人，纽约每平方千米约9 400人，汉堡每平方千米2 150人，卡塞尔每平方千米1 800人，魏玛每平方千米1 150人。

除了人口密度，还有其他密度类型，如就业密度和互动密度。这两种密度类型对城市内部区域的都市性来说影响有限，因为即使在郊区地块这两者的数值也有可能很高。同理，高度的建筑密集度并非一定会带来高度的互动密度。社会密度，尤其是和人口密度相关时，才是都市性的一个重要标准。

（3）混合用途

通过结构的形成以及功能的组合，都市肌理不均质的特性和伴随它产生的活力，两者有力地镶嵌在一起。不同用途互相兼容混合，共同塑造出该区域的都市性特点。混合用途的概念是指居住、工作、休闲的功能混合，这在以往的都市生活里是合理的构成要素，但是在功能区块互相分离的过程中，伴随着工业化进程且以明显的现代实用主

1　托马斯·西弗茨，柏林艺术大学教授，德国著名建筑师和城市规划师，他是"过渡城市"（Zwischenstadt）这一重大城市规划理论的奠基人。
2　直译为"建筑密度"，但从上下文看，此处是广义的密集程度。为避免和中国控制性详细规划的"建筑密度"概念混淆，意译为"建筑密集度"。
3　建筑体积率BMZ是针对工业建筑而被提出的，中国控制性详细规划里并无此概念。德国"……工业厂房的体积庞大……"，很多时候都"……可能会出现基底面积率和楼层面积率GFZ的数值接近……"的情况，"……因此就必须采取体积控制的方法"。中国"……对于工业用地建设利用强度的控制，是通过调控容积率、建筑高度来完成的。"（参见《中德城市详细规划开发调控比较研究》殷成志，熊燕，杨东峰，2010）。

义形式日渐趋向消失。

在某单体建筑内，或在某一地块内，不同的用途是可以以不同的方式互相交织在一起的。城市设计相应地分为两类：

一是在区域层面上，小规模的混合用途（水平混合）；二是建筑体内部的混合用途（垂直混合）。

这两类混合都可以妥善地和对方结合在一起。除了加强都市特性以外，区域层面的混合用途具有丰富多样的各种优势：

——更紧凑的城市结构；

——更短的出入通道和交通距离；

——更有效的土地利用；

——节约地使用基础设施；

——更多"用途转化"的可能性和更大的适用范围。

这些优点在今天越来越多地受到甲方和建筑从业者的承认，以至于城市发展的范本都已开始转变；更进一步来说，区域层面上的用途混合也开始日益强化。

图 1.2.1　各类密度：巴塞罗那、汉堡、赫尔辛基，艾尔·卡夫（El Khaflf）三维密度分布图 形象地展示了欧洲大都市的人口密度和就业密度的差异

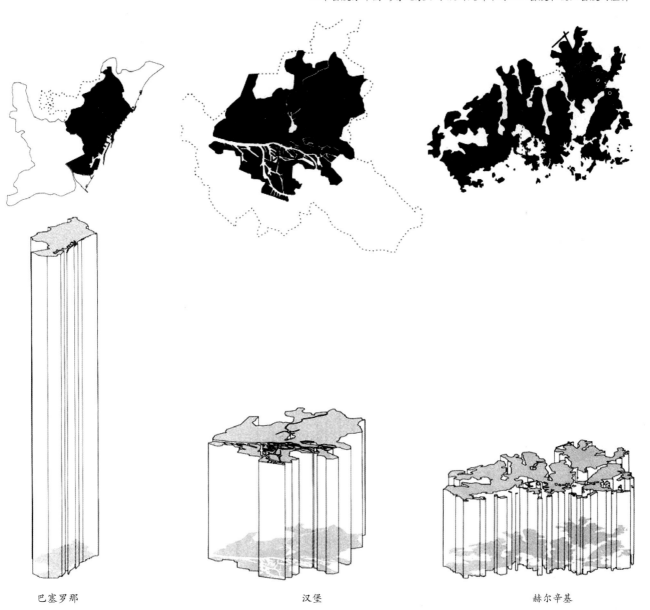

巴塞罗那　　　　　　　　　　　汉堡　　　　　　　　　　　赫尔辛基

都市形态

　　都市性的核心观点之一是建筑和开放空间的都市形态。这种主观上差异性巨大的认知角度，决定了某个建筑或者说某个城市空间看上去，到底是更倾向大城市式的还是更倾向小城市式的，又或者说是更偏向于乡村式的。因此，建筑物的设计无论是从建筑风格还是从表现程度上，都强化了所建的城市结构肌理对都市性的影响。从根本上看，开放空间的个性特征是由规模尺度、所建造的形态元素以及绿化所决定的。

　　举例来说，"联排别墅"（Townhouse）或"都市别墅"（Stadthaus）都揭示了，都市形态在一个地块的都市性中扮演了什么样的角色[1]。论及联排别墅的建筑密度，可以与传统的排屋相类比。但这两种建筑类型并不仅仅是因为造型的原因而区分出彼此空间影响的差异的。除了常见的抬高的地面层以外，联排别墅或都市别墅在外立面上都追求更高水平的建筑设计。"建筑个性"相当鲜明的房屋衔接排列，按照形态设计需要形成围合和高低起伏——经过这样的处理，该场所就获得了所追求的都市性烙印。

　　基于对复杂都市性的认知，在某种程度上，都市空间也是可以被规划的。带有明确数值的物理性密度，应该与事件的密度和体验的密度相关联。"可规划性"的前提条件是，建筑的特性须考虑到人性化的体验，为多样化用途、功能转化的可能性等预设外部框架。

图 1.2.2　柏林联排别墅

1.3　身份

　　自 20 世纪 80 年代以来，除了"城市形象"这个概念外，一个全新的城市设计概念开始被讨论：城市的身份。乔治·赫伯特·米德（George Herbert Mead）于 1973 年发表了名为《心灵、自我与社会》（*Mind, Self and Society*）[2] 的书，开启了该领域的一个基础性工作。根据乔治的理论，自我（身份）并非人类天生的属性。身份是个体通过它在社会中的体验过程和实践过程在后天培养而获得的。自我（身份）的形成得益于与社会的沟通。

　　"城市"这个词在其原始语境中原本没有"身份"的含义，但我们却可以很轻易地在城市里发现身份辨识度所施加的影响，此处特别要指出城市的独特性。城市之间有大量不同的特点，比如历史、文化、政治、城市空间。而最大的特点，又在于那些个性看起来特别鲜明，特征有典型意义，比如序列和材质等。这样城市才可能互相之间有所不同。身份是默默无闻地从匿名状态中挣脱出来的。也就是说，城市的身份越是简洁凝练，那么城市面对竞争对手的话就越与众不同，且越让人念念不忘。

　　"身份"意味着对人、具体或抽象的事物的特征或与之有关的感触的认同。

　　　　　　　　　　　　　　—— 克劳斯·洪伯特 Klaus Humpert[6]

身份辨识度的载体

　　身份辨识度既可以在醒目的景观元素、已建成的地标物中展现，也可以存在于城市营造语境中区域级别的层面。

　　具有城市地标性的身份特点的多个建筑个体和一大片建筑群组，比如特别的建筑排列阵势，一样能够作为这个城市和它周边环境的身份辨识度载体。同样道理，把地形、水体或者树林等形成清晰明确、识别度很高的地标，风景也能被塑造得别具匠心，独一无二。

　　此外，区块也可以承担身份载体的这一功能。作为具有特殊参照点的空间单位比如教堂、社区服务中心，这些区块可以成为当地居民的参考坐标系。

　　一个构筑物，无论是一幢与众不同的房屋还是充满特色的景观元素，都可以担当身份载体的角色。当然，前提是必须在其自身周围环境经过精心有意的布置，而且做出寓意深刻的表达。对于城市营造语境下更大型的单位来说，

1　此处的"别墅"并不非指具有休闲度假等额外功能的特殊住所，原文只是讨论欧美常见的住房。字面意思上，Townhouse 表示"城镇住宅"，特指联排型民居，Stadthaus 表示"城市住宅"，为了便于让读者直接体会到语境中所描述建筑的形态，所以用别墅系列的方式进行意译。
2　这本书原版的英文标题为 *Mind, Self and Society*，在德语版中 self 被翻译成表示"身份"的 Identität，所以这段上下文的"自我"和"身份"本质上是同一个词。
3　克劳斯·洪伯特是德国著名建筑师和城市规划师，曾任斯图加特大学城市规划教授，任教期间对人类聚居地的扩张现象做了深入研究，20 世纪 90 年代以后开始对中世纪欧洲城市的规划方法和实践做了大量的研究。

也同样适用这一原理。

身份的创建

在碎片化的城市风景中，恰恰是每个单独的个体，尤其是建筑，不断被作为身份的载体而被人注意。身份，如今在我们的城市营造现状中是一个关键概念。城市的身份、城市空间的身份，甚至包括其象征价值，都具有最高优先级。我们需要那种能让城市独具特色的元素。一个城市的典型特征是最有价值的，城市能够也应与它共同茁壮地成长。建立身份的元素必须与周围环境中的大量事物竞争，从中脱颖而出，但并非主张"与周边环境的联系不重要"。

对"身份"意义的理解，就算没有向社会关系的方向延伸，也不可仅仅停留在空间这个层面上，这对于培养建立城市身份是非常重要的。过对熟悉的画面的"可再度识别性"产生信任，身份涉及"人对空间的功能转化"。

凯文·林奇（Kevin Lynch）已经明白，仅仅是一幅非常有吸引力、能够深刻储存在居民脑海里的、能够产生城市身份的画面，就能够意味着居民的一种认同（Lynch，1965，P18）。这个画面包含3个组成因素，它们都对这个画面是否有着吸引力非常重要：身份，结构以及意义。这三个组成因素相互之间联系紧密。身份在这里表示着当地显著的可辨识性——如果地点从观察者的视角语境中脱离后可以继续被识别——那么接下来，观察者必须同该场所再度建立一个合理的空间联系，或（和）结构上的联系。那些现存的结构，那些物理的空间，通过它们的可识别性，确定了该场所身份辨识度的意义及对这一意义的诠释。

身份和认同

凯文·林奇在他的研究中，用居住在其中的居民们的认同对城市身份的意义作了描述，并如同一幅画面般地建立了身份、结构和意义之间的相互关系。

这幅画面不仅仅依赖于它的设计，也依赖于居民能否认同这座城市。对场所的认同取决于它的实用性，以及对它进行功能转化的可能性。凯文·林奇把场所内涵作为一个课题来研究，认为其是由可通过肌理结构、物理空间促成的经验造就的。

一幅有用的画需要首先对该对象进行识别，能够与其他事物尽可能区别开来，并被认识到是一个独立的事物。我们称之为"身份"的，并非是与别的某些任何事物相符合，而是指某种"独立个体的特征"。第二，这个画面必须含有与观察者和其他事物的空间或者结构的关系。最后对观察者来说，这个事物必须具有意义，无论是现实的还是感官的。

——凯文·林奇

凯文·林奇将使用者作为已建成的城市空间的活动组成部分进行了融入。这些使用者是这个公共舞台的演员，是行为主体的一部分，是空间结构的一部分，也是这场演出的观察者。通过对身份的培养建立过程，这种行为在城市空间中展现了多种重要的综合成效。

综上所述，城市身份看起来只是在一定条件下有影响，因为除了居民的生活状况外，还基于很多可变影响因素下的其他因素，例如地理位置、气候以及自然环境。身份更是一个在长时间里形成的一个城市印象，是当地居民对他们城市认同的一个基本条件。相比之下，城市形象要活跃得多，也更有影响，但有部分也可能只是暂时的。

图 1.3.1　多特蒙德的地铁站——艺术和创造中心

1.4 美学

美学（来自古希腊语"感知"）研究的是"可感知的美"，以及艺术和自然中的"和谐"。

如今在建筑学和城市营造中所提到的美学概念在古代就已经被哲学家亚里士多德使用了。对于艺术和建筑学的培训和教育来说，从人体比例中提取出人造的美感，是形态艺术和建筑领域从文艺复兴时期直到今天都仍在进行着的尝试。黄金比例作为形态设计的基础，亦被称之为理想的比例：人们认为一个平面或者一条线段的分割比例大约为3：5的时候比例最为和谐。从列奥纳多·达·芬奇（Leonardo da Vinci）到帕拉第奥（Palladio），从申克尔（Schinkel）到卡米洛·西特（Camillo Sitte），建筑师和城市营造者们都遵循着这一设计原则。也在模数中使用过该准则，让建筑符合以人体比例为基础的数学模型。因此，这种可以由比例操作的美学，在一定程度上是可以被具化的。

18世纪的一个哲学家亚历山大·戈特利布·鲍姆嘉通（Alexander Gottlieb Baumgarten）形成了自己的一套新美学理论。他把美学定义为"感官认知"理论，然后主要是从感官上的认知和印象的捕捉去理解。

哲学家和作家翁贝托·艾柯（Umberto Eco）对"美"和"好"的事物的紧密联系有这样的看法：

"美"是除了优雅、崇高、精彩、壮观以及其他很多类似的形容词外，被我们用得最多的一个词。无论实质如何，似乎只要是美丽的，就一定是优秀的。在历史上许多的时期，"美"和"好"确实有紧密的联系。但如果以自己日常生活经验来判断，我们更倾向于认为："好"不仅仅指我们喜欢的，也包括我们想要得到的。

——翁贝托·艾柯

在某种意义上，翁贝托·艾柯是从另一个角度来观察美和好的关联性，那就是对一个喜欢的事物的占有欲。

在建筑学上和在城市营造上关于美和美学的讨论常常和喜好有关，在这方面城市空间的氛围，品质和对它的接受度都在很大程度上受这个观点的影响。

图 1.4.1　人体的比例尺寸
模度，勒·柯布西耶（上图），列奥纳多·达·芬奇（下图）

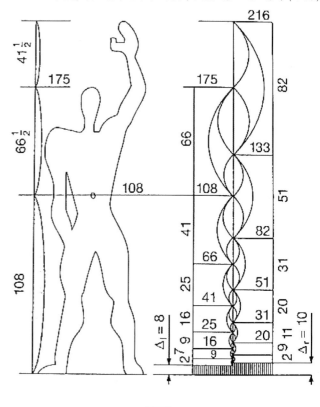

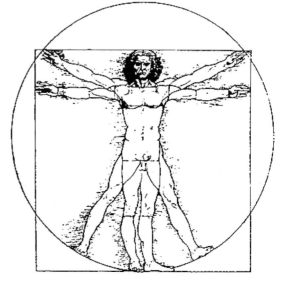

1.5 建筑文化

一个社会的历史和文化总是能在它的城市、建筑和公共空间上得到反映。每一幢新的建筑都是对社会的高度赞赏和对未来愿景的表达。建构和空间形成了一个代代相传的桥梁，在很长一段时间里都能解读出其中包含的愿望、努力、能力，还有在过往实际经历过的失误（Durth，2009）。建筑和城市空间如何使用"桥梁"以及如何与之相处的行为方式，表达了我们对自身的认知，这称之为建筑文化。

在规划和建筑领域，建筑文化这个概念从 2001 年起在政界和业界又重新成为热门课题。建筑文化的必要性、表现性和用途本质上并不是什么新鲜事物。杜特（Durth）在他的著作《建筑文化》（Baukultur）上描写了在 20 世纪建筑文化不同的发展轨迹，指出它的概念如何被使用、被滥用，被误解、被别有用心地挪用，建筑环境也经常让建筑文化的意义如同夸张的漫画一样扭曲失真。

如今在讨论建筑文化这个主题时，除了讨论外部和内部的形态设计以外，更加侧重于讨论下列能够决定空间语境中的建筑品质的因素：灵活的用途可能性、经济上的承受能力和生态方面。近期的辩论中也在开展这些尝试，在迄今为止大多由专家带头的研讨中加强实现公众参与，去努力达成对建筑空间品质的全社会的理解认同。努力的目标包括：增加生活空间价值，发展、提高对建筑空间的认知。如何让城市居民或这个区域的居民对其所在场所产生辨识和认同？他们与自己的城市和城市的改变的互动，有多紧密？他们对自己使用的空间，有多大的责任感？对此，建筑环境的设计规划是至关重要的（Burgdorff，2006）。

高水准的建筑文化，是对新建筑的品质，进行有活力的、持续不断的批评的结果。建筑文化的进步不能解释为有目标导向的、追求最优解的发展过程，而是追求解决问题的适当措施的成功试验（措施是否适当，由不断变化的任务要求以及社会性的需求来决定）（Durth，2009）。空间的设计和规划是一个很有创造力的过程，在这个过程中需要决定建筑、综合体或者城市空间需要采用什么形式或什么形象来出现。围绕着我们的一切都是人为构思和设计的。对于许多决策过程而言，在建筑环境中设计是关键，在战略层面产生出新的空间和结构的愿景。它在实践层面定义了我们的环境如何运行、如何呈现及如何被感知。

在理解建筑文化时，表 1.5.1 里提供了"过程"和"产品"两种理解上的可能性。这涉及整体生命周期（规划、实现、运营、保养、中止、报废）和所有相关的重要层面（对象、环境、地区）。

表 1.5.1　建筑文化需要关注的内容和标示

过程	方案，规划，实现，运营，保养，更新，中止，废物清理／回收	产品	建筑，基础设施，景观／开放空间，规划，作用
标示过程		**标示产品**	
专业实施			适当的内容上的介绍
适当参与			对当地历史的尊重
高度透明			美学设计
跨学科合作			高可信度以及有识别潜力
创造性的设计过程			灵活的使用
保证质量的过程			有实际意义的革新
经济的可承受性			经济的可持续性
保证时间、成本的进程			有很好的识别性
			资源有效利用，考虑环境

15

建筑文化是产品也是过程。建筑物，城市，景观都是属于建筑文化的课题，那么生产它们以及处理它们的过程也一样。

——克劳斯·塞莱（Klaus Selle）[1]

过程性这个概念的高度价值误导了杜特，在他的文章中错误地得出结论，认为建筑文化本质上是不可见的，然而建筑文化的品质正是可见的成果，是能够被测量的产品。这种过程性的概念包含了策划、实现、改造等综合的方方面面。随之，通过过程产生了一种具体的目标物，也即是"产品"。同样，这个产品蕴含了对构筑物、基础设施和景观的全面发散性的整体考虑。

在建筑文化的研讨课题上，谈论的重点经常是品位和潮流。品味是因人而异的，且潮流时常更新。于是新鲜的、不常见的事物通常会在时代的转换中和不断增加熟悉的过程中被认为是"美丽的"，从而被人接受。不过高质量的营造设计依旧是清晰可辨，历久弥新、个性鲜明的。在建筑文化的意义上，高品质的形态设计须具备以下三项基本原则：

——坚固性＋耐久性；

——实用性＋高效能性；

——美观＋使人们感到愉悦。

如果这些基本原则都可以被满足，那么就具备了向更好的城市建筑文化发展的基本前提条件。因此在城市设计上也应该聚焦于是否满足诸多方面的日常适用性，如可持续性、耐久性、实用性、社会的认知度以及适应力，以及是否具有经济效益，在特殊场所是否也能有相符合的规划品质。

1.6 基本概念的综合作用

这些概念（可持续性、都市性、身份、美学及建筑文化）是如何在规划要求下整体影响城市营造的？

上述这些概念在城市设计上起关键性的核心作用。它们可能看起来仅仅是城市营造大纲发展中的目标计划。但更重要的是，它们作为一个整体，能够创造出城市的品质。

这包含并不受建筑学上的时尚所束缚的可持续性的美观，是在相当长一段时间内通过最少的资源投入产生出极高的设计品质。通过激发和参与所形成的具有高辨识度的建筑文化也同样如此，成为城市营造的核心构成组件。

在这个问题上，不是每次都能得到一个惊世骇俗的回答，有时只能得到比较含蓄的、合适相符的答案。追寻或者创造出一个寻常的、能被熟悉接受的趣味点，同样是一份使命：

于是这就特别让人惊讶，尽管有着许多难看的建筑、过多的噪声，尽管有许多能让人指责的丑恶事物，但大城市仍旧神奇地拥有那些美好的事物以及诗和童话、缤纷的色彩、多姿的形态，就像一个诗人讲述的那样……

——奥古斯都·恩德尔（August Endell）[2]

1　克劳斯·塞莱，德国亚琛工业大学规划理论教授、城市发展专家。
2　奥古斯都·恩德尔（1871-1925年），德国青春艺术风格流派的艺术理论家、设计师。

参考文献

1. 可持续性

[1] der Vereinten Nationen D Ü. Agenda 21-Konferenz der Vereinten Nationen für Umwelt und Entwicklung[J]. Rio de Janeiro, 1992, 359.

2. 都市性

[2] Urbanität in Deutschland[M]. Verlag W. Kohlhammer, 1991.

[3] Frech S, Reschl R. Urbanität neu planen[J]. Stadtplanung, Stadtumbau, Stadtentwicklung. Schwalbach/TS: Wochenschau Verlag, 2010.

[4] Magnago Lampugnani V, Keller T K, Buser B. Städtische Dichte[M]. Verlag Neue Zürcher Zeitung, 2007.

3. 身份

[5] Lynch K. Das Bild der Stadt (The Image of the City) [J]. 1965.

4. 美学

[6] Die Geschichte der Hässlichkeit[M]. Dt. Taschenbuch-Verlag, 2010.

[7] Henckmann W, Lotter K. Lexikon der Ästhetik[J]. 2004.

5. 建筑文化

[8] BURGDORFF F. 5 Jahre Landesinitiative StadtBauKultur NRW[M]. Europäisches Haus für Stadtkultur e.V. im Auftrag für das Ministerium für Bauen und Verkehr des Landes Nordrhein-Westfalen, 2006.

[9] DURTH W, SIGEL P. Baukultur-Spiegel gesellschaftlichen Wandels [M]. Berlin: Jovis, 2009.

17

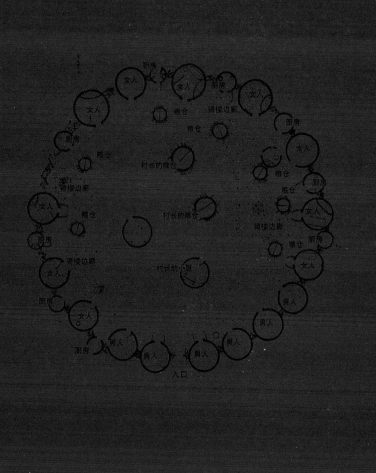

2

概述：从历史到理论

2.1 城市营造史

了解城市的历史形成过程，是城市设计的前提。城市本身和城市的平面布局，正是展现历史的读本，里面还包括了一些和该城市的特征和规律性相关的重要实践经验。之所以不可放弃上述这些道理，是因为只有基于对城市历史及其营造经验的了解，才能适宜地解决如今城市营造方面的诸多任务。

最早的城市组织形式

大约从 5000 年前起，人们就开始在城市这种组织形式里居住了。在此历史进程中，人们创造了各式各样的能反映当时社会、经济、文化关系的居住空间。作为一个相对年轻的空间形体，城市在过去的 5000 年里分化成了许多不同的形式：不仅形成了不同的阶段期，甚至还会形成不同的城市文化。

空间结构和建筑结构的根本成因，基本上可以分成两大类：自然条件和社会条件。

（1）自然条件：气候情况、地貌、资源的可利用性（如建筑材料）。

（2）社会条件：社会组织形式、政治统治形式、防务与安全、用途需求。

气候和固有资源（如石头、泥土）的差异会导致建筑类型产生显著的差别，与之相比，公共建筑与代表性建筑的城市空间方案则更能体现出社会关系。另外，经济和科技的发展，在过去曾是导致城市出现功能分区的首要因素。如今，它们使得人们对空间的使用需求也产生了分化。正是因为在人类定居的历史进程中出现了空间上的功能性分离——例如工作场所和居住场所——才让各式各样的建筑类型有了出现的可能，比如：居住建筑、产业建筑[1]、补给建筑[2]以及交通建筑。

在原始人的住宅中首先可以看到自然条件的影响，还可以看出对受保护的内部区域的需求。许多原始人的小屋都是一体化的大空间，在其内部上演着简单的居家生活——基本不存在不同的活动分区。

雅拿玛族印第安人的村落有序地用封闭屏障包围自己的场地，使自身与有敌意、让人不安的原始森林隔离开来。这样的居住方式是伴随着居民在此定居、生活的过程逐渐形成的。

非洲喀麦隆的聚居地也同样采取了组团围绕中心的形式，不仅具有功能分区，而且还能看出社会性的分化。

图 2.1.1　喀麦隆如今的聚居地，非洲

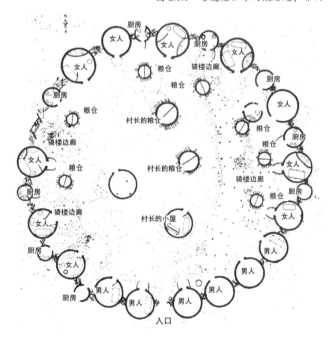

图 2.1.2　雅拿玛族印第安人聚居区的车篷住宅，巴西

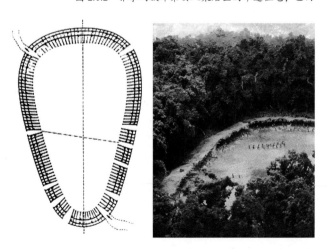

1　原文 Gewerbe 语义包括了工商业、中小工业、手工业等众多行业，和中文"产业园区"的"产业"所泛指的意义相似，故此处意译为"产业建筑"。
2　原文 Versorgung 指规律性地为客户提供营利性的、社会性的、技术性的商品或服务，比如零售商业、教育培训、社会服务、文化消费，也指战争时部队后勤的补给工作。故此处意译为"补给建筑"。

2.1.1 城市的起源

位于约旦河西海岸的耶利哥（Jericho）是世界上最古老的，并一直有人居住的城市之一。从大约公元前 8000 年开始，这里就逐渐开始有人定居。而且，这座城市的起源极有可能是一座工商业贸易城市，而非农业城市。除了耶利哥外，土耳其的遗址加泰土丘（Catal Hüyük）算是已被发现的最早的城市。同样从公元前 8000 年开始，这里形成了社会化的聚居生活模式，该组织形式在当时很新颖。随后的一千年里，古代中亚的聚居地重心在幼发拉底河流域和底格里斯河流域之间移动。自公元前 4000 年前开始，这里逐渐形成了不断扩大的城市中心，如乌尔（Ur）、埃尔比勒（Erbil）和巴比伦城（Babylon）。

发掘出土的乌尔城的平面布局，展示了若干奠定"城市"这一概念的空间性和功能性基础的标志物：

围地圣域　　＝ 政治权力
港口与河道　＝ 贸易和交通
房子与宫殿　＝ 社会结构
城墙　　　　＝ 防务与安全

图 2.1.3 乌尔城（Ur）的建筑和部分城区的平面布局，伊拉克

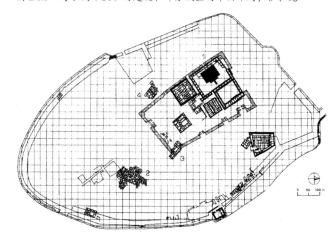

图 2.1.5 加泰（Catal）土丘 17 米高和面积达 13 公顷的挖掘区域旧城的山丘（上）出土的建筑（下）

图 2.1.4 埃尔比勒 (Erbil) 城鸟瞰图，伊拉克

图 2.1.6 普南城（Priene）呈几何状的城市营造 [1]

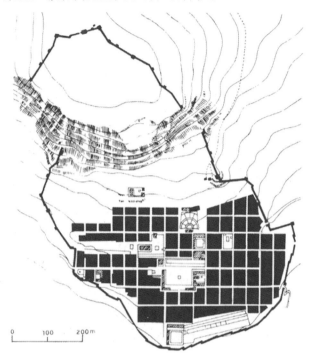

图 2.1.7 瓦伦多夫（Warendorf） [2]

与此相对的，希腊的自由城则表现出了自身的特色，显现了一种全新的社会性聚居的生活特征。在它的基本框架上，这座城市塑造出了空间上的一种"统一性"，与空间外部之间划有明确的界限。原本的城区分成了三块区域：住宅构成的私人领域、设有寺庙的神圣领域以及举行集会和活动的公共领域。来自米利都的希波达莫斯（Hippodamos）被视为"城市均衡划分"的发明人 [3]。他认为：城市"第一部分作文化用途；第二部分是公共用途；第三部分为私人属性"。比雷埃夫斯（Piräus）、米利都（Milet）和奥林斯塔（Olynth）这些城市的规划，皆出自他手，规划按照严格的几何图形原则，星罗棋布的建筑散布其中。

这种几何状的城市铺设方式可实现场地的高效利用，通过逐步添加"由住房构成的块状街区"来延伸建设用地，从而系统性地推进城市发展。

最早期的这些城市已能证明：空间上、经济上以及社会上的分工原则对城市发展有着重要的意义。它构建了城市的文化基础，首次实现了居民聚集在狭窄有限的空间中，并突出了其重要性。

德国城市的奠基

约公元 100 年，在现今德国国境的区域，大部分居民还生活在以狩猎技术、耕种技术和防御技术为主导文化的部族里。在这样天然的，更确切地说是农业性的文化环境中，北威州瓦伦多夫（Warendorf）的萨克森聚居地就是一座"文明之岛"。这种定居活动一直延续着，直到公元 800 年才消失。令人意外的是，在此过程中涌现了大量各式各样的住宅布局。如同"文明之岛"般的这些农业聚居地，有的在日耳曼和塞尔特的早期就已建成，有的则逐渐形成于开垦森林地区的过程中。

于是，在此历史转折中，罗马式的城市在现今的德国境内开始出现。而当时它们对城市性的文化，即科技和文明的创新，还一无所知，所以"城市性的生活方式"在最初也无从谈起。直到"大规模生产"开始出现，人们才凭此一步步地建造出了城市。通过石材来建造居住建筑和宗教建筑、在街道和桥梁建设中运用新的科技，这些行为逐步改变了德国社会和政治的组织形式，渐渐发展成了今天的模样。

在城市结构方面，创建罗马式城市最显著的标志，就是它们严格的几何图形网格。这种几何图形网格形成了建筑学上的围合感，以及城市布局的扁平化。罗马帝国的没落不可避免地也造成它的城市出现建设停滞：特里尔（Trier）作为罗马帝国的四个主要城市之一，在公元250—400 年的全盛时期之后衰败，自公元 5 世纪后开始被

1 普南为古希腊城市。
2 瓦伦多夫是德国北莱茵 - 威斯特法伦州的城市。
3 希波达莫斯的故乡米利都，位于安纳托利亚西海岸线，属于小亚细亚城市，现在位于土耳其境内。因此也有学派认为，欧洲城市规划的起源于亚洲。

摧毁。在接下来的一个世纪里，以往的矩形路网发展成了不规则的城市平面——这是中世纪城市平面布局中非常典型的模式。

2.1.2 中世纪的城市

许多城市的起源都可以追溯到中世纪；而德国主要的城市体系，则恰恰基于这些为数众多的中世纪城市。中世纪的城市营造，其重要标志是城市与农村之间明确的区分（内与外）、城区内功能分区（商业购物区、手工业区等），以及较为不规则的城市结构（与网格框架状的罗马城市基础相比）。从外部观察，在开阔宽敞的乡村环境中，城市是几乎一体化的构筑物，带有封闭性的城墙。这类城市给人展现的第一印象是垂直的城市形象（大量的教堂和高塔）。这种印象，比起那些由狭小的空地和拥挤的街道所形成的"紧密型城市空间"的印象，在人们的心中更为深刻。

因为大部分中世纪城市的平面布局都基于不规则的交通流线系统和营造模式，所以看上去"毫无规划可言"；然而它们也并非偶然形成，恰恰是取决于当地的需求以及特色。另外，具有规划性的城市布局——所谓的"规划都市"——也是存在的，多见于新建的城市或是城市的大面积扩张之中 。

尽管如此，直到中世纪末，依然没有人意识到"城市"这个概念。人们也仅仅是从形态设计的角度，对私宅进行布置。由此，独栋建筑开始有了不同的空间组织形式：房屋既可以被看成单独的元素，也可以作为在街边阵列的外立面——于是沿街的那一侧外立面，就成为房屋的"脸面"。

在中世纪，对城市的所有畅想起重要作用且能确定其形态的根本因素，就是住宅，更确切地说是独立住宅，以及"住宅的个性"它受相邻房屋的影响，或"分离独立"或形成"差异化区分"，也可能出于形式、细节和材料而"井然有序地排列在一起"。这里排列成行的独栋住宅，指的并不是联排式建筑。

——沃尔夫冈·劳达（Wolfgang Rauda）[1]

巴黎孚日广场（始建于 1605 年），这一案例向我们展示了如何把众多单独的建筑联合起来、用以塑造广场的边界面。这批各自独立的建筑群至今仍清晰可辨：具备特有的四坡式屋顶，而大宽度的拱廊廊柱则把房屋互相拆开。不可否认这是一种用单独的房屋构成"广场围墙"的创作理念。国王骑马雕像屹立在广场中心；建筑物的立面构成

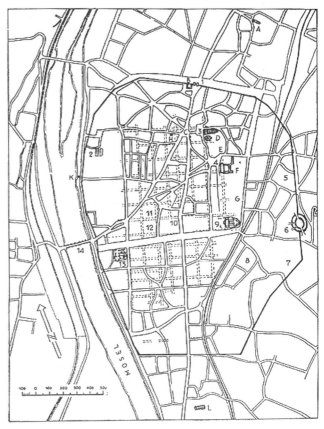

图 2.1.8　特里尔，罗马帝国晚期区域性首府规划

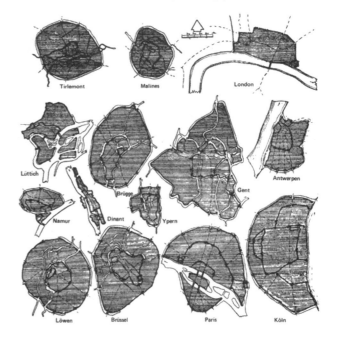

图 2.1.9　建有城墙的北欧城市规划

1　沃尔夫冈·劳达，德国建筑师，城市规划师和高校教师。

图 2.1.10 巴黎孚日宫，1650 年

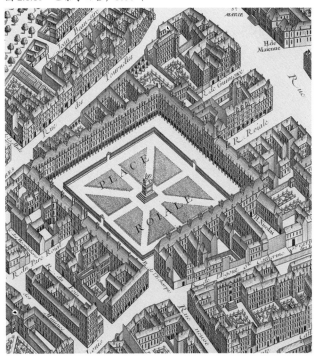

图 2.1.11 巴黎旺多姆广场，杜尔哥城市规划的局部，1731 年

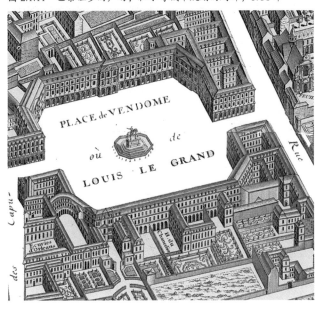

了展示这些空间情景的框架。

城市设计的形成，不仅仅是通过建筑体量的重复与增加，也涉及建筑与公共空间的体量关系。在设置城市营造的任务时，把上述认知与（城市）结构现状结合在一起，这极为重要。

2.1.3 君主专制时代的城市

文艺复兴，这一艺术史上的新纪元起源于 14 世纪初意大利北部，随后开始在欧洲蔓延。文艺复兴(Renaissance)的本义是"重生"，这个概念可以追溯到古希腊罗马时期强调理性的信条和价值观，并且把人类的尊严作为核心。通过"再度发现"维特鲁威（Vitruvins，公元前 88 年—前 26 年）的学说[1]，文艺复兴在城市营造方面和建筑艺术方面的思想也得以明确。比如在阿尔伯蒂版的《建筑十书》[2] 中，阿尔伯蒂提出了"作为艺术品的城市"这样一个特征鲜明的理念。那是一段以城市艺术理想化而出名的时期，诞生了很多新型的城市结构，不过其中绝大部分是乌托邦城市。

由阿尔布雷希特·丢勒(Albrecht Dürer)[3] 提出的"皇帝之城"，引入了"方形要塞城市"这一理想主义城市理念，参考了一座已建成的方形要塞城市。该要塞城市的中心处有一座城堡，被住宅环绕，还设有一个环形的壕沟。与在当时占据主流的传统设计相比，这种规则性、几何状与程式化的秩序原则，刻意形成了一种突变。其机械性、城市布局上的规则性，则证明了这类理想城市确是出类拔萃的；并且，这些城市的外部形态由防御外形所决定。

虽然文艺复兴时期并没有形成特有的城市类型，但中世纪城市"做加法的原则"则被"精心设计的城市总体规划"所取代，每幢建筑都要按照总体规划中所规定的边界来确定最终的位置。

巴洛克时期，这种设计原则继续发展，产生了一个崭新的文化成就：巴洛克时期的"空间透视"手法起初被应用在舞台设计上。这类新型的城市规划师中，有一些人本身就是舞台布景师，如伯尼尼（Bernini）。刘易斯·芒福德（Lewis Mumford）[4] 指出这些新建的城市都是"舞台画面般的尝试"，是为了炫耀权力：

1 其实维特鲁威的《建筑十书》手稿已多次被人传抄，现存的 92 部不同版本的《建筑十书》手稿抄录时间横跨 8 世纪到 15 世纪，虽然也引起了当时的一些学者的关注，但是因为图文缺失、术语难辨等种种原因，并未引起学界广泛的重视。直到 1414 年，意大利人文主义学者波焦·布拉乔利尼（Gian Francesco Poggio Bracciolini）在瑞士圣加伦的修道院中"再度"发现了这部手稿，并介绍给了当时对古典文化与遗产有兴趣的一批重要人物，比如佛罗伦萨百花大教堂的设计师菲利波·布鲁内莱斯基（Filippo Brunelleschi）等人，才令这部手稿名垂青史。
2 莱昂·巴蒂斯塔·阿尔伯蒂（1404—1472 年），著名的意大利建筑师、建筑理论家、人文主义作家、艺术家、诗人、牧师、语言学家、律师、哲学家和密码破译家。他写的《建筑十书》中文版又名《建筑论：阿尔伯蒂建筑十书》，是建立在维特鲁威的《建筑十书》的章节结构基础上所作的。这两本德语版《建筑十书》的书名也十分相似， 仅仅在"建筑"一词上做了区分：维特鲁威那本选用的词 Architektur 本义是"建筑学"，而阿尔伯蒂那本采用了 Baukunst 的本义则是"建造艺术"。所以本文此处翻译采取了德语版直译《建筑十书》，来呼应两本书所具有的强烈联系。
3 阿尔布雷希特·丢勒，德国中世纪末期、文艺复兴时期著名的油画家、版画家、雕塑家及艺术理论家。
4 刘易斯·芒福德，美国作家、历史学家，哲学家，评论家，以其对城市和城市营造的研究而闻名。

在新型城市内，建筑物限定了街道的框架。然后首先需要限定的是阅兵广场的框架。那里的观众聚集到人行道上或靠在窗边……来参观军队胜利前行、来感受适当的恐惧并受到震慑。

——刘易斯·芒福德

因为巴洛克城市的理念近似于三维立体的大型雕塑，所以在各个建筑中，为私人生活设计的活动空间非常狭小。"对称性"是巴洛克风格中最重要的创作原则之一。这也适用于景观空间及其元素，它们听命于同样严苛的秩序构想和形态设计号令，凡尔赛宫和卡尔斯鲁厄就是非常确切的典型案例。

凡尔赛宫的开敞空间形态是根据巴洛克原则设计的。而卡尔斯鲁厄的城堡的刚性几何状形体则与之相似但不尽相同，它是建立在呈辐射状的林荫小道的基础上。

2.1.4 经济繁荣时期的城市

伴随着工业化和全盛时期的城市扩张，特别是从 19 世纪中期开始。欧洲城市的下一轮重大变革开始出现，是经济和人口快速增长，导致所有地区都出现了极端的建筑性密集化。为了最大限度地利用土地，在那些城市扩建到的地方，这类密集化现象几乎纯粹采取"在网络框架的基础上建设块状街区式的多层建筑"这一形式，出现在网格框架型的基地上。大城市中的居住和生活条件——人员过多、照明不足，且通风不畅的廉价出租房——开始伴随着这种空间密集化变得越来越糟糕。当时的城市规划哲学都被一种富有工程师特质的、理性且科学的城市营造理念所深刻影响。例如巴塞罗那的"系统化的城市扩张"或维也纳的"城市内部扩张"，都是这类充满工程理性的、占地面积巨大、几乎不明所属的居住模式，它们依旧无法在"语境"和"构筑物"之间，或者更确切地说是在"整个城市空间"和"单个建筑"之间体现出特定的联系。

19 世纪末，卡米洛·西特[1] 在他的《遵循美学原理的城市设计》（ Der Städtebau nach seinen künstlerischen Grundsätzen ）（1889 年）一书中对语境和目标物之间的相互作用进行了研究。他指出，中世纪和文艺复兴时期"……为了公共生活而将城市广场进行有活力的实际开发，并且通过这种方式，在总体上与毗邻的公共建筑产生逻辑关联……"卡米洛·西特基于对空间效应的考量，从而对广场的布局作出分析，并且从中得出城市设计的结论。同样，他也对建筑物的选址给出了建议。卡米洛·西

图 2.1.12　凡尔赛宫风景，1668 年，皮埃尔·帕特尔（Pierre Patel）作品

图 2.1.13　卡尔斯鲁厄，带有城堡的城市营造，1739 年，克里斯蒂安·特兰（Christian Thran）作品

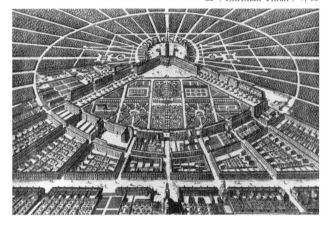

特强调，公共空间作为重要的连接部件，在环境语境与目标物体之间的关系上有着决定性的影响。

现代城市营造中，构筑的建筑和空置的基地之间的关系刚好发生了逆转。从前，空置的场所（如街道和广场）是根据实际效用而规划出具有围合感的完整形体，而如今建筑用地被划分成规整的地块，用来作为街道和广场的则是地块之间的空余部分。

——卡米洛·西特

2.1.5 现代主义的城市营造

20 世纪初，关于城市营造的研讨聚焦于"改善居住条件"和"重塑城市生活"。经典的现代主义以及功能性城市营造设计理念，和埃比尼泽·霍华德（Ebenezer Howard）提出的田园城市一样，与逐渐远去的 19 世纪末 20 世纪初"密集化的巨型城市设计"相比截然相反。领

1　卡米洛·西特，奥地利著名建筑家、画家和城市规划理论家，其学说在之后被柯布西耶多次贬低，被现代主义完全抛弃。

衔的工程师和城市规划师认为，建造一座本质上"全新的城市"是实现"符合时代潮流的现代生活方式"的关键。1933 年，国际建筑协会（CIAM）开始就这种现代主义的愿景展开讨论，且由勒·柯布西耶把其归纳到非常著名的《雅典宪章》里。其中，城市和其他领域的功能分区被划分为居住、工作、游憩与交通，并提出了"分区和松散的城市"概念[1]。这正是德国在第二次世界大战后重建阶段中，于城市营造和城市发展领域切实执行的建设原则。

从概念上，现代主义的城市模型无异于逆转了迄今为止主流的城市构想。它在统一、开放的连续性空间中展现了这样的画面：众多自治的独栋建筑体构成了一种分散疏松的合集。城市中不同功能分区的自身内部和相互之间所产生的日益增长的交通流动性需求，成为公共空间首要服务的对象；而城市空间里的传统元素（比如街道）则根据不同的功能需求而被解构，又或突变成了"绿荫小道"那样理想化的公共空间。

现代主义城市的诉求及其现实性是广受赞誉的，不过它所获得的激烈批评也同样频繁，甚至更多。

……在它们当下以及那些尚未消失的形态中，因积累了大量显而易见的、互不兼容的构筑物，现代主义建筑学的城市正变得和它试图取代的传统城市一样，充满了麻烦。

——柯林·罗（Colin Rowe）

2.1.6 重建与新蓝图

第二次世界大战之后，大量城市都遭到了广泛且严重的破坏。必然出现的"重建"则随后又成为发展和实现"城市营造的新蓝图"的理由与契机。战后时期被划分为两个重要的阶段。

（1）重建阶段：根据新和旧的概念（约 1945—1955 年）

（2）新蓝图的实现阶段："松散的城市"模式（约 1955—1970 年）。

然而，还有另一些因素影响了城市重建的方式，让那种大幅改变城市原貌的规划并没有太大的操作空间。

——尽管一些现有的街道地面部分被战争摧毁，但因为地下的基础技术设施是其战后重建最重要的资源来源，所以基于种种原因，这些街道都得到了保留。

——幸存的基地产权关系为楼房和城市建筑的重建提供了决定性的机会。

——未被毁坏的建筑资产是所有战后重建规划的一项

重要决定因素。特别是那些被列入具有保存价值的文化遗产的建筑。

在重建中彻底打造"城市营造的全新结构"的可能性并非到处都有。当大量古迹得以保留的同时，城市还必须适应新理念和新要求。这是存在于历史城市基底和新城市建筑之间一类非常典型的矛盾心态。

由 Göderitz，Rainer 和霍夫曼在 1957 年所提出的《分区和松散的城市》，是这个阶段最重要的城市营造模式。它描绘了这样一幅城市画面：城市被划分成许多单独的聚居地，互相之间通过绿地空间得以稀释，并通过周边的休憩场所紧密连接。高密集度的市中心则被分解成了许多个城市单元。该城市模型展现了不同功能之间的空间划分，一切亦如《雅典宪章》里所规定的那样。

一些该时期的其他蓝图，如汉斯·贝恩哈特·赖州（Hans Bernhard Reichow）的"有机的城市营造艺术"或"以汽车为导向的城市"，则试图依据城市不断加快的流动性以及与此相关联的汽车交通效应，发展出一套新的"城市和交通"（"人与汽车"）模式。

图 2.1.14 居住单元草图，勒·柯布西耶，1942 年

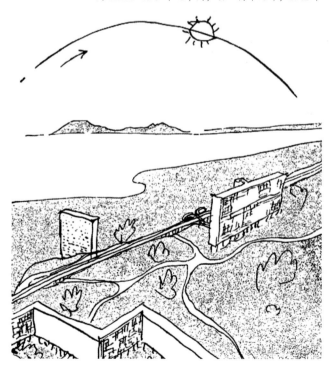

---

1 这一概念取自约翰尼斯·葛德里茨（Johannes Göderitz）、罗兰·雷纳（Roland Rainer）、休伯特·霍夫曼（Hubert Hoffmann）于 1957 年出版的《分区和松散的城市》（Die gegliederten und aufgelockerten Stadt）的书名。参见本书 2.1.6 节。

与带有所谓的"城市景观"中的流动性空间的"分区和松散的城市"相对，作为另一种"依靠高密集度实现都市性"（Urbanität durch Dichte）又或被称为"垂直型"的城市营造蓝图，曾被批评为"不太具有都市性"，却在20世纪60年代被采纳得越来越多。"高密集度"开始被认为是都市性的必要前提。与之相匹配的城市规划方案则往往会形成新的卫星城或大型聚居地。该城市规划理念在经历了一代人的岁月之后，现已被认为是错误的，且出现了这样的说法：与都市性有关的承诺，大多难以兑现。

"保护欧洲建筑文物年"的1975年，人们改变了对城市现状的态度，因为在城市营造方面和建筑设计方面的规划里，"历史语境"获得了更多的关注。至于像20世纪60年代开始那样，在城市改建更新中彻底推平拆除的做法，如今已几乎不可想象。但关于城市空间性的思考在20世纪80年代结束之前，再次决然地转向，凭借柏林国际建筑博览会（1984-1987年）的契机，回到了城市营造方面的规划实践上。于20世纪90年代末建成的柏林内城区的规划作品，以城市空间的历史维度和作为"城市营造的构件"为导向，而不再仅仅以"单个建筑"为导向。这在当地城市扩建中是最著名的尝试性案例。同一时期，20世纪90年代末，美国城市营造改革运动"新城市主义"也传入了欧洲。新城市主义批判那些只对功能利益和经济利益负责并在美国导致了"城市蔓延"的城市营造。

与那种无序扩张的城市景观相对应，改革运动树立了这样的都市性理念：以那些具有良好比例关系的城市布局和具有友好互助的邻里关系的中小城市为榜样和导向。然而，那些向改革运动致敬而在欧洲建成的新城市主义项目，除了在社会空间上具有排他性以外，还往往会产生怀旧的、舞台布景般的形态设计指令，展现出如同"历史小城"般的城市印象。

图 2.1.15　波茨坦市科尔希斯特费尔德（Kirchsteigfeld）区，设计：Krier Kohl 建筑师事务所

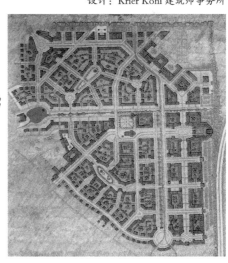

图 2.1.16　柏林内城区的规划作品

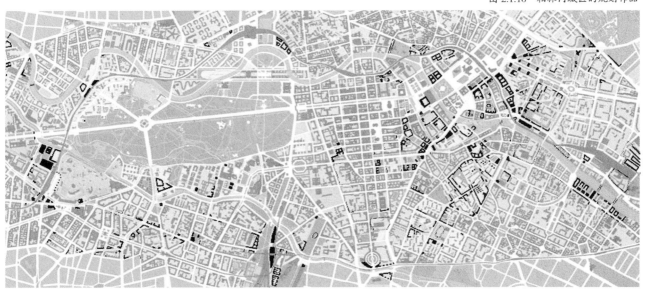

2.2 城市营造的理论

城市诞生的历史是城市设计的重要基础之一，同理，城市营造的理论以及与之相关的科技或艺术关系，拓展了深刻实践城市营造的想象空间。此处选取的这些理论方法，研究的是城市建筑性和空间性的组织与结构。这些理论对每个时代的问题和任务都做了分析，并以这些分析作为城市营造的未来概念的出发点。然而，从批判的角度来回顾这些新理论，它们所引发的新问题和新任务也并不算少。

2.2.1 伊尔德方索·塞尔达

伊尔德方索·塞尔达（1815—1876年，Ildefonso Cerdá）是工业革命时期城市营造学理论泰斗。根据在城市营造项目上的实践经验，他提出了一个甚至可以说是信念的理论，即城市营造是一门学科。"所以我认为非常有必要研究、建立以及确定这些基础和原则，且只有通过这样，这门学科才能被建立起来。"（塞尔达，1867）

塞尔达之所以闻名于世，主要是他在1859年设计了巴塞罗那的扩建方案，以简洁的斜向对角线街道的手法来塑造城市结构。

在塞尔达的方案和理论中，最核心的思考在于人类的基本需求（阳光、通风、交通等）。除了这些城市营造的社会成果（他视之为"重大的社会层面之必要性"）以外，作为最早的理论家之一，塞尔达也致力于"城市结构的网络化"。他认为建立在城市不同区域的"行动空间"（也即城市中心、城市边郊、市区郊外与地方区域）之间的关系和连接，是相当重要的功能性和空间性的挑战。对于为步行者优化的街道和当时人们还知之甚少的城市轨道交通，他也提出了许多建议。且从这些建议中可以看出，他实现城市空间网络化连接的措施，在当时那个年代极具创造性。塞尔达的愿望，就是发展出一套完美的城市营造

图 2.2.1　巴塞罗那城市扩建图，伊尔德方索·塞尔达，1859 年

法，理论原则要严谨，且能经得起实践的检验。

2.2.2 勒·柯布西耶

勒·柯布西耶（1887—1965年）被认为是功能性城市（或也同时是功能导向型城市）的奠基人。他的著作《城市规划原理》以及由他主导性起草的《雅典宪章》中，都强烈地表达了对传统城市的批判，以及认为其无法匹配当今科学的成就和未来的需求。他对当下城市肌理的批评，铺垫论证了他对"完美秩序"的陈述："蜿蜒的街道属于驴子，笔直的街道才是人的路。"（勒·柯布西耶，1929）他用人性需求来证明自己对秩序的愿望，"秩序越是完美，他（人）就越感觉愉悦……这种人造产物被称之为秩序。"（勒·柯布西耶，1929）"作为最高级的生物，我们所努力追求的最纯粹秩序是：直到成为艺术品。"（勒·柯布西耶，1929）勒·柯布西耶的城市营造的规划和理论的基本原理，取自统计学上的预判，尤其是人口和私人交通工具的增长将会导致市区交通"堵塞"的预判。

现代主义的城市营造以他的构想为基础，人们必须把居住区域与其他的生活区域分离开来，城市必须综合地按照他的4个领域——居住、休憩、工作和交通——进行更深程度地分区。值得注意的是，勒·柯布西耶新设想的和计划的城市营造存有极端性。他的"伏瓦生规划"（勒·柯布西耶，1925）就是基于这样的观点：计划让现存的城市完全消失，形成"空白"，在这个基础上为巴黎兴建由摩天大楼组成的新城市中心。

勒·柯布西耶是乌托邦完美规划的捍卫者。对他来说，城市营造是一种追求"克服城市现状之不足"的实验，来提升现有城市的空间、氛围品质的价值。

2.2.3 凯文·林奇

凯文·林奇（1918—1984年）于1960年出版了有关城市营造方面的权威著作《城市意象》，特别以视觉可识别性的形式，对物理空间的意义进行了研究。在他随后出版的《城市形态》（凯文·林奇，1981）一书中，林奇把自己从城市研究和观察中获得的认识重新联系在一起做了新的表述。其空间概念的主要论证都建立在人类学的研究成果和城市营造的特征上。

根据林奇的观点，对城市的理解来自综合性的评估，且事实本就该如此，"……没有对城市现状的理解，那就无法说清这座城市将来应该是什么样。"（凯文·林奇1981）

另一方面他强调，好的理论，在方案和方法的运用中，要与理论的对象，即聚居地的形态相符合。

对于城市的空间形态，凯文·林奇在他的城市营造学理论中提出了五个处理层面。本质上最有可能的形态是：

保障生命；让城市能被体验；提供交易和活动的场所；提供基本的可达性；调节土地的使用。

城市空间或者居住社区的品质是受很多因素影响的，并不仅限于它的形态因素。对此，凯文·林奇所阐述的有关城市物理形态的陈述，表明他并没有忽略这一点。

图 2.2.2 巴黎的伏瓦生规划，勒·柯布西耶，1925 年

2.2.4 阿尔多·罗西

阿尔多·罗西（1931-1997 年，Aldo Rossi）在他的《城市建筑学》中引入了"城市基础理论概述"（Skizze zu einer grundlegenden Theorie），展开了他对城市营造的讨论。此外，他还指出了城市以及城市营造上两个主要的体系，"一个体系把城市看作功能性的建筑设计产品，另一种则把它视作为空间性的结构。"（罗西，1973）当城市功能主义体系以分析社会、政治和经济上的事实情况为出发点、且用这些原则的视角观察城市的时候，另一个体系就以它们的地理特征和建筑性特征为出发点进行研究。

在研究城市时，"形态"对阿尔多·罗西最为重要。因为城市形态可被具体体验，且会给人们留下特殊的印象。"在城市中，个体和群体是相互碰撞、相互渗透的。"（罗西，1973 年）他的城市理论，凭其分析方法，以及把城市系统性地分为"公共场所和私人场所"或"基本元素和住宅"的尝试，已经对城市营造做出了基础性、跨学科的理论贡献。

2.2.5 克里斯多弗·亚历山大

克里斯多弗·亚历山大（1936 年—   ，Christopher Alexander）在 1977 年从空间模式中发展出一套语言，他称之为"模式语言"，用来描绘城市、建筑和营造。他所寻找的语言，是由形式原型和关系原型构成的语言。形式原型要符合永恒的建筑设计，关系原型则要对应传统的社群关系。通过对历经考验的、教科书般满足人类基本需求的建构物和建筑艺术的观察，比如古老的英国大学和意大利村庄，他在此基础上获得了 253 种模式的推导结果。

克里斯多弗·亚历山大尝试着把语言的规律性转化到空间组织和形态设计上去。单个建筑组成单元可以"像句子中的单词……"一样被组织起来，并且向不同的结果发展。也就是说，所有的模式都是建立在事物之间相互关联的原则上。

这些模式应该要一方面有助于定义这些建构上的空间元素，使之能被人理解；另一方面，这些模式应成为规划和城市设计的概念辅助。无论是技术问题还是美学问题，又或是社会问题，借助物理上的设计和法律法规上的安排，设计方案存在的问题都能够被解决，问题相应的设计目标最终都能被实现。

对于那些在周围的环境中一再出现的问题，每个模式首先要对其经验性背景进行描述，然后再解释解决这些问题的方法之核心的经验性背景。唯有这样，人们才能够不断地运用这些模式来解决类似问题。最后，把该语言模式和其他所有更小的语言模式联系在一起——在他们的帮助下，这种模式语言可以得到补充或改善。

本质上，这类构成有两个目的。一是体现出每个模式

与其他模式的联系，使得人们能够把253个模式看作一个整体、一种语言，从中创造出千变万化的组合方式。二是对模式问题和解决方法的展示，应让人们能够自己去判断和修正，同时不脱离中心思想。

值得一提的是，克里斯多弗·亚历山大不去区分"建构空间性组织"和"社会性组织"。这些系统化的尝试，不仅深入研究了对用途的诉求，而且也深入地探讨了现状的语境。最终，克里斯多弗·亚历山大试着去寻找一种在大部分组织中都能找到的、简单普适的形式和关系，它们产生于社会结构，且能为大部分人所理解，每种模式都可以被视作一种学术上的假说。从这个意义上看，每一种模式都针对"周边环境中哪种布局能发挥最好的效果"这一问题，展示了当时最好的解决措施。

图2.2.3 模式60"可到达的绿地"，克里斯多弗·亚历山大

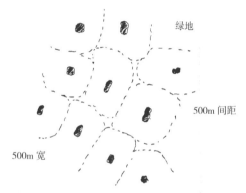

2.2.6 葛德·阿尔伯斯 (Gerd Albers)

葛德·阿尔伯斯（1919—2015年），基于他多年编写的著作《城市营造观念史》（*Ideengeschichte des Städtebaus*，1975）的工作以及实践的认知，感悟出了自己的城市营造学理论。按照他的见解，实践所寻求的是一种能支持实际操作并且能降低决策难度的理论。然而与此同时，对于那些指导他进行实践的、更高层级的理论，他所发表的相对应的反思，却都是从实践中总结而来的。

葛德·阿尔伯斯没有清楚地区分城市营造学科和城市规划学科，他认为两者的概念相似。但他也承认城市规划和城市营造是两条不同的道路，这两条道路对相关理论性的讨论也是非常重要的：对规划空间的基于理论的具体目标想象和使规划过程更完美。他一再强调连续性、谨慎性、稳定性在城市形态设计方面的重要性，且它们又取决于城市形态设计和空间利用的综合作用的影响。

在他的空间规划理论中，阿尔伯斯强调三类操作领域。

（1）对规划问题要进行类型分类，特别是那些能导致空间发生变化的社会发展、经济发展所带来的问题；

（2）从不同的空间尺度层面到不同的形态设计层面，对这些范围内的空间元素，进行设计编排；

（3）在现实中实践空间方案的策略。

对于空间规划的成功及其基础上获得的城市营造成功，他认为这些不同学科分支之间的交叉研究，比如关于规划问题的跨学科途径，是不可或缺、十分必要的。

2.2.7 托马斯·西弗茨

托马斯·西弗茨（1934年—　　）通过他在1997年出版的第一本著作《过渡城市——介于地区和世界，空间和时间，城市和乡村之间的城市》，惊人地分析了城市营造的现状情况。并且在此书中，他提出了"城市的郊区化"和"农村的城市化"。"过渡城市"并非像很多人所说的那样要作为"城市营造的蓝图"来理解；对于一些在我们周围的聚居地和建设区而言，由于它们与景观空间的交界边缘变得模糊、呈现出流动性，所以形态就产生了明显的多样性。

根据托马斯·西弗茨的陈述，"过渡城市"要求用新的手段，对那些现状结构进行了解，以及"设计性"地进行干涉。要实现城市区块的"可读性"，最根本的做法必定是形态设计上的微干涉和有意义的占领，因为可读性首先意味着——就像我们已经尝试着去强调的那样——是有意识地进行认知、铭记和回忆。"（托马斯·西弗茨，1997年）

按照西弗茨的观点，干涉的过程可以多种多样：迄今为止尚未被注意到的事物，能够变得"可见""可让人进

入"，从而变得"可体验"；还可以通过"文化充电"进而变得具有特色。第一步就是把看起来没有吸引力的事物变得有美感。同理，饱受负面情绪填满的事物，通过与积极的事情产生联系，可以重新诠释出自己的意义。这种和其他事物产生关联的过程，会变成一套"可视""可体验"的链式反应。

托马斯·西弗茨和他提出的"过渡城市"开辟了研究城市结构和乡村结构的新视角，为城市区域的"可读性"作了非常重要的贡献。在每个"过渡城市"里，产生"可读性"的方法都是不同的，且只能具体情况具体研究。为此，西弗茨提供了很多的规划方法，但他所提供的这一富有启发性的理论构架，其实恰恰是最重要的。

参考文献

1. 城市营造史

[1] Albers G. Entwicklungslinien im Städtebau[M]. Birkhäuser, 1975.

[2] Benevolo L, Humburg J, Benevolo L, et al. Die geschichte der Stadt[M]. Campus Verlag, 1993.

[3] KLOTZ H. Von der Urhütte zum Wolkenkratzer[M]. München: Prestel-Verlag, 1991.

[4] MUMFORD L. Die Stadt. Geschichte und Ausblick. Band 1 + 2. [M]. Deutscher Taschenbuch-Verlag, 1987.

2. 城市营造的理论

[5] Cerdá I. Teoría general de la urbanización, y aplicación de sus principios y doctrinas a la reforma y ensanche de Barcelona[M]. Imprenta Española, 1867.

[6] FRICK D. Theorie des Städtebaus[M]. Tübingen: Wasmuth, 2008.

[7] CORBUSIER L. Städtebau[M]. Leipzig: Deutsche Verlags-Anstalt, 1929.

[8] Lynch K. A Theory of Good city form[M]. MIT press, 1981.

[9] Rossi A. Die Architektur der Stadt: Skizzen zu einer grundlegenden Theorie des Urbanen[M]. Birkhäuser, 1975.

[10] Sieverts T. Zwischenstadt. Zwischen Ort und Welt Raum und Zeit Stadt und Land. Bauwelt Fundamente Nr. 118[J]. 1997.

3

城市的"语法"

3.1 理解场所和密码：维也纳博物馆区的转变

人们不仅要分析当前的框架条件，还要领会历史变迁，以此才能"理解"场所。本节以维也纳博物馆区为例，来系统地展现一个场所"从过去到现在"的转化过程。规划与实施之间、建筑与开放空间之间、建设结构和用途之间、建筑设计和"空间用途转化"之间的多种相互作用，在过去的好几百年里让这个场所发生了剧变，并最终烙印上了它的"密码"。

图 3.1.1　场所的变迁时间轴
转化的阶段——从帝国马厩到维也纳博物馆区 （右图）

图 3.1.2　维也纳博物馆区的空中摄影图
霍夫堡皇宫，森帕博物馆和博物馆区 （下图）

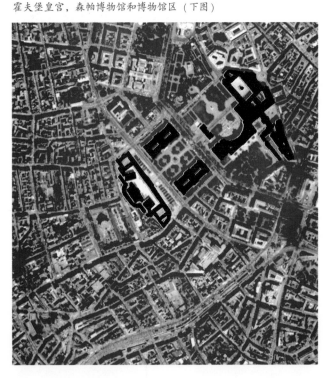

1705—1711 年，马厩的设想，在约瑟夫一世在位时就已出现
1713 年，委托费舍尔·冯·尔拉赫（Fischer von Erlach）建帝国马厩
1716 年，费舍尔·冯·尔拉赫用巴洛克风格扩建
1723 年，费舍尔·冯·尔拉赫 去世
1725 年，主楼建成

扩建一直持续到 1764 年，但没有依照费舍尔的原设计进行

1809 年，拿破仑一世攻城
1809 年，开始着手建环城大道
1815 年，改造马厩

1848 年，内部革命
1850—1854 年利奥波德改造马厩
1857 年 迈尔（在位）建造冬天骑马厅，决定把城市扩张至"皇帝弗兰茨一世，约瑟夫"（Kaiser Franz I. Josef）的前沿地带。
1858 年，破产公告，城市扩张
1864 年，博物馆项目的批准作为霍夫堡皇宫与郊区之间的搭扣带
1869 年，与戈特弗里德·森帕（Gollfried Semper）协商
1869 年，委任森帕（Semper）/ 哈森奥尔（Hasenauer）
1871 年，博物馆动工开建

1893 年，米歇尔大楼
1895 年，奥托·瓦格纳 全面规划
1899—1907 年，弗里德里希·奥曼（Friedrich Ohmann）/ 路德维希·鲍曼（Ludwig Baumann）开始城堡建造工作

1913 年，皇帝关于未完成的帝王广场的决定
1921 年，在帝王君主制的情况下，马厩的任务是第一次维也纳展览会

1934 年，鲁道夫·派克（ Rudolf Perco ）"戴维斯的帐篷"
1941 年，马厩新结构的项目，库舍尔（Kutschera）/ 乌本（Ubl）
1940—1945 年，纳粹主义在博览会宫宣传活动
1946 年，恢复博览会

博览会的修整和扩建

1977 年，第一次提出改变功能的设想

1986/1987 年，第一等级竞赛
1989 年，提出"博物馆区"的构想
1990 年，第二等级竞赛
1991—1999 年，重新规划
1997 年，新的总体规划
1998—2002 年，建造阶段
2001 年，维也纳博物馆区开放
2003 年，维也纳博物馆区旺季开始

2020 年，维也纳博物馆区理念竞赛
2020 年，维也纳博物馆区自由空间

Hofstallungen
Planungen Kaiserforum
Messepalast Wien
Planungsverfahren MUQUA Wien
Kulturelle Zwischennutzung
Museumsquartier Wien

1700 年
1710 年
1720 年
1730 年
1740 年
1750 年
1760 年
1770 年
1780 年
1790 年
1800 年
1810 年
1820 年
1830 年
1840 年
1850 年
1860 年
1870 年
1880 年
1890 年
1900 年
1910 年
1920 年
1930 年
1940 年
1950 年
1960 年
1970 年
1980 年
1990 年
2000 年
2010 年
2020 年

第一次转变：帝国马厩

　　博物馆区如今的形象来自于由建筑师费舍尔·冯·埃尔拉赫（Fischer von Erlach）建造的巴洛克式老建筑的立面（长350米）。规划制定于1718年，在霍夫堡皇宫对面的维也纳郊区"玛利亚"周边、昔日的家禽养殖区之上，建造一座用于饲养大概600只马的皇室马厩。马厩这一新建工程意味着内城区首次越过了防御工事地带，开始向外扩张。这种巴洛克式的城市扩张，在欧洲其他城市是习以为常的，但在维也纳还前所未有。在费舍尔·冯·埃尔拉赫的规划之后，1719年到1923年之间完成的霍夫堡皇宫"新设计"吸引了所有人的注意力。尽管规划上充分自由，但主立面与利奥波德（Leopold）宫殿的主楼位置并不平行[1]。立面的这种朝向，是为了呼应中世纪霍夫堡（Hofburg）皇宫的核心建筑。至今仍可以感受到由费舍尔·冯·埃尔拉赫所规划的巨型空间这一整体设想，但它从未被真正完成。在后方的场地内所出现的附属用房仅仅是为了满足"对空间的需求"而建，直到1764年都没有参照任何可以被辨认的规划准则。（皇宫建筑）的"半圆"形态，在它刚开始建造的时候是封闭的。

　　从城市营造角度来看，帝国马厩是一个值得关注的时代片段。费舍尔规划在18世纪后期已被人遗忘。而从19世纪中叶起，人们开始建造环城大道两侧的建筑的时候，此规划才被人重新拾起。

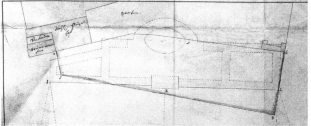

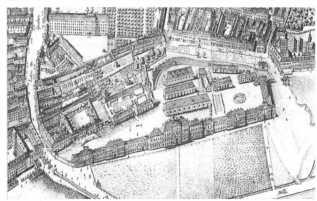

图 3.1.3　第一次转化：帝国马厩

1721年，理想规划："一名历史建筑师的设计"　费舍尔·冯·埃尔拉赫

1718年，军事"摧毁"区域的平面图

1770年，马厩由约瑟夫·丹尼尔·冯·胡贝尔（Joseph Daniel von Huber）设计

1769年，马厩以中世纪霍夫堡皇宫的核心建筑为导向

1834年，巴尔萨泽·维甘德（Balthasar Wiegand），主庭院作为驾驶广场

1　这位荷兰国王的官邸，是当时唯一的新式建筑，与周边建筑截然不同。

图 3.1.4　第二次转化：帝王广场 成为巨型构筑物
1869 年，戈特弗里德·森帕（Gollfried Semper）和卡尔斯·哈森奥尔
(Karls Hassenauer)
维也纳帝王广场的第一次设计

第二次转变：帝王广场成为巨型构筑物

　　维也纳环城大道规划是内城核心区与当时的郊区之间的大规模城市扩张的一部分。作为皇宫和马厩之间的纽带，最初设想的新式的博物馆综合体，就这样被设计了出来，与之相关的讨论被汇编到了戈特弗里德·森帕（Gollfried Semper）的委托书中。1869 年提交的帝国广场设计稿成为工程的实施基础，但后继设计师们对马厩各有各的不同设想，导致之后出现了"有缺陷的布局导向"和"不完整的代表性"。在第一次世界大战前夕，这项工程出于经济的动机和设计存在分歧的原因而被叫停，导致了第二座城堡的侧翼尚未完工。就此，所留下的帝王广场成为城市营造上一座"未完成的"巨型构筑物。

图 3.1.5　第三次转化：维也纳博览会宫
在第二次世界大战后建成博览会展览厅 "G"
1961 年改建博览会宫

第三次转化：维也纳博览会

　　第一届维也纳博览会于 1921 年开幕，展会分布在城市的多个地点。霍夫堡宫和旧马厩地区被用作为其中的一个地点，随之被转换为市内展览场所，即所谓的"维也纳博览会宫"。1940 到 1945 年，纳粹政权的活动在该地区举行。1946 年再次开始运营的时候，维也纳博览会宫进行了必要的改建，并补充了新的大厅。20 世纪 70 年代末，由于博览会活动被撤出，集中了所有活动的维也纳博览会的"新总体规划"被定位到了普拉特地区（Pratergelände），触发了关于该区域的功能转化的讨论。1977 年春天，当维也纳的"艺术家之家"展出路德维希（Ludwig）的当代收藏品时，民众开始有了"可长期接触艺术品"的愿望。从此开启了关于博览会宫之功能转化的概念讨论（几乎长达20 年之久），其中也包括了对帝王广场未完成计划的讨论课题。

维也纳博览会海报

维也纳国际博览会
1965 年 9 月 12—19 日

第四次转化：博物馆区

1993 年达成了未来要在"博览会宫"区域建一座文化广场的决议：因维也纳彼时尚无固定的展览场所，那些不同的艺术和文化设施应该从空间上集中在一起，预计会以"当初为比赛规程所设计的空间计划"作为新概念方案的重要成分，并发挥非文物展览性质的用途，从而在当地实现"用途混合"。建筑师团队"奥尔特纳与奥尔特纳工作室"（Ortner & Qrtner）赢得了设计竞赛他们所预计建造的项目，如维也纳艺术大厅、现代艺术博物馆和一座多功能活动大厅，在日后都变得非常著名。作为外部形象，建筑师建议打造双塔，在主院中，艺术图书馆作为"读书塔"，再另设一座"办公塔楼"。该项目并非没有争议。有一个"市民自发性组织"明确反对在维也纳中心建造当时新潮的建筑风格。作为替代性方案，他们提出了在该旧马厩区应该建造一座"马博物馆"的要求。关于"读书塔"方案的批判性讨论，最后归入了对新建筑之规模尺度的讨论，即将规模减小一半，撤销垂直高度上的拓展。在此基础上该方案最后终于得以实施，实现了与现状的共存。巴洛克式的老建筑主导了外部风格，仅仅在内部空间开辟出一片充满都市性的空间，具有新型建筑结构的特征。

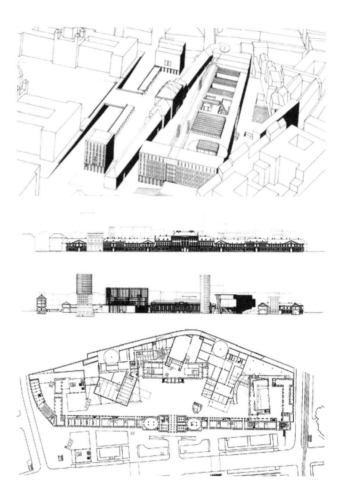

图 3.1.6　第四次转化：博物馆区
博物馆区设计竞赛 阶段 1，设计单位：奥尔特纳与奥尔特纳
博物馆区设计竞赛 阶段 2，剖面图和平面图，设计单位：奥尔特纳与奥尔特纳工作室
"嵌入"，1994 年，设计：奥尔特纳与奥尔特纳工作室
规划状况，1995 年，设计：奥尔特纳与奥尔特纳和维顿（Wehdorn）合作工作室

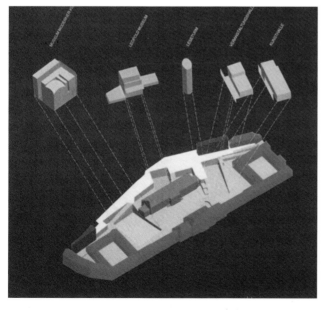

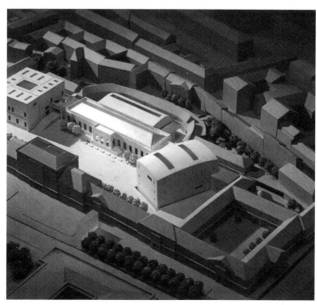

第五次转化：文化性的过渡用途

在多年的规划进程中，旧展览厅被用于文化性的过渡用途。得益于1992—2000年期间"博物馆区——移民地开拓方案"的计划（旨在提供丰富多彩的混合用途和暂时性活动），旧展览厅添加了大量设备，开始举办丰富的摄制和文化演出。于是在清除废旧物品的"打开房屋"活动中，博物馆区被改建成可供参观的公共场所。通过这种方法，使用者和未来为数庞大的游客们转变了该场所、转变了现状中的局部，产生了对当地情感上的联系。文化性的过渡用途不仅为游客们和文化事件的参与者们"开放"了这块用地，而且通过"步骤性"和"建筑设计性"的过渡状态，深刻地影响了这片地区"现在和未来"的个性特征。

1995年

与知识机器人进行关于南极的对话
在国家政务院区（Staatsratshof）的维也纳艺术室的外部薄膜
Mama酒店
在维也纳艺术室内部开放
80天维也纳建筑艺术节
维也纳/维也纳建筑中心博物馆的城市规划活动
喔嗬，我们生活
维也纳演出节的项目，G大厅
太空
在维也纳建筑中心博物馆和维也纳科技大学展览

1997年

博物馆区的舞台
维也纳一个地方的转换
沃德·戈登（Ward Gordon）
人民剧院 地下2层/3层阶梯，维也纳基地
室内剖面
展览中的设备
在路德维希基金会现代艺术展览馆"20人之屋"上演的"分裂：真实"
座位架
国家政务院的P1厅
维也纳基地
放置马鞍、鞭的房间 推进器Z
仓库2
国家政务院的H大厅，设计：ARTEC建筑师事务所

1999年

"封顶落成庆典"
落成庆典"电影拍摄地"
新维也纳
在维也纳艺术大厅表演
没有犹豫很久
在博物馆区前面场地的设备，横向力
广告架的涂层
海默·苏巴里宁（HEIMO ZOBERNIG）的二号线
资料
在马库斯 盖革儿童博物馆的"建筑广场"展览

2000年

通过窥镜/放映
正在放映推进器Z的奇妙电影院
印制品
8位女艺术家的公告
未知可能性的广场
在博物馆区前面场地上，迈尔
我是千禧虫
蔡国强在维也纳艺术大厅的表演
投影仪
迁移的多媒体实验室 推进器Z
信息咨询台——游客中心
主楼椭圆大厅 D+

图 3.1.7　第五次转化：文化性的过渡用途

作为一个场所转化的案例，博物馆区几百年来承受了剧烈改变的外部框架条件、使用需求和针对合适的城市营造和建筑艺术的态度斗争，其本身一再转变。它如今的姿态对"密码"做了如下的展示，一方面让不同历史时期的参考系变得显而易见；另一方面也使其中不同的多维元素[1]（建设结构和开放空间的共生、公共空间的平面布局与空间形态的共同作用、建筑设计上的形态和规模尺度、用途转化和空间企划的形式）变得清晰可读。

图 3.1.8　维也纳博物馆区的比例结构

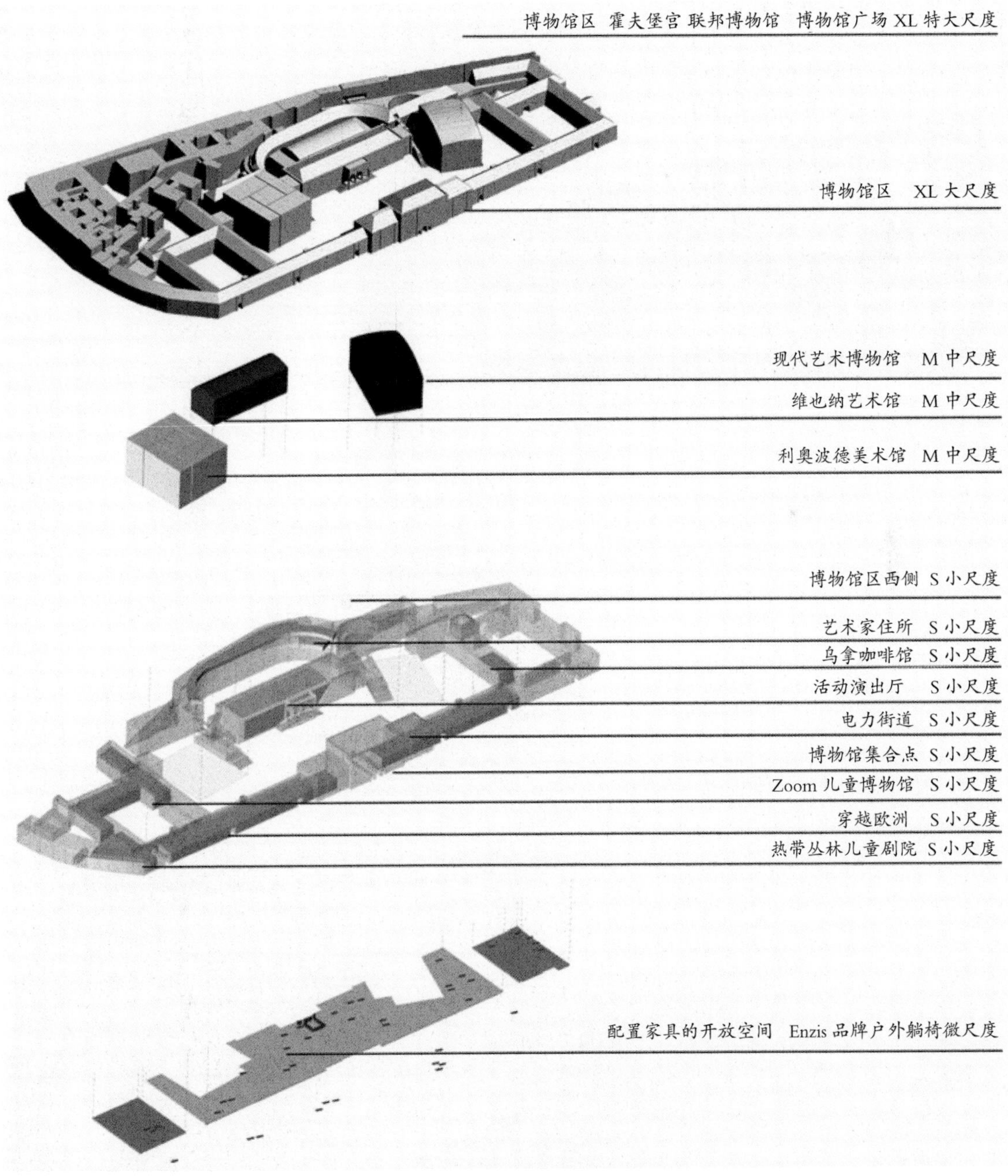

博物馆区 霍夫堡宫 联邦博物馆 博物馆广场 XL 特大尺度

博物馆区　XL 大尺度

现代艺术博物馆　M 中尺度
维也纳艺术馆　M 中尺度
利奥波德美术馆　M 中尺度

博物馆区西侧　S 小尺度
艺术家住所　S 小尺度
乌拿咖啡馆　S 小尺度
活动演出厅　S 小尺度
电力街道　S 小尺度
博物馆集合点　S 小尺度
Zoom 儿童博物馆　S 小尺度
穿越欧洲　S 小尺度
热带丛林儿童剧院　S 小尺度

配置家具的开放空间　Enzis 品牌户外躺椅微尺度

1　参见本书 7.2 节"城市的多维元素"。

经济繁荣时期的巴洛克风格的边缘区域，Mariahilfer 路，Karl Schweighofer 胡同

博物馆区西面宽广小巷 2005 年

Glacis Beissl 餐厅 2004 年

19 世纪 工业化经济繁荣时期的巴洛克风格的宽广小巷

博物馆新建部分 2001 年

活动大厅 2001 年

冬季骑马大厅 1850 年

维也纳建筑中心 1993/2001 年

临时庭院家具 2002 年

乌娜咖啡馆 2001 年

21 区 内部装修 2002 年

历史性的马厩现状

Zoom 儿童博物馆

热带丛林儿童剧院

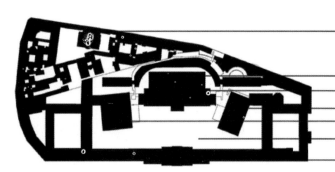

巴洛克风格的外部边缘

艺术大厅的建筑体块

历史性的全体冬季骑马大厅

现代艺术博物馆建筑体块

路德维希博物馆建筑体块

庭院家具微型体块和群组

历史马厩建筑群

专门庭院 Glacis Beisl 院

后院 4 号院

后院 6 号院

综合庭院 8 号院

市政厅院 7 号院

主院 1 号院

前广场

王侯院 2 号院

综合庭院 3 号院

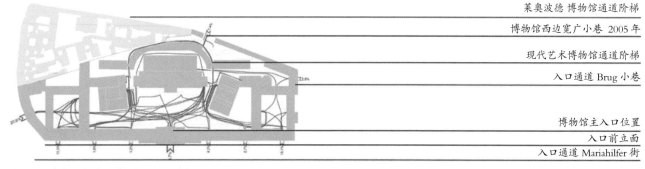

莱奥波德 博物馆通道阶梯

博物馆西边宽广小巷 2005 年

现代艺术博物馆通道阶梯

入口通道 Brug 小巷

博物馆主入口位置

入口前立面

入口通道 Mariahilfer 街

图 3.1.9 乌尔班类型，群组和区，开放空间和网络化

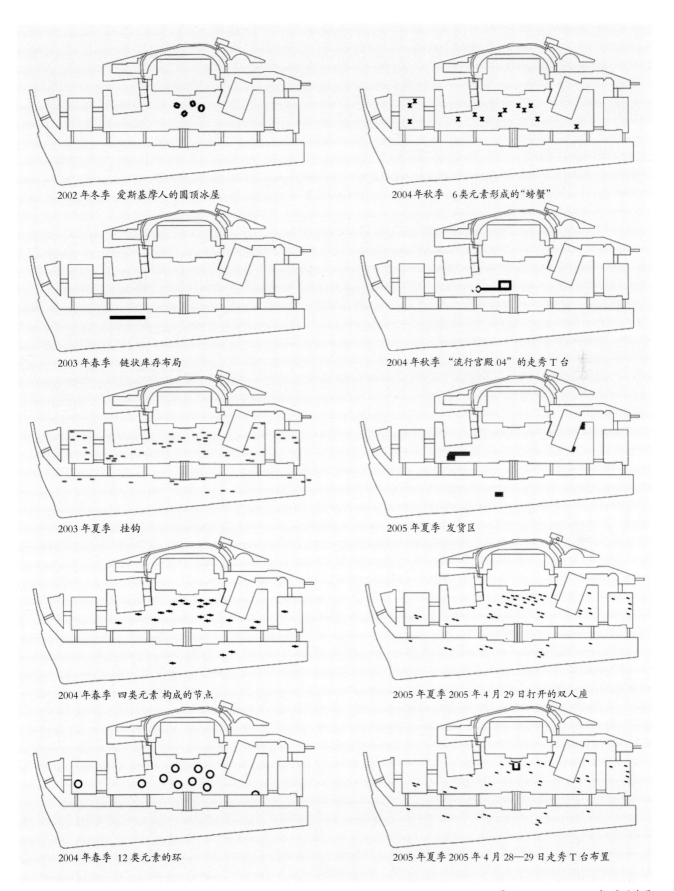

2002 年冬季 爱斯基摩人的圆顶冰屋

2004 年秋季 6 类元素形成的"螃蟹"

2003 年春季 链状库存布局

2004 年秋季 "流行宫殿 04"的走秀 T 台

2003 年夏季 挂钩

2005 年夏季 发货区

2004 年春季 四类元素构成的节点

2005 年夏季 2005 年 4 月 29 日打开的双人座

2004 年春季 12 类元素的环

2005 年夏季 2005 年 4 月 28—29 日走秀 T 台布置

图 3.1.10　2002—2006 年 家具布局

3.2 城市的类型和层次

3.2.1 结构层面和结构模式

结构层面

观察城市及其所处环境，人们可以识别出城市不同的层面，这些层面环环相扣，彼此之间存在着相互关系和相互作用：

——嵌入区域中的城市；

——城区作为城市的要素；

——社区或其相邻社区作为城区的内部单元；

——"小型地块"和"建筑"作为基本构件。

这些"可被识别的单元"相互之间的边界，并非仅仅依靠结构性或者空间性的分割来识别，也可通过功能上的规律性来确定。

结构模型

城市结构的特征，是由它的组成要素和相互之间的布局关系所构成的。因为在城市中，相似尺度的城市组成要素通常类型相同，即使以不同的数量和大小出现，但相互之间的区别主要还是取决于组成要素的排布。这方面的本质在于，每个组成要素都会对功能的执行进程产生持久的影响，包括交通网络、供给机构（商业机构、教育机构、社会机构、文化机构）、更大的开放区域、产业区和工业区。

为了让一座如此复杂的构筑物（比如一整座城市）能成功建成，图解表达和简化说明是非常必要的。因此，结构模型会很有帮助，能以抽象的方式展现出重要的综合作用。

城市的结构可以追溯到三种基本类型，它符合聚居区的"点、线、面"三大构成要素，中心聚合状的城市结构、线形的城市结构、面状的城市结构。

然而，上述这些基本类型各自存在的形式几乎都不纯粹，它们大多以混合的形式呈现。所以会出现如下情况：例如有一座城市在基本类型中符合"中心聚合状"的结构模式，然而在其结构内部，却呈现出带状的元素[1]。在观察区域性层面上和城区局部性层面上的布局准则时，人们也可以发现类似的方式。

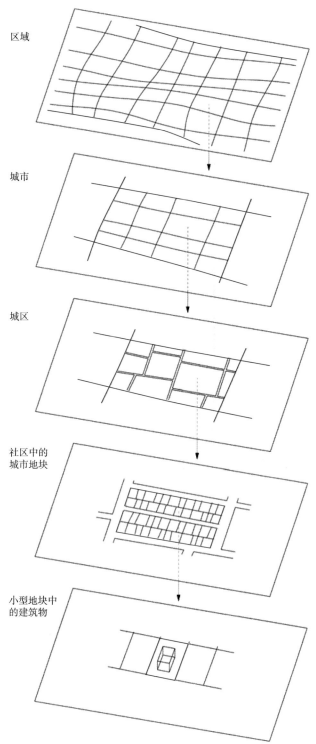

区域

城市

城区

社区中的城市地块

小型地块中的建筑物

图 3.2.1 结构模型

----

1 带状是线形结构的升级版。

中心聚合状的结构模型

中心聚合状的结构类型通过以下的特征被识别。

① 突出的中心，拥有一个清晰的结构性中心点；

② 以该中心为导向的辐射状交通网；

③ 重要性密度和功能性密度向边缘递减。

这些结构类型之所以较为常见，因为如今的城市都依托从历史核心区出发的多层次环状围绕结构（"环数"有的城市多有的城市少）而发展得越来越大。这种现象之所以形成，一方面是由于其想要实现到市中心的距离尽可能短，另一方面是由于那些和基础设施建设相关的经济原因（如街道设施、供水设施、下水管道设施等）。而市中心密集的交通又会产生一些典型问题，即市中心的扩张与城市其他区域的发展几乎不可能相符，比如经常会出现市中心附近的休养区域和开放区域供应不足的情况。

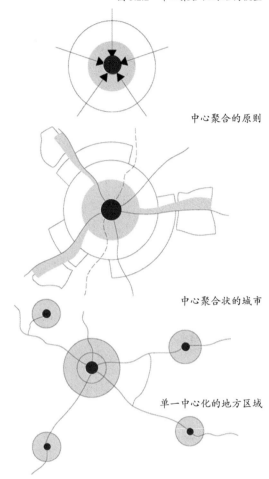

图 3.2.2 中心聚合状的结构模型

中心聚合的原则

中心聚合状的城市

单一中心化的地方区域

图 3.2.3 中世纪的城市设施

阿尔勒（Arles）城的古老竞技场之墙体内部的城市设施

43

线形的结构模型

线形的结构模型包含以下特征。

① 供给结构以带状为中心而展开布置，并没有清晰的中心点；

② 线形交通基础设施以交通走廊的形态呈现；

③ 重要性的密度和功能性的密度以线形分层的方式分布。

带状城市的"脊梁"大都是成熟的交通走廊（主干道、铁路线、河流和下水管道等），为聚居地单元或社区单元提供了出入交通流线。通常供给设施和服务机构紧密地直接布置在这类交通走廊的内部或周边。居住区位于上述设施的后侧。

一方面，体量大小不一的城市单元通过带状（或者说线形）的方式排布，形成了一些让居住场所、工作场所、供给场所和休闲场所沿着成熟的基础设施系统地受到整合的优势；另一方面，线形结构的这种布局方式仅仅允许居住区里出现相当狭长的地块，导致大部分情况下都需要通过星系状或梳子状的纽带型结构对其加以补充。

图 3.2.4　线形的结构模型

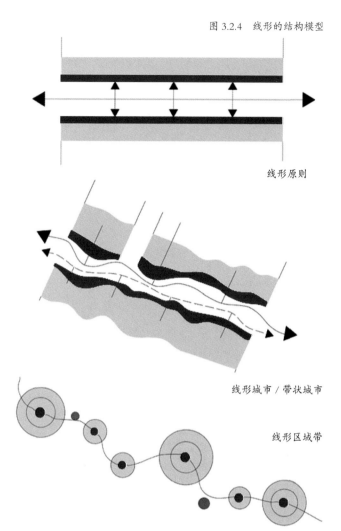

线形原则

线形城市／带状城市

线形区域带

图 3.2.5　带状城市，西班牙工程师索里亚·伊·马塔（Arturo Soria Y Mata），1894 年

已建成的带状城市片段，马德里

面状的结构模型

面状的城市结构会有以下特征。

① 无显著中心;

② 交通网络呈面状铺设;

③ 各种功能在整块用地上均质分布。

"在城市的总体区域内均匀地分布各种功能",这一目标大部分情况下只能大致地达成。因为各式各样的功能都对它们的驻地有特殊的要求。所以,面状的结构模型应该被理解为单一的功能单元并不被集中布置,反而被尽可能地"去中心化(分散)布置",并且与没有等级分化的大规模"棋盘状"的交通网络相连接。这为增加"副中心"提供了优势便利,副中心反过来又为网状城市结构模型(或者说是"去中心化的汇集方式")奠定了基础。

图 3.2.6 面状结构模型

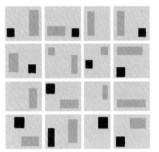

面状的原则

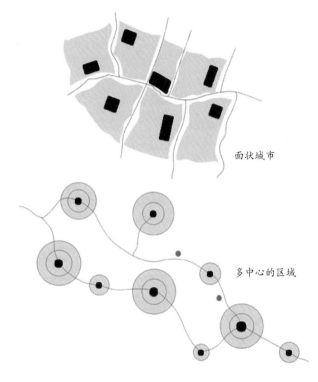

面状城市

多中心的区域

45

图 3.2.7 鲁尔区的城市建筑结构,2010 年[1]

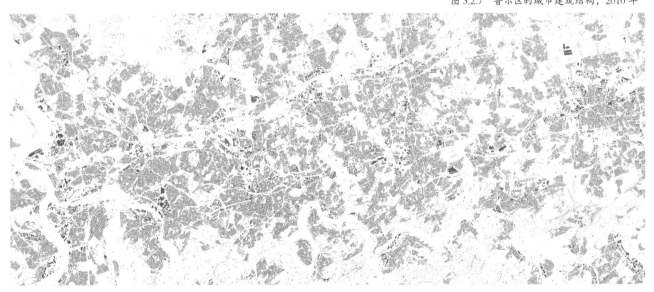

1 鲁尔区是位于德国西部,莱茵河下游支流鲁尔河与利珀河之间的城市群,是典型的"从带状发展成面状"的城市结构。

3.2.2 城市结构

自然形成的城市结构是容纳当地共同生活的城市居民们的非常重要的组织模式，这种自然结构并非一成不变，而是一直在动态地改变着。清晰可见的城市结构、城市建筑以及受其深刻影响的城市空间，都在持续地变化中。

城市结构（即所谓的城市肌理）形成了一套框架，长期影响着城市居民众多生活领域。城市结构会针对不断改变的框架条件做出反馈，比如社会价值观、法律、政治或经济决策。这种针对各种变迁所发生的回馈反应是复杂的，且对于人类的行为来说，大多数情况下它的进程都极为缓慢。城市结构既是人类活动的基础，也是人类活动的结果。

此外几乎没有任何要素，能像"城市的发展"那般受到历史如此强烈的影响。金融危机、大规模建设、战争影响、对不断发展的城市结构进行破坏、为新的发展创造空闲场地、政党提出他们关于交通政策和城市规划方面的主张，这些因素都会留下自己的痕迹，并且反过来影响未来城市中的生活和未来的城市特色。

城市结构决定了核心功能区的划分：居住区、工业区、购物街、文化场馆等。交通系统须确保上述划分的地点具有比较良好的"交通可达性"，道路配合私家车和出租车、人行道与自行车道、市内轻轨交通、巴士线路、铁路线、机场。在这方面，各类交通工具的意义轻重，视乎城市的规模大小、地段位置和历史发展的区别而完全不同。

改变城市的结构，会导致在生态、社会和经济领域出现相应的后果。这些领域的变迁速度，又会反过来在城市结构的品质中留下痕迹，激进、快速的改变，甚至可能会造成破裂和扭曲，从而摧毁"生长中的结构"和"规律性"。

上述概念的定义

城市结构的定义，包括"城市的单个区域之于城市整体的布局方式""它们相互之间的综合作用"以及"该布局方式的建立基础（即基于何种准则、理念和规律性而布局）"。城市结构的空间性示意图就体现为城市的平面布局。我们从城市的平面布局中可以看到很多各式各样的规律。在历史进程中，城市构件（建设结构和开放空间结构）的布置方式，其所遵循的特殊模式受到了内因和外因的深刻影响——而平面布局可以把它们都展现出来，所以城市的平面布局又被称为城市的"基因密码"。平面布局所揭示的模式描绘出了场所的特殊属性，并从而宣布了城市空间系统的布置形式、规模尺度和层次等级。

然而在城市结构中，并非所有与此相关的特色、准则或规律性都可被识别。自然形成的城市结构和城市形态是紧密相连的；但城市之平面布局、经济结构和人口结构之间，并不直接相互依赖。

城市结构由多个"子单元"构成，分别属于结构元素和秩序元素这两大类。结构元素是复杂的聚居区结构的一个局部或一个系列，他们的种类、规模和组织取决于更高层级的结构。城市的秩序元素可以追溯到三种基本类型——按照这三种基本类型，所有更高层级的元素也都可以被塑造出来。三种基本类型是点元素、线元素、面元素。

图 3.2.9 与图 3.2.10 描述了如何把基本元素通过相互堆砌组合的连接方式，进而形成马赛克或网状的元素，以及更高层级的元素。城市营造的基本元素不仅可以追溯回城市结构中，还可体现在城市形态和分类结构图中。

① 点：在城市结构中充满特色（物理性，或功能性，或有重要情感寄托）的独立的点，如：

——醒目突出的，地标性的（例如：教堂、摩天大楼等）；

——热点区域（例如：非常重要的广场）。

② 线：作为一条具有深刻影响力的、充满特色的线性元素，如：

——道路关系（例如：购物街）；

——介于不同的均质面状元素之间的边缘（例如：公园和建筑之间的界限）；

——显著的线形地貌标志（例如：河岸）；

——显著的界限（例如：火车线路）。

③ 面：具有深刻的"均质区域"特色，如：

——居住片区（例如：老城社区）；

——开放区域（例如：城市公园）。

点式、线形的元素大多可以被准确地定义，但面状元素的边界范围，却往往无法弄清楚。

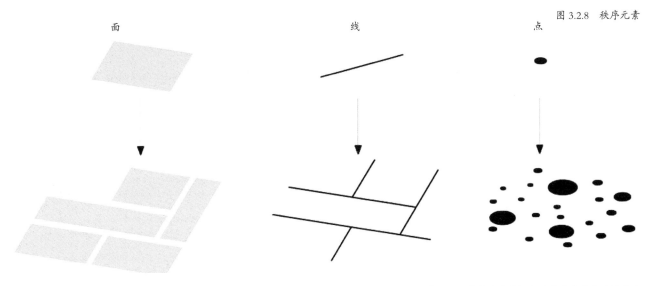

面　　　　　　　　　　线　　　　　　　　　　点

图 3.2.8　秩序元素

图 3.2.9　这些元素的组合形成了城市营造的单元

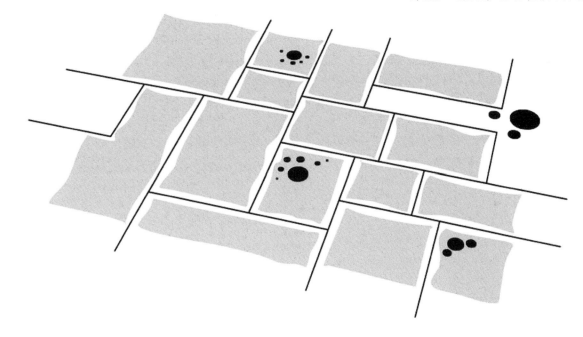

图 3.2.10　聚居区所需元素

类型	面元素	线元素	点元素
案例	建设区 开放区	道路 铁路线	机构： －教育 －文化
简单编排	均质的面状单元	带有孔眼的网状单元	中心
复杂编排	城市营造意义上的单元		

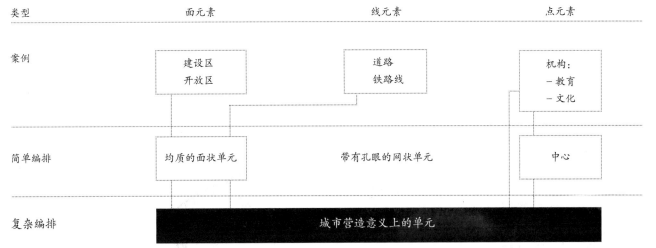

3.3　城市的逻辑

3.3.1　对图底关系的认知

图底关系是重要的形态准则之一，用于说明图形与其背景并非没有关联性。更确切地说，人们在观察整体目标时会区分主体和客体。因此，较小的区块会更容易被当作图形；环绕着它的大区块则会被识别成背景。

为了能从背景中被清晰地提炼出来，图形须比背景更能吸引注意力以及在人们的脑海中留存更长的时间。人们谈论的图底关系是稳定的、意义单一明确的。因为"单一意义"的图底关系实质上体现了对图片内容或排版布局的理解，所以它尤为重要。而当多个认知的机会以"同等重要性"同时出现而形成"多义"的图底关系时，反而总会让观察者产生困惑，甚至感到无聊。

最著名的"多义"图底关系案例，非"花瓶幻觉"莫属。由丹麦心理学家埃德加·约翰·鲁宾（Edgar John Rubin）提出的那幅图中包含两个信息：黑色背景下的白色花瓶、白色背景下两个面对面互相对视的面孔剪影。同一图像能够引发不同的认知，对此鲁宾的图像就是经典证明。观察时所注意的对象，有时可能是主体（即图形），有时也可能是客体（既背景）。

稳定的图底关系，其最重要的特征是：从"形式感"更为缺失的背景中，提炼出了具有"单一意义"的清晰形状，而背景则在图形后面不断延伸。但图形和背景不可被同等地认知。在大多数情况下，较小的面会被认为是图形，较大的则被认为是背景。因为图形看起来离我们比较近，在空间布局上处于一个比较明确的位置；相对地，背景并不处于那么明确的空间位置，看起来会较有距离感。相互紧邻的相似元素会被联系在一起，在认知中被当作同一形体。

在城市营造中的图底关系

对于城市营造来说，图底关系是极为重要的参照。根据传统意义上对空间的理解，空间的形成过程是这样的：两个或多个"和其他元素互相联系"的建筑，围合在一起构成一个中介空间，就像鲁宾之书的封面图中那个花瓶图形一样。然后，被多个物体包围所形成的这一空间，就会被理解成某种物体。

当某些体块在边缘终止延伸的时候，空间还可以被理解成"轮廓"。建筑释放出了空间的轮廓，就像鲁宾的画所营造出来的相互对视的两张脸一样。只有当完全不同类型的其他图形填满了背景的时候（例如一侧是空间，另一侧是大量的建筑群），"图底关系"才有可能发生转换。

在有多个建筑物综合体的平面布局中（如意大利帕尔玛的大范围规划），建筑是图形，而开放空间就是背景。建筑的规模大到这样的程度，就会形成一种具有积极的相互关联的外部空间。积极空间能允许图底关系出现转换。而在建筑零星散落布置的平面图上（如法国孚日圣迪耶的大范围规划），外部空间仅仅意味着"剩余区域"。在这种情况下，"外部空间的可读性作为图形主体、建筑本身作为背景"的互换难以实现。整体性的、相互连接的形式，更易被认为是图形。它让图底关系的相互转换成为可能，其空间可读性也更为复杂。

图 3.3.1　鲁宾的花瓶幻觉

图 3.3.2　图底关系形态示意图

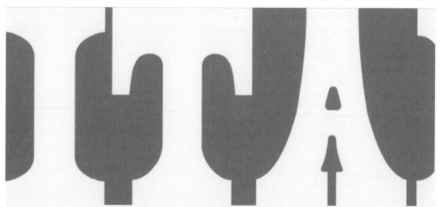

图底关系规划图（黑白图）

黑白底图是城市营造的核心展示媒介。除建筑外，其他所有的规划元素（例如街道、植被和河流）在黑白底图上都会被隐藏。通过这样的调整，人们就能清楚地区分"建成区"（用黑色标出）和"未建区"（用白色标出）。建设结构可追溯回单纯的图底关系，人们能够从中看清从空间到物体的各种肌理（柯林·罗，1997）。在这种展示方式的帮助下，人们可以探究城市的形态学。黑白图展示了城市营造领域的支柱结构——它是城市的"躯体"。

黑白图中的城市空间结构堪比传统的黑胶唱片。黑胶唱片的沟纹是在三维世界里以机械的方式刻录的声波压痕，那么对黑白图来说，沟纹则是自然地表之上的"城市景观"。在黑白图中出现了建成区和未建区的区别，诸如"堡垒"也因为空间特性区别于其他[1]。对此，人们可以逐一观察所有部分。建设结构以黑白图的形式得以抽象化描述，向训练有素的从业人士给出了诸如城区中城市营造层面的空间联系之说明（即指互相之间的关联度：某个视角对全局来说到底是什么？它是否被孤立了？是否需要补充空间上的连续性？）。通过组织体系，人们可以获知社区的建设年份；通过模式属性，人们就能了解建筑的建造年代。与三维空间性的画面相比，城市的二维平面表达还不够形象直观。

图 3.3.4 孚日圣迪耶（St.-Dié），大范围规划

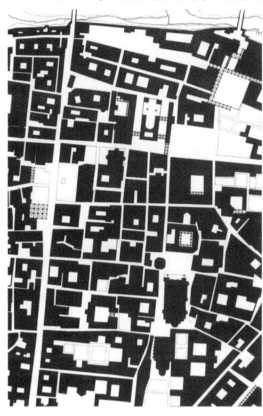

图 3.3.5 空气与水，莫里茨·科内利斯·埃舍尔
（M.C.Escher）

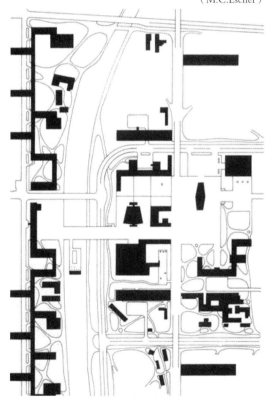

图 3.3.3 帕尔玛 (Parma)，大范围规划

---

1 欧洲的堡垒建筑为了防御火炮，其平面逐渐发展成了特别醒目的几何形。

3.3.2　城市形态学

定义与理解

"城市意象"从本质上来说，描述的还是城市的可见部分；相比之下，城市形态学（Urban Morphology）则扩大了城市的感知范围，纳入了建设结构和开放空间结构。"形态学"的概念来自希腊语"morphé"，原义近似于"形态、形式或外表"的意思。遗传性上的"形态学"概念，最初起源于歌德。他把"形态的遗传"转化成了一门学科，来研究植物有机体的"外形、生长与改造"。

人们对"城市形态学"的理解，与形式准则和形态准则相关。城市的平面布局可以根据这些形式准则和形态准则而产生，以及被建设成型。千姿百态的生成条件以及种类繁多的方式和方法，对空间特征产生了深刻的影响。

同时，城市形态学也是城市营造的研究领域之一。它致力于研究聚居区类型、城市形式和自然形成过程，研究对象是建设结构、作为建筑基地的小型体块、建筑类型、以及由"出入交通流线"所构成的网络。其中，分析"城市发展的历史"和"城市结构的转化"尤其有难度。城市形态学的研究长期以来都是理解城市营造结构的基础。随着对历史悠久的城市结构的保护和更新领域的聚焦，城市形态学的重要性地位在过去几十年中得到了大幅提升。

地理区位处于某种特定气候带或文化圈的定位，对场所的"形态生成"有着决定性的影响。例如，所处的气候带具有可比性的城市常常会有相同的特点。于是城市结构也就带有了相似烙印，进而形成了这些地区特殊的形态。再通过对一些元素进行重复并排布（比如建筑物、开放空间、地貌等），就能出现深刻的带有当地特色的城市肌理。

如何将独立的元素和规律添加进一个整体中、一个综合的结构里？通过寻找建筑、用地、网络等这些奠定城市

图 3.3.6　1379 年以前的布拉格新城区，城市形态研究

证据：由于多了一块附加的小型地块，在布拉格哥特式的块状街区中就出现了一条新街道

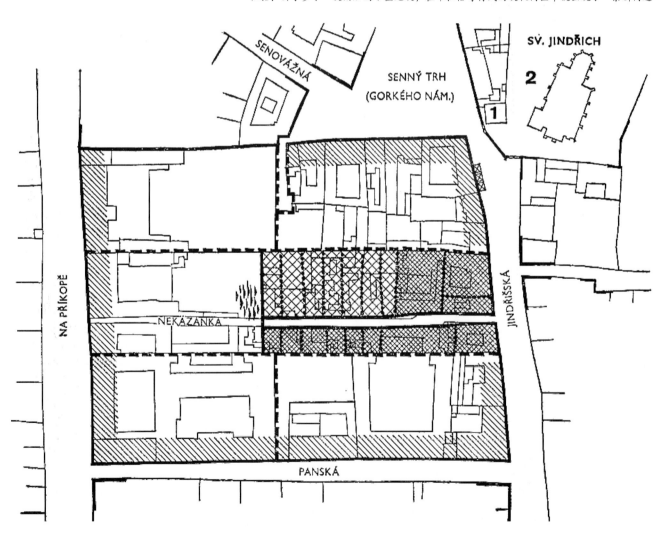

基础的规律，城市形态学的研究让城市结构的内在逻辑变得"清晰可读"。

在城市设计的框架内对城市形态学进行观察，有助于理解场所的规律性及其内在逻辑，从而为填充空间、介入或扩展结构奠定基础。在现有的环境语境（特别是尺度范围和体量大小）中，城市营造性质和建筑设计性质的介入须通过城市形态学的分析检验，并作出相应的调整。

在一项对历史悠久的布拉格内城区在城市营造上的起源和发展的大范围研究中，城市历史学家威廉·劳伦斯（Vilém Lorenc）在1973年揭示了深刻影响着"历史老街的街道走向和建设的独特逻辑"的"综合性协同作用"和"规律性"。 在对中世纪内城区地下结构的一项详细研究的基础上，从街区或小型地块中，人们得以重温过去一千年中城市营造上的空间规划以及内城区其他用地的发展历程。对建筑上和空间上的变迁现状进行记录，包括汇编历史性的城市起源和历史保护建筑等的建筑文献资料库，更是奠定了对"位于历史老城的内城区中的建筑"实施"调整适应"策略的基础。对于街道走向、街道设施和广场设施、街道宽度以及视觉轴线，又或者是空间和功能上的种种联系，这些知识的获取为今后的"保护"和"修缮"以及"评估市中心的新建计划"打下了深厚的基础。

图 3.3.7　威斯巴登（Wiesbaden），1990 年

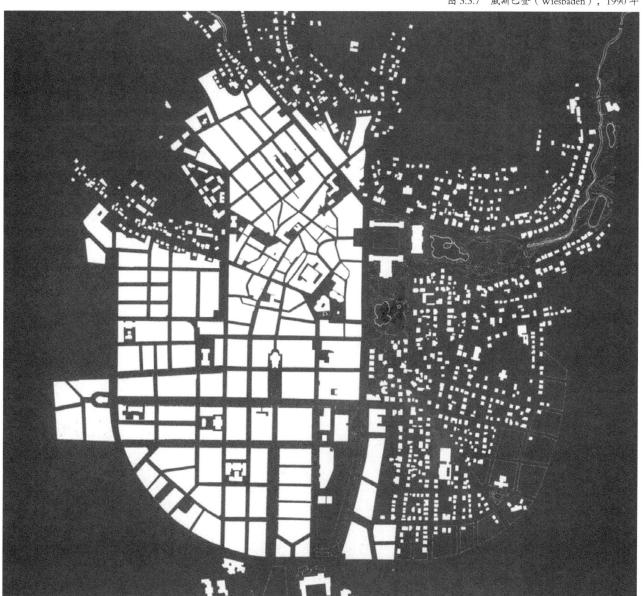

3.3.3　用途结构

　　城市营造的最高原则，就是经济地、可持续地利用土地。土地是一类有限资源，在过去几个世纪里已经被人类占用得已经越来越多。而且，这种行为对生态平衡造成的危害也在不断增加。

　　"用途"这个概念指的是对土地进行利用（包括当地已建成的建筑和设施）。用途的分类很多，比如

　　聚居区、交通区、农业区、森林区、水体等（波查特1974）。

　　聚居用地可进一步细分为以下几种不同形式：

　　——居住用地；

　　——办公用地（指的是那些通常在住所和居住小区以外地点的工作形式）；

　　——供给服务（营利性的、社会性的、技术性的基础设施机构）；

　　——绿化用地和开放区域（特指与建筑产生对立关系的那些开放区域，如花园）；

　　——交通（概念总称，泛指一切交通设施）；

　　——教育和休闲。

　　对这些用途进行分配的形式和方法，其本身受功能结构的深刻影响。用途结构不仅反映了人类的需求，也反映了政治和经济的框架条件。

　　城市的"功能可靠性"取决于用途分配的形式，而用途分配的形式又会反过来受到社会、经济和地形等因素的影响。在城市体系内分配用途的形式和方法，已随着历史进程而发生了剧变。在中世纪城市里到处都渗透着日常生活中各种各样的"用途"，构成了一幅彼时经济、生活方式的画面。工业城市伴随着极速扩张和密度增大的进程，

产生了"居民人口超额""工业区和住宅区过于接近"的现象，导致各种负面的冲突局面开始出现。现代主义城市以其"功能分区"的口号，为用途拆分和城市建筑结构的拆分作出了贡献。

　　用途形式和相关的功能结构决定了社区甚至是整座城市"城市营造上的品质"。

图 3.3.8　用途体系和规划层面

用途体系的精度	相关空间	规划层面
粗略 ↑	城区	土地利用规划
	社区	城市发展规划
	邻里街区	城市营造性质的设计（城市设计）
	街道	
	建筑	建筑设计
精细	楼层	

图 3.3.9　用途精度

精细

一般

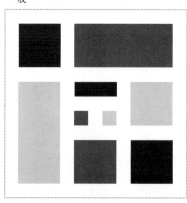

粗略

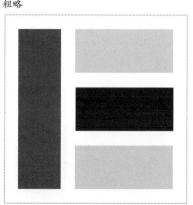

　　"用途混合"是指把不同的用途（如居住和工作）并排或者重叠在一起。人们已经渐渐地开始认识到：对于具有适应性和可持续性的城市结构来说，用途混合非常重要。《21世纪议程》对此做出了决定性的重要贡献。

　　用途"分区"，特别是把"居住"和"工作"进行了分区，导致道路距离变得更长，反过来推高了交通成本，以及对交通道路产生了更高的需求。"资源节约型规划"一开始就把"生成尽可能紧凑的功能混合"作为前提。在这方面，"用途混合的精度"很大程度上取决于规划层面。

图 3.3.10　门兴格拉德巴赫 (Mönchengladbach) 运动公园，设计：RHA 建筑师和城市规划师事务所
用途方案

体育景观公园

停车场　越野自行车场
攀岩
溜冰场　　城市阳台
　　　体育学院
散步　主题运动　旅馆
　　　　　　政府部门
购物区
　　曲棍球场　手工启蒙
观景点　　　　体育商务公园
　　景观轴　餐厅　社会活动　停车场
　　　　娱乐休闲
足球场　　健身馆

多媒体中心

3.4　城市营造中的结构类型

　　城市体系的确立不仅仅需要借助城市逻辑学,还取决于城市营造方面的结构类型。布置建筑物的类型和方式、如何通过布局去塑造空间、到底如何使用建筑物,这些都使建筑成为"受结构支配的"城市营造秩序要素。对城市历史的研究表明,城市营造的结构类型往往会折射出各自时代中对于"城市"和"城市生活"的社会性普遍理解。就连那些"节约导向型"的用地建设模式,也对"可持续城市营造"的相关讨论产生着深远的影响,但其实也并非当今的新鲜发明。其实依旧存在着许多历史悠久的结构类型,并且一直被当下的城市营造所借鉴和使用。

　　因此,古希腊和古罗马城市中的一种呈"合理的几何状"的结构,与"院落式"建筑类型联系在了一起——这种建筑结构作为基本单元,可以在充满规律性的块状街区中添加。通过这种建筑类型,封闭式的建构类型(建筑之间没有空隙)以及对于基地现状特别经济节约的处理手法,都有了实现的可能。对古代"普南"的复原重建研究,让人们了解到当时每八个合院式建筑组成的块状街区,是如何作为一种特定的结构类型,在城市中发挥作用的。

　　与此相反,中世纪欧洲城市的景象以长条形为特点。朝向街道的民房及其背面的农户经营自留地(Wirtschaftsfläche)[1]以及花园用地,共同组成了这种长条形联排式的布局。城市防御设施内的用地紧张,建筑基地都面积受限,于是需要这样一种合理的分配:居住建筑和工作建筑构成空间性的整体。在兰茨胡特(Landshut)的老城区的空中摄影图中,中世纪的横片状系统依旧清晰可见。老城区和新城区的宽敞的街道集市以及家族式商店,共同构成了内部的交通流线。

　　很多近代城市营造历史上非常杰出的聚居区,它们的建筑结构类型都遵循"密集化"的基本原则。由荷兰建筑师奥德(Oud)建造的"Kiefhoek"居住区[2],建于1925—1930年,展示了如何在紧凑的建筑结构实现高密集度和高品质的共存。基于一套单独的户型单元,"Kiefhoek"居住区形成了这种长条状的形态,即在仅仅70平方米的用地上生成一套四个房间的住宅(见图3.4.21)。由"Atelier 5"[3]在1960年设计的Halen居住区(位于瑞士的伯尔尼)也是经典之作。通过在斜坡上对"层数为3"的联排式建筑类型进行巧妙排布,使每层都设有能够通往开放区域的紧密连接通道。尽管这个住区建筑密度很高,但因高水准的居住品质和开放空间品质而声名鹊起。这些数量寥寥的案例已经可以证明,充满品质的社区其实可以通过截然不同的城市营造中的结构类型来实现。

图 3.4.1　从块状街区到联排式,恩斯特·梅,1926 年

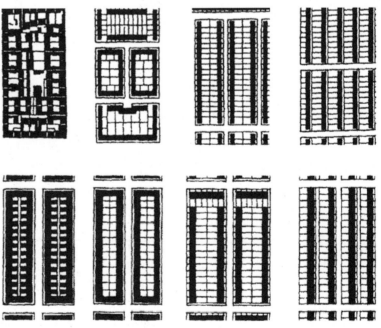

1　德语意译是"经济用地",实质上是指和农业经营有关的土地用途,包括耕种和畜牧。非常类似于我国计划经济时期农村政策性分配的自留地。
2　该居住区位于荷兰鹿特丹,是专为低收入家庭打造的社会保障。
3　Atelier 5意思是"5人工作室",于1955年由5位自称是柯布西耶信徒的瑞士建筑师共同在伯尔尼创立,但很快就又增加2名核心合伙人,虽然以后又有了更多员工,"5人工作室"的名字延用了下来。他们进一步发展了粗野主义的混凝土建筑创作。

图 3.4.2　古代普南 (Priene) 的复原重建研究

图 3.4.3　兰茨胡特的老城区

图 3.4.4　Halen 居住区，设计：Atelier 5

3.4.1 块状街区

块状街区是由建筑物与小型地块进行"累加"而形成的，周边都被街道围绕（通常是四条街），建设上与街道对齐。这种建设结构既可以作为封闭式的建筑形态来表达，又可作为开放式结构来清晰呈现。

图 3.4.5　块状街区，基本原则

城市营造上的意义

块状街区和联排式建筑一样，都属于城市中的传统基本构件。数百年来它在城市体系的结构类型中一直占据一定比重，时多时少，起起伏伏。在城市体系中，块状街区具有连续不间断地与外界街道相连通的结构，从而让所有立面都有"可达性"，并作为空间性的单元用于累加。

块状街区可以变化，以适应特殊的比例尺度。与这种依赖性相似的是，块状街区的体量大小也能针对相关的混合用途型储备区或缓冲区进行调节和适应。它可以根据需要，实现朝内侧拓展空间，且同时不影响外部的形象。块状街区这种特殊属性让它成为城市体系中一类具有特殊都市性的元素。

在碎片化的城市区域内，块状街区正好可以发挥制造或修复城市结构语境的关联性的重要作用。

结构原理

这种建筑除了开放性和封闭性的不同，还在体量上存

在不同的大小和形状。其中，体量的大小比形状更能强烈地从本质上影响块状街区的特性。随着块状街区体量的增大，内部区域可用空间的调整余地也会增加。但如今遍布得如此广泛的这种所谓的"块状街区建筑"，占用了巨型尺度的用地，以及"过度建设"得密密麻麻。这是"都市个性"的一种极端表达方式，其实在很多方面是以"实用价值"受到巨大局限为代价而换来的。

空间营造

块状街区四周由街道环绕，与公共空间有明确的界限。越过公共空间，是一片和周围的城市结构产生密切联系的交通网络。容纳建筑的"沿街建筑界面"（Bauflucht）[1]以及互相联系着的外部空间，保证了结构上的连续性和空间效果上的统一性。

在空间营造上，形成"转角情景"的意义特别重要。一方面，它坐享着块状街区中十分优越的地段，出入便捷性很高，并且本身在空间上十分暴露惹眼，所以比较适合在此处布置供给设施（商铺，餐饮业等）；但另一方面，转角情景通过背后的小型地块隐藏住了许多劣势，比如采光不足、地面层缺乏扩展可能性、隐私受到限制。

朝向与出入交通流线

块状街区具有明显的前后分区，分为"朝向街道的公共面"和"避开街道的私密面"。前方区域受到街道影响的同时，后方区域则受到保护（当然前提是街区内部不可设有扰民的空间用途）。所以和联排式建筑一样，块状街区在公共和私人领域之间也产生了"社会空间性的导向"，会导致每一侧对形态设计的需求都截然不同。面向街道的立面对所有人来说都是清晰可见的"展示面"，并因此产生了希望得到满足的表现欲；而块状街区朝内的背侧，则更倾向于遵照功能性和个性的需求。

这种全朝向的建设方式，会导致建筑群落朝着各个截然不同的方向发展，从而出现了房间是否朝向有利的四正方位（东南西北）的这类问题。朝向上的这种"不均衡"，可以通过建筑体的进深和相关的平面组织而被部分地抵消。往往采光不足的那一侧会栽种上树木等景观，并通过开敞的建设结构来弥补地段的劣势。

1　原文 Bauflucht 指的是建筑群在"沿街建筑边界线（Baufluchtlinie）"上所形成的界面。德国城市规划中对建筑物的控制精度，达到了细分"建设指导线"和"建设边界线""沿街建筑边界线"的程度。其中，建筑不可越过"建设边界线"（Baugrenze）和"沿街建筑边界线"，这两者的定义综合在一起，与中国的建筑红线中的"建筑控制线"定义相似，但并不包括中国"建筑红线"定义中的"道路红线"（Straßenfluchtlinien）；可参考 2009 年颁布的《萨尔茨堡空间规划法》中第 55 条关于《沿街建筑界线、建筑指导线；建设边界线；布局中的关系》（"55 ROG 2009 Baufluchtlinien, Baulinien; Baugrenzlinien; Situuierungsbindungen."）中的详细说明。关于建设指导线（Baulinie）的说明。

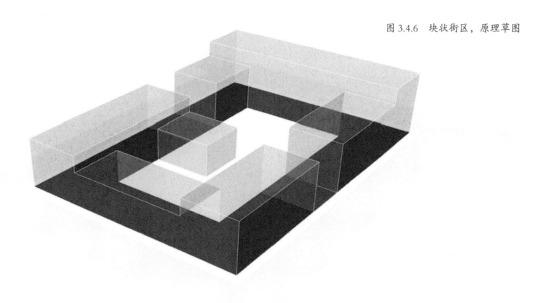

图 3.4.6 块状街区，原理草图

形式

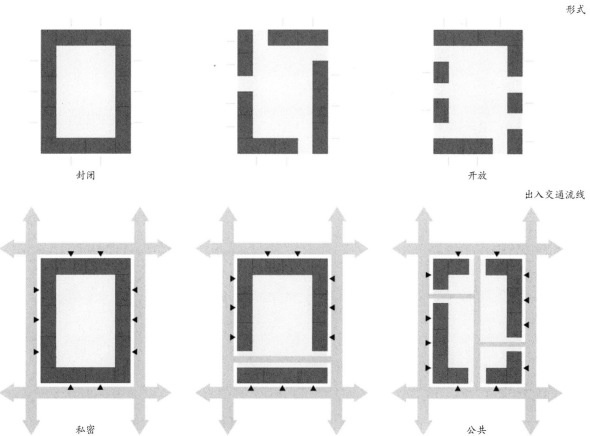

封闭   开放

出入交通流线

私密   公共

图 3.4.7　历史上的块状街区，汉堡，Harvesthude 区
第二次世界大战前的小型地块

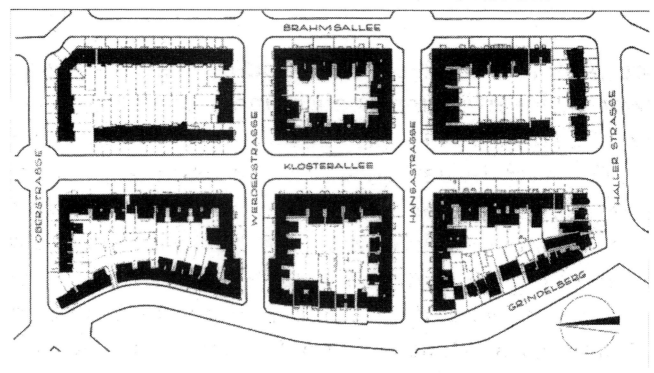

图 3.4.8　历史上的块状街区，分别位于柏林、马格德堡和科隆，1890 年

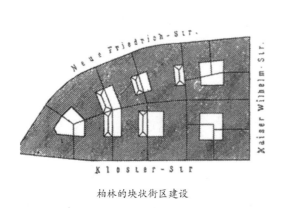

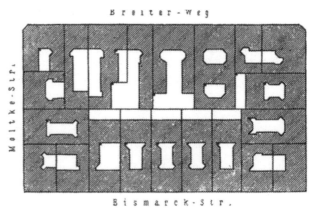

柏林的块状街区建设

马格德堡的块状街区建设

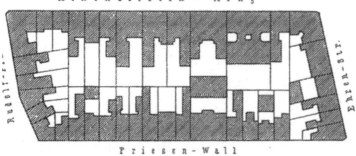

科隆的块状街区建设

超级块状街区

传统的块状街区是在一小块临街基地上建造小型建筑。作为传统块状街区的替代性选择，自20世纪中期以来，空间性、功能性和类型学上的 "超级块状街区" 开始获得认可。"超级块状街区" 占据的面积能够比 "传统的城市块状街区" 大很多，同时也表现出自身特有的内部结构。一般来说，超级块状街区包含大空间式的功能单元，能够和相匹配的独立式建筑类型一起，形成一种整体性的空间单元，达到很高的容积率。所以这种建筑形式常被用于特别重大的工程规划。针对日益增长的用地需求以及对各种单一性的功能进行 "集中" 和 "组合" 的需要，超级块状街区做出了回应。由于主要用途和补充性功能是相互组合在一起的，所以大多数超级块状街区都给人一种 "坚固的大型综合体" 的感觉。这些用途（比如居住、宾馆、购物、餐饮业和办公）可以与合适的建筑类型（高层建筑，购物中心等）相结合。其经典之处在于，人车分流和独立的内部交通流线组织体系。它由半公共空间中的交通区、停车区、开放空间区域组成。这就导致超级块状街区在空间上、建筑上、功能上都更强烈地朝内发展，对外仅仅 "有条件地" 遵循街道或者周边环境的布置。超级块状街区通过体量、对独立大空间的组合，以及高容积率在城市营造上获得了主导地位。除此以外，它对周围环境还具有强烈的影响，这点也非常值得关注。应该通过城市营造和规划领域的手段，比如对用地容量进行限制、实现通往外部的空间性开放，或对于公共用途空间的 "开放准入规则" 进行协商，从而尽可能地抵消 "超级块状街区" 相对于 "城市体系" 在功能上、空间上的脱离。由于 "后现代主义" 对它在城市营造上和功能上的 "粗糙度" 的批评日益增多，欧洲城市营造开始对超级块状街区之形式进行了更多的探索：希望在高度利用土地的同时，依旧能够适宜传统的城市空间体系。在这方面，德国最出名的案例就是柏林1990年以后的波茨坦广场（Potsdamer Platz）建设项目。

图 3.4.9 历史块状街区，超级块状街区，鹿特丹 Spangen 社区 1919—1921 年

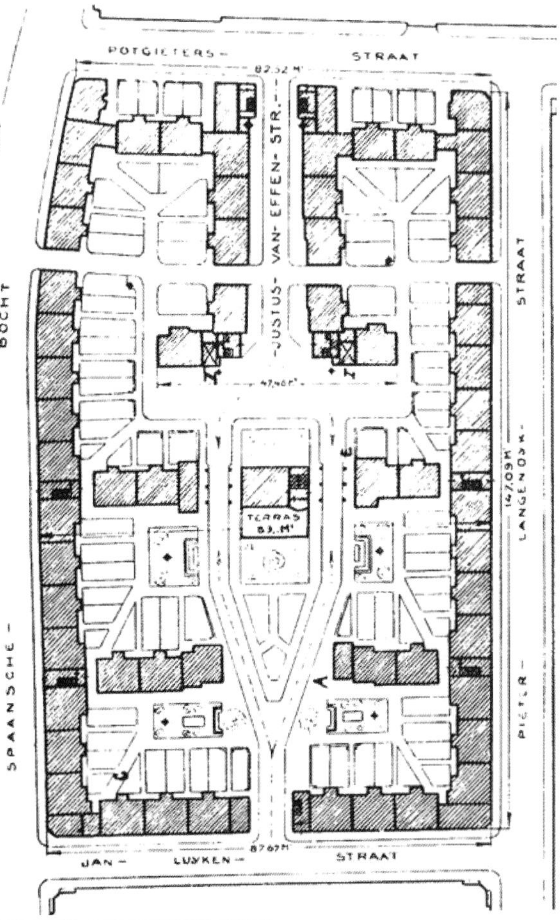

图 3.4.10 柏林波茨坦广场
戴姆勒·奔驰（Daimler-Benz）社区塑造出了一个巨大的功能单体，包括办公室、购物中心以及公寓。在城市营造方面，超级块状街区吸收了传统街区的网格架构。索尼中心在超级块状街区的内部提供了一个有巨大穹顶的 "广场"[1]，由三个街区合围而成。

1 此处原文用了意大利语 Piazza 来表示广场，是因为索尼中心的德语原名用的是意大利文的 "广场" 一词。这个名字是甲方指定的，因为甲方认为只有意大利建筑才能代表欧洲往昔的文艺气质。

图 3.4.11 现代块状街区，格拉茨（Graz，奥地利），历史街区结构的扩张，第四届 Europan 欧洲设计联赛[1]

为了和都市的结构体系相连通，需要对外部空间进行明确定义。在公寓建筑的空隙间形成内部区域，在现有的建筑和交通结构之外设置公共公园。

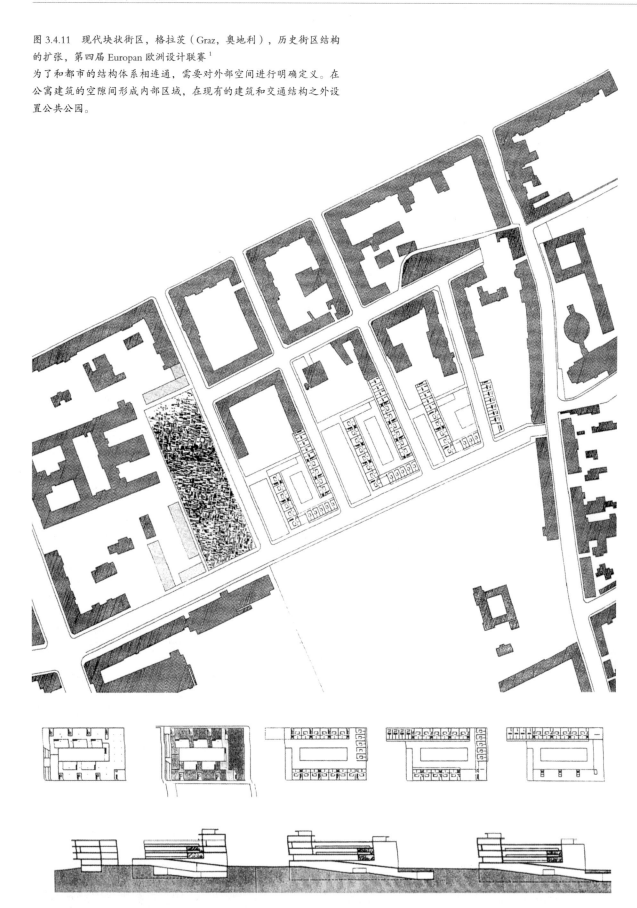

1 欧洲设计联赛（EUROPAN）是自 1989 年来最大的欧洲城市营造和建筑比赛，每两年举办一次，每年主题不同。

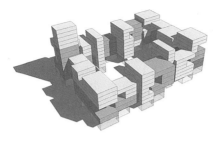

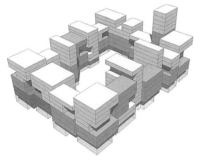

图 3.4.12　现代块状街区，哥本哈根，第九届 Europan 欧洲设计联赛
作为三维立体的拼图，块状街区是一条重要的视觉轴线，具有不同的
动线方向、不同的阳光照射角度，以及形成了自然通风。在块状街区
内部和出入交通流线上布置了各种不同的用途。

FLOOR TYPES

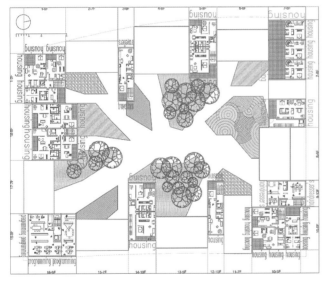

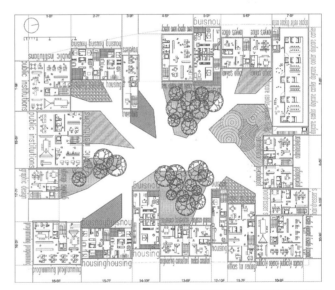

3.4.2 院落式建筑

院落式建筑是城市营造中的一种结构类型，建筑中包围出一个空间，形成庭院区域。与外部隔开、受保护的区域从而得以形成，房屋入口的布置也以它为导向。

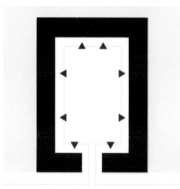

图 3.4.13　院落式建筑，基本原理

城市营造上的意义

在德国文化圈中的院落式建筑，从类型学上来看，起源于四周都被围住的农民院舍或修道院。单个建筑和建筑局部的"累加"构成了一种内部空间——由于其与周围环境语境相比具有一定程度的封闭性而大受欢迎。与院落式建筑相似的情况也在阿拉伯国家广泛出现，那里的院落式建筑出现在单独的小型地块上，并且之间几乎没有保持空隙距离就累加在一起，和邻近的建筑共同构成了高密度的城市结构。

结构原理

院落式建筑是一类可进行"累加"的城市元素。即使这种结构类型在我们的文化中的重要性远比不上块状街区和联排式建筑。尽管它本身是内向型结构，但依旧非常适用于那些饱受噪音困扰或支离破碎的城市结构，可以帮助它们开发出有品质的建筑。院落式建筑更适宜于混合型用途。地面层区域可直接提供"不扰民的"产业用途（比如服务业、手工业等）。

空间营造

关于院落式建筑这一概念，日常口语中总把它描述成"隐居"，带有很重的"隐私"意味。它为居民或者其他使用者塑造了一个公共性受限的区域。庭院空间是该结构类型的本质元素。庭院因其特殊的空间个性（形成一种介于内部和外部之间的自有区域），对居民的集体活动来说非常合适，可作为游戏场地和聚会地点。在通往公共空间的交接处，庭院发挥了缓冲区域的功能，这对于住宅来说非常重要。

一般来说，庭院的转角都具备某种特殊的功能。和块状街区相反的是，它享有彻底的特权。它也支配了基地中大块用地。院落式建筑和块状街区都面临同样的四正方位（东南西北）朝向问题。这种建构能塑造出空间，但同时产生了一些朝向不太理想的房屋。这些地段上的劣势，必须通过一种合适的基地朝向来进行抵消对冲。

朝向与出入交通流线

院落式建筑可以被理解成块状街区的逆转倒置。当块状街区中的建筑从外部、从街道面进行入口组织的时候，院落式建筑却从内部、从庭院区进行入口组织。而这些建筑物的背立面却朝向外侧，倒转了它们的入口朝向，这是因为它们要把正立面朝向那个性格内向的庭院。

总的来说，通过和路网连接的出入交通流线，院落式建筑和公共空间之间分隔了开来。大多数情况下，它就是一个死胡同或者是一个私密性的出入交通区域。

图 3.4.14 院落式建筑，原理草图

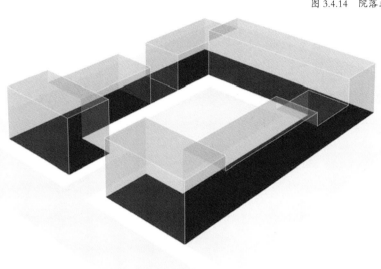

形式

封闭   开放

出入交通流线

孤立   路网连通

图 3.4.15　历史上的院落式建筑，不同形式的历史性院落式建筑，
雷蒙德·昂温 (Raymond Unwin)[1]

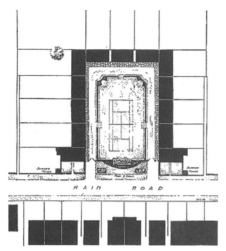

临街面敞开、三面包围型合院式建筑

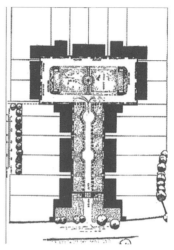

越过一条死胡同设置入口流线的建筑群

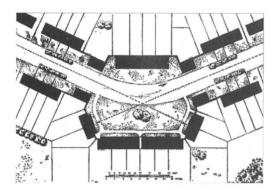

通过退后布置建筑物的方式提升街道空间的价值

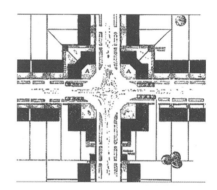

在十字路口和社区入口，后撤块状街区的转角

图 3.4.16　历史上的院落式建筑，维也纳卡尔·马克思大院

　　这是由建筑大师奥托·瓦格纳的追随者——城市营造大师卡尔·埃恩（Karl Ehn）在 1927 年到 1930 年间设计建成的，1382 间住宅内容纳了大约 5 500 位居民。越过 "荣誉" 庭院和威严的大门，人们在一座城市里发现了另一座 "城市"。面积超过 150 000 平方米、长为 1 000 米的地块中，只有 20% 用于建设，其余被用作游乐场和花园区域。这些建筑里包括了大量的公共空间，比如洗衣店、澡堂、幼儿园、图书馆、诊所和商铺。卡尔·马克思大院有四个有轨电车停靠站那么长（大约 1 100 米），因此是世界上最长的单体集合住宅建筑，并且由于以哲学家、经济学家卡尔·马克思的名字命名而名闻遐迩。

1　雷蒙·德昂温，英国著名的工程师、建筑师和城市规划师，重点关注工人阶级的住房改善。

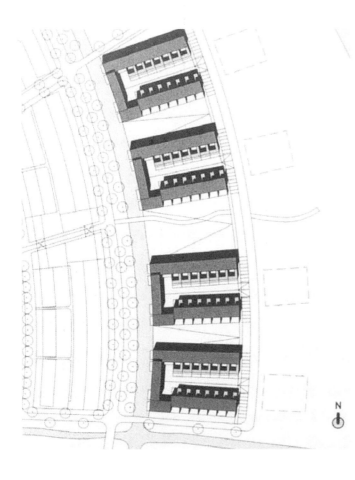

图 3.4.17 现代院落式建筑，Empel 住区内院，荷兰，设计：ZEEP 建筑师事务所

这四个住区内院，坐落在东部聚居区边缘地带，它们用独特的方式诠释了村落扩建项目的放射状结构。在城市总体规划的基础上，建筑师们决定收紧那些联排式建筑，直接把位于公共绿地边上的住区内院"密集化"处理。这些内院朝着公共的街道空间展示自身与众不同的特色——在环绕着的水渠边上直接建设的顶部相对接的建筑——每一座都由四个住宅单元共同构成。由于没有设置私人花园，所以每户都获得了一个悬浮在水面上的大型阳台。

图 3.4.18 明斯特院落式建筑，设计：RHA 建筑师和城市规划师事务所，竞赛稿件

住宅的朝向，不仅仅是向着庭院，更是尽可能朝着花园。一处配置有停车位和储藏室的功能性庭院和一处社区庭院，互相交替着，排布在公寓的入口区域。

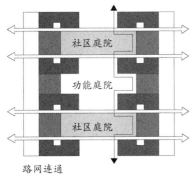

路网连通

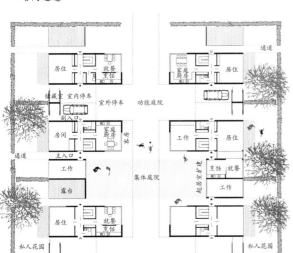

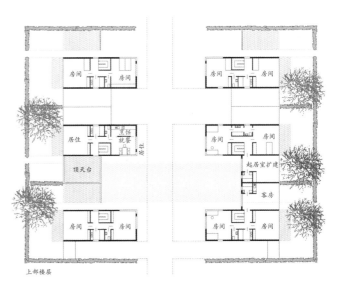

3.4.3　联排式建筑

通过沿街"线形累加"建筑和小型地块，产生了联排式建筑。这些建筑互相对接排列，其建造的整体布局方式，既有开放式的，也有封闭式的。空间模式也多种多样。

图 3.4.19　联排式建筑，基本原理

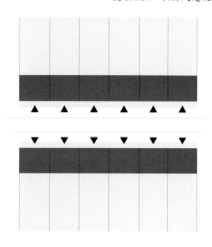

城市营造上的意义

联排式建筑是城市中最古老的构件之一。凭借多样化的使用性，它成为建造大部分城市和乡村的原型元素。如今不仅仅在城市的街边可以看到联排式建筑，在低密集度的居住区也能和它相遇。作为结构类型，联排式建筑不仅可以沿着"出入交通流线"和"街道"布置，还可采用独立的布局模式。基于对空间语境的依赖程度，这种城市构件可采取不同的用途形式——从用途"高度混合"到"单一"皆可。基本上，当联排式建筑作为"出入交通流线上的空间"和街道一起发挥作用的时候，地面层特别适合又大又热闹的用途（商铺、餐饮、服务业……）。

结构原理

联排式建筑，是由建筑和小型地块，沿着"或笔直，或曲折，或波浪式"的街道进行累加而形成的。它可以分为单侧和双侧两种联排类型，且每一侧的街面都可以有各自的几何形状。通过这类极其灵活的表达方式，联排式建筑可对不同的地形情况做出回应。联排式建筑"插入"那些由其他结构类型（如独栋式建筑、块状街区或院落式建筑）所构成的城市路网，一般而言毫无困难。它特别适合填补和修复"建筑之间的空隙"和"支离破碎的城市结构"。

空间营造

联排式建筑的"朝向"明确指向街道，以此塑造了清晰准确的城市空间。建设结构的封闭性或开放性深刻地影响了空间效果。对城市空间效应来说，介于街道和建筑之间的过渡区域（即从公共空间进入私人空间的过渡区域）特别重要。该区域的形态设计，比如玄关、前花园、停车位等，对城市空间的形态品质有决定性的影响。

朝向和出入交通流线

联排式建筑的特别之处在于，建筑与其入口或进入通道全都总是面向街道。正因为明确面向街道，所以建筑正立面和背立面之间的区分也非常清晰。通过累加而生成的建筑群共同构成了该小型地块的临街面，同时还确保了背部区域保持高度的开放性。凭借清晰的朝向、分区，前后立面各自的社会空间也产生了差异，这种差异性在住宅用途上有非常重要的作用。作为结果，这些明确的朝向也意味着：四正方位（东南西北）的朝向也要参考街道本身的布置才能确定——建筑可通过适当的"平面布局组织"或"建筑形体塑造"来（至少是部分地）抵消"朝向的劣势"。

图 3.4.20 联排式建筑，原理草图

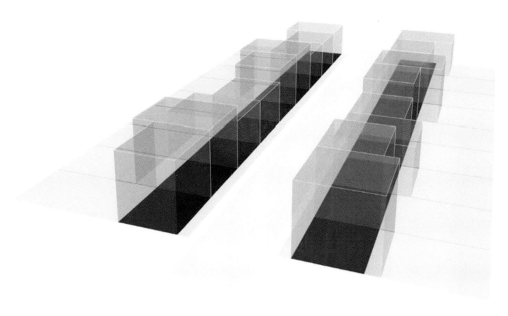

形式

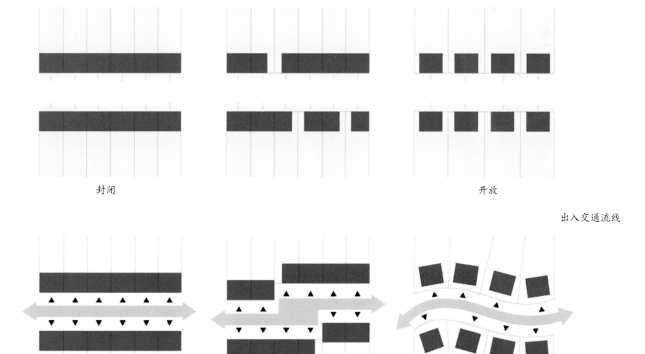

封闭   开放

出入交通流线

线形   偏移   波浪形

图 3.4.21　传统的联排式建筑，"Kiefhoek"居住区，荷兰鹿特丹，设计：
奥德（Oud），总平面图

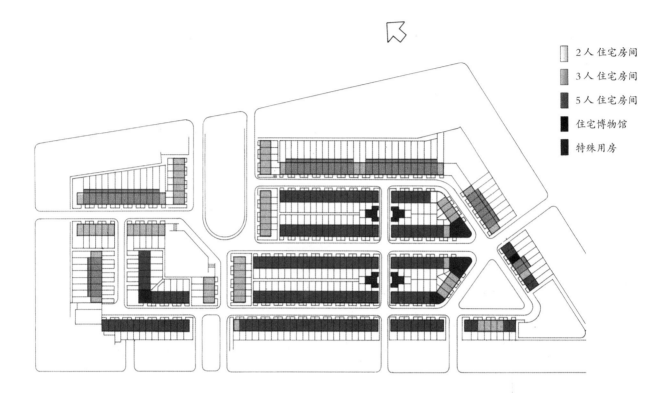

2人 住宅房间
3人 住宅房间
5人 住宅房间
住宅博物馆
特殊用房

图 3.4.21　传统的联排式建筑，"Kiefhoek"居住区，荷兰鹿特丹，设计：
奥德（Oud），总平面图

图 3.4.22 现代联排式建筑，Borneo-Sporenburg 社区 阿姆斯特丹，荷兰

每 1 公顷 100 套联排式住宅

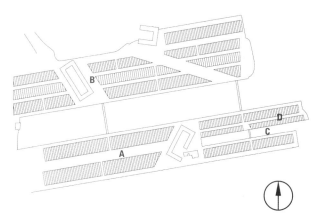

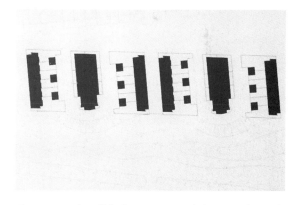

图 3.4.23 现代联排式建筑，Weihoek 生态住宅，荷兰罗森达尔（Roosendaal）

设计：DAT 建筑师，建筑师工作组，蒂尔堡（Tllburg）

　　两行联排式建筑、一座院落式建筑和一座私人住宅，它们所组成的建筑组团构成了小型的社区单元。高效的能源利用建立在技术解决方案的基础上，如太阳能光热系统用于生活用水加热、取暖支持还有热量回收设备。平面布局方面，联排式建筑纳入了两层楼高的阳光房，其能根据天气情况作为能量的缓冲空间，或者更准确地说，阳光房是作为"太阳陷阱"（Sonnenfalle）[1] 来发挥作用。

1　Sonnenfalle 指的是朝向太阳又能同时挡风的地方，英文里也有同样的概念：sun trap，欧洲人通过这个名字，表达了想捕获太阳，留住日光的美好期许。

3.4.4 行列式建筑

行列式建筑是呈线性布置的建筑形体和小型地块。它有意地脱离街道空间，并遵守自身独特的规则——如最优化的组织、有利的四正方位(东南西北)朝向以及地形情况。

图 3.4.24 行列式建筑，基本原理

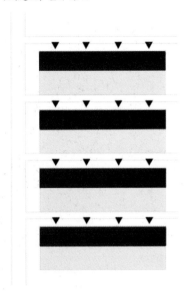

城市营造上的意义

行列式建筑起源于 20 世纪 20 年代末的德国，用来回应"内城区中高密集度的块状街区"中糟糕的居住条件。在该结构类型的发展过程中，最重要的是希望改善居住条件，尤其是住宅的采光条件，而且也要让"低收入阶层"有能力参与其中。

在现代主义时期和第二次世界大战后的城市重建时期，行列式建筑都发挥了重要作用。如今对"以更高效的能源利用为导向"的城市营造所进行的讨论，都会导向"行列式建筑之真正复兴"这一话题。南北朝向的建筑形体，本身就具有对太阳能采取主动型和被动型利用的优势。

无论是过去还是近期，城市营造中行列式建筑的历史都同样表明：把相同的行列式建筑累加在一起，无法（或只能说很少能够）对环境语境中特有的已知条件做出空间性的回应。该城市营造的结构类型存在功能性和空间性"分离"的特质，难以兑现人们对都市性的索求。因此，行列式建筑一般被看成"非都市性"的建设结构，或很少被视作具有都市风格。

结构原理

和联排式建筑类似，行列式建筑形成于建筑和小型地块的累加。然而，行列式建筑遵循自身特有的规则，在组织上，它并不依赖于更高层级的"出入交通系统"。

行列式建筑是将"住宅建筑基地"与"大批量生产"

以及所谓的"居住卫生学"综合在一起合理化的结果。因为在居住空间的朝向上，行列式建筑可以旋转到面朝太阳的理想位置。凭借向阳的朝向（"南—西"向或者"北—东"向），对环境语境和街道走向来说完全彻底的自主权开始出现。同属于合理化范畴的还有"对建筑自身的批量重复生产"以及放弃考虑"所处环境在城市营造方面的特殊条件"。鉴于行列式建筑的"中立性"，其所在的场所会被判断为"非都市性"（Unstädtisch）的。由于行列式建筑用途的单一、建筑用途和公共空间之间沟通的不足，这种空间性的印象会进一步强化。

空间营造

行列式建筑有意识地避开城市系统，形成了一种"独立的、只关心自身的"组织单元。根据建设类型的不同，可以产生不同的空间效果。当"单户住宅"互相累加的时候，会产生一种对于各个住宅来说差异化的影响结果；而对于以"线型"组织在一起的多层住宅来说，则更多地会产生封闭的大型结构和大型建筑物。该空间效应很大程度上取决于不同的开放空间、私人玄关和后花园等这些用途的相遇和碰撞。布置行列式建筑，没有必要与"出入交通流线之系统"保持平行。通过"跳开"和"偏移"的处理手法，可以产生差异化的空间效果。

朝向和出入交通流线

行列式建筑的一个显著的特征是，房屋侧面，或者更准确地说是"行列的头部"会面向主要的出入交通流线。行列式建筑本身是以其自身配套的次级出入交通流线为导向的，这种作为私人通道的次级出入交通流线大多只允许专人专用，又或被彻底建成了死胡同。基于这种单侧的建设方式，建筑物的正立面和背立面会相互面对，且大多数情况下由空间元素（比如建于地面的"地下室的替代房"、墙体等）互相隔开。

图 3.4.25　行列式建筑，原理草图

形式

连续　　　　　　　　　　　　　　　　　　　　开放

出入交通流线

线形　　　　　　　　　　　　　　　　　　　　偏移

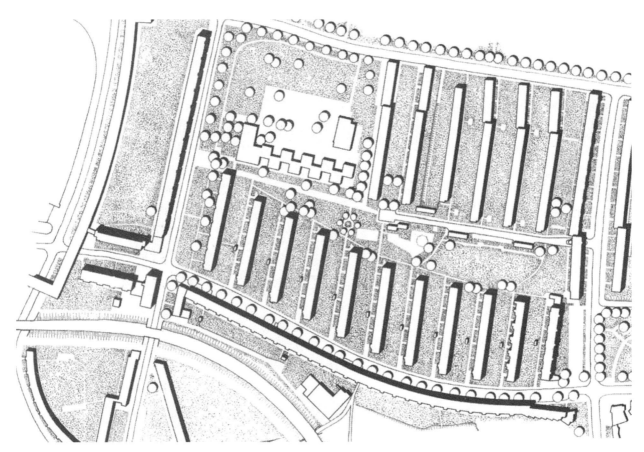

图 3.4.26 传统的行列式建筑，西门子大聚落城，柏林，柏林夏洛滕堡区（Charlottenburg）北部的一处住宅区，设计：汉斯·夏隆（Hans Scharoun）

在建筑师汉斯·夏隆的领导下，西门子大聚落城作为斯潘道区（Spandau）的西门子城（Siemensstadt）的东向扩建项目在 1929 至 1931 年间期间进行。在这两个平面图中所截取的部分，是由以下几位建筑师设计的。他们是瓦尔特·格罗皮乌斯（Walter Gropius）、奥托·巴特宁（Otto Bartning）、雨果·哈林（Hugo Häring）弗雷德·弗巴特（Fred Forbat）和保罗·鲁道夫·亨宁（Paul Rudolf Henning）。

在 Heckerdamm 街和 Mäckeritzstraße 街之间出现了近 1400 幢多层住宅，几乎 80% 的单元有 1.5 个和 2.5 个房间。

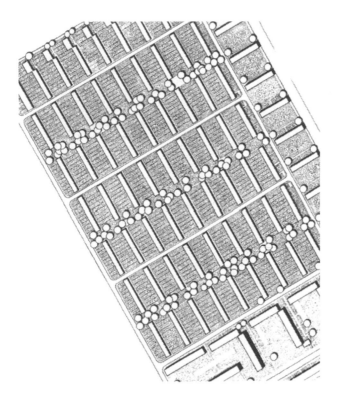

图 3.4.27 传统的行列式建筑，位于法兰克福的韦斯特豪森（Westhausen），建筑师：May、Bohem、Bangert

韦斯特豪森社区（Siedlung Westhausern）是新法兰克福时期（1929—1931 年）最后一处大型聚居区建设。

竣工后的韦斯特豪森社区由 1116 间出租房组成。

恩斯特·梅（Ernst May）当时担任领导这个居住区建设项目的城市营造顾问。在 Wolfgang Bangert，Eugen BlackHertbert Bohem 和 Emil Kaufmann 的协助下，他负责制订规划方案的主要部分。

图 3.4.28 现代的行列式建筑，德国古本 (Guben) —波兰古宾（Gubin）[1]，第五届 Europan（欧洲）设计联赛
这个规划的目标在于，通过更高层级的绿化概念方案。使古本和古宾这两个区的价值都得到提升，并互相之间产生新的关联。由于特殊的景观地段位置，所以在规划成新社区时，每个区都拥有属于自己的开放空间主题。

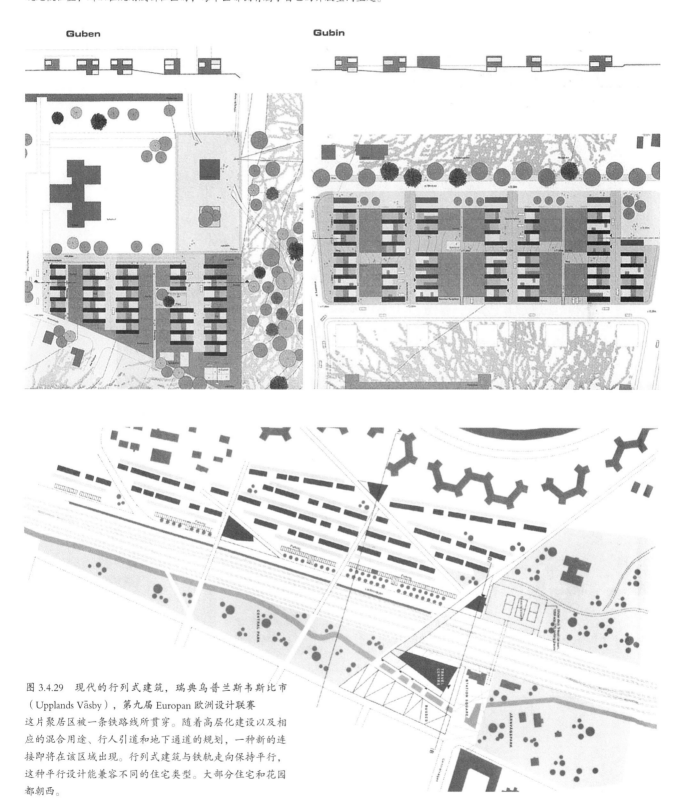

图 3.4.29 现代的行列式建筑，瑞典乌普兰斯韦斯比市（Upplands Väsby），第九届 Europan 欧洲设计联赛
这片聚居区被一条铁路线所贯穿。随着高层化建设以及相应的混合用途、行人引道和地下通道的规划，一种新的连接即将在该区域出现。行列式建筑与铁轨走向保持平行，这种平行设计能兼容不同的住宅类型。大部分住宅和花园都朝西。

---

1 这两者本来是同一个城市，划归不同国家之后，波兰修改了自己那侧的城市名字。

3.4.5　独栋式建筑

被称为独栋式建筑的这类建筑，既不是乡间深处与世隔绝的农庄，也不是那些无法进入或不允许进入的建筑（因其设计概念的根基或限于体量大小等原因）。

图 3.4.30　独栋式建筑基本原理

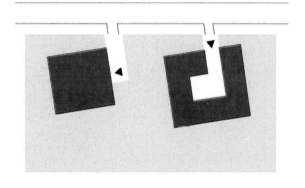

城市营造上的意义

独栋式建筑在城市营造历史上的所有时期，都或多或少地产生过影响。这种独立型的建筑，不仅仅可以作为农舍出现在人文景观中，也能以"统治性建筑"的姿态出现（比如城堡和宫殿），还能以公共建筑的形式存在（比如市政厅、教堂和剧院）。

在文艺复兴时期，别墅这一类型尤为显眼。19 世纪时，独栋式建筑经常被用作为街道轴线的终点。作为独栋式建筑，生产车间、工厂在工业化时期就从城市体系分工的角度被孤立出去了。现代主义赋予了独栋式建筑以特殊意义——周围大面积绿地环绕，可自主决定是否互相累加。

特别是在近现代时期的城市营造历程中，高层建筑也作为独栋式建筑登场了，当然还包括那些设有办公或居住功能的独立塔楼。如今，在基地面临经济开发上的巨大压力的地区或在需要寻找能"控制主导"空间效果的地区，高层建筑这一独立形式引发了众多的讨论。

上文所述的"多种多样的用途"表明：独栋式建筑可以广泛适应各式各样的用途。不过，每幢独栋式建筑通常只能处理一种特定的用途。"用途混合"[1] 常常以补充的形式出现，比如作为服务业用途，设置在高层建筑的地下层。

结构原理

独栋的具体形式，往往取决于"内部功能"和"外部谋求效果"两者的综合作用。所以独栋式建筑出现的形式

可谓千差万别：塔式、圆盘式、立方体式、圆柱体式以及有机形态等其他形式。即使独栋式建筑与其他独栋式建筑被一起组合使用，彼此空间上的联系依旧是很薄弱的。

独栋式建筑也会出现在以下场所：城市结构断裂的位置、游离在城郊区域的位置以及建筑单体依旧留存的位置。独栋式建筑也会被人有意地用以构成人文景观中的强调重点，并从而形成标志物、创造出场所的辨识度。

空间营造

作为空间中强调的重点，独栋式建筑在其他建筑的衬托下"脱颖而出"。通常情况下，独栋式建筑所宣告占领的区域空间都很大，能让它在周边的建筑环境上不必有太多顾虑。此外，不仅在建筑体量的大小上，独栋式建筑体现出了其自主性，在关于建筑设计层面和建筑基地布局组织方面，独栋式建筑也宣告了其相应的独立性。城市营造性质的标志物虽然外部形式充满个性，但其实常常和用途品质并不协调。介于外部形象和内部功能之间的相互关系，似乎经常得不到令人满意的处理。由于和周围的建筑环境保持着一定的距离，独栋式建筑被全方位一览无遗。经典性的"正立面"和"背立面"，特别是与块状街区和联排式建筑上所遇到的那样，对它来说其实并不存在，独栋式导致所有立面都对形态设计产生了需求。

朝向与出入交通流线

独栋式建筑对周边语境具有一定程度的自主性，不仅对"朝向"来说如此，对"出入交通流线的组织"而言亦如是。用途各异的独栋式建筑也表明：出入交通流线存在多种多样的可能性。

基于独栋式建筑暴露突出的状态，这种建筑和它的用途拥有各种各样的机会，在朝向和导向上实现四正方位（东南西北）的各个方向。独栋式建筑本身，特别是高层建筑，会由于产生阴影而对周边环境造成负面的侵扰。通过科隆和慕尼黑的高层建筑的案例，关于这种"城市等级秩序"所造成的影响的最新讨论（参见本书第 7.3 节）表明了，高层建筑不仅仅会造成功能上的后果，还会对城市历史语境中"传统建筑的地段价值"产生强烈的伤害。

1　在德国建筑学和空间规划学中，用途（Nutzung）和功能（Funktion）是两个不同的概念。功能是产品在生产前就原本被设定了的属性，而投入使用后，用途则可能发生变化，比如刷牙的牙刷（功能）可以被用来绘画（用途）。

图 3.4.31 独栋式建筑，原理草图

形式

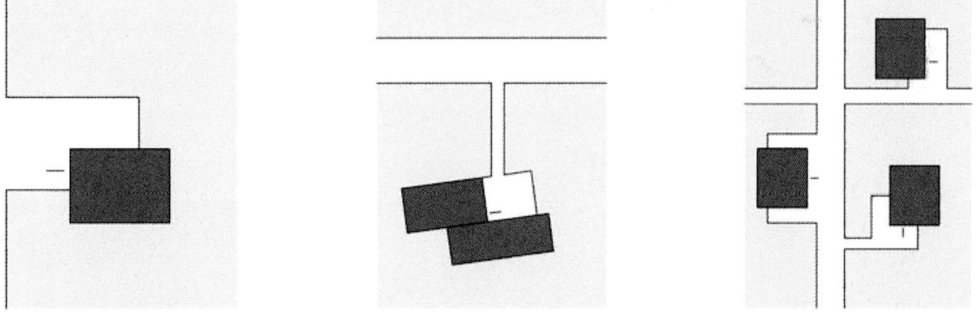

出入交通流线

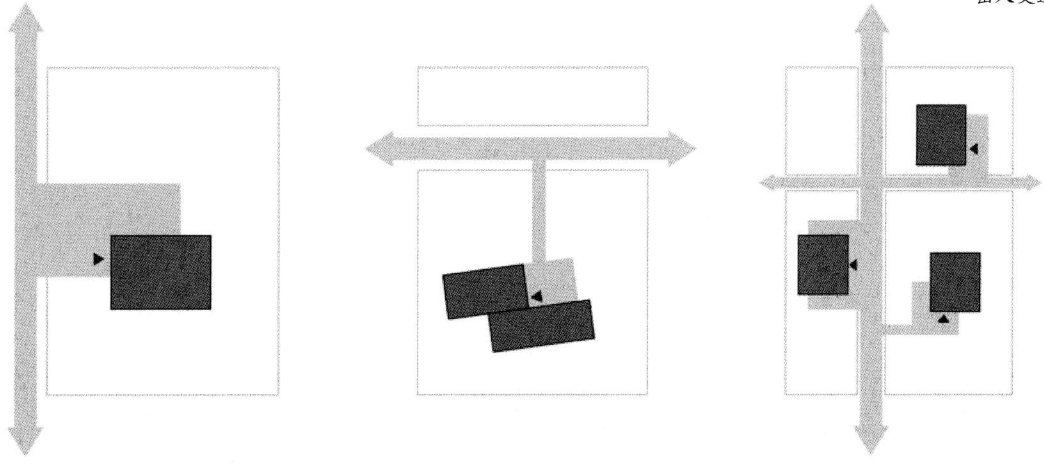

图 3.4.32　传统的独栋式建筑，行政管理大楼，杜塞尔多夫，1955—
1960 年，设计：赫尔穆特·亨特里希（Helmut Hentrich）和胡伯特·佩
切尼格（Hubert Petschnigg）、带领弗里茨·埃勒（Fritz Eller）、埃
里希·莫泽（Erich Moser）、罗伯特·沃尔特 (Robert Walter)、Josef
Rüpling(约瑟夫·如平)

"三片楼"矗立在绿化带中，绿化带的下面是地下停车库。

消瘦挺拔的外形给杜塞尔多夫的剪影烙上了鲜明的印记。

图 3.4.33　历史上的独栋式建筑，巴多尔别墅（Villa Badoer），
位于意大利的弗拉塔波莱西内（Fratta Polesine），设计师：安德烈亚·
帕拉第奥（Andrea Palladio，文艺复兴时期著名建筑大师），1556—
1563 年

局部视图。该别墅和附属的庄园被建在 Scortico 的岸边。它对称地朝
向"四正方位"。

图 3.4.34 现代的独栋式建筑，城市别墅，卡塞尔，星街（Sternstraße），
设计：Penkhues 建筑师事务所，卡塞尔

图 3.4.35 现代的独栋式建筑，城市别墅，雷姆沙伊德（Remscheid），
设计：RHA 建筑师与城市规划师事务所
城市别墅类型中平面布局形态设计类型的各种不同可能性

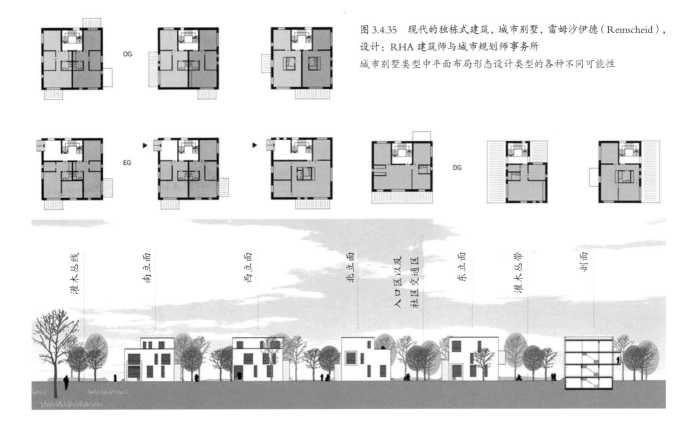

3.4.6　集群式建筑

集群式建筑（Cluster）是一类具有自身特殊布置逻辑的城市营造结构类型。英文概念"cluster"的意思是一簇、一束或一群。

图 3.4.36　集群式建筑，基本原理

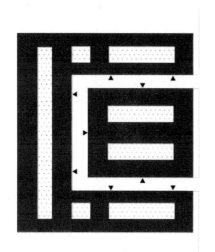

城市营造上的意义

在 20 世纪工业化时期，集群式建筑就以"工人聚居区"的形式出现，在"田园城市"运动中成为更大型的居住组团；自 20 世纪 60 年代以来，它更是强化为"城郊聚居区"。这种项目常常要传达特定的城市营造的蓝图（比如"用地节约型"建设项目等）。在居住项目上，这种集群式建筑更多地体现出了对集体生活的憧憬。

总地来看，集群建筑式的建设结构，其用途只能是单一的。由于体量大小受限和单独构件之间的空间性联系很强，很少发生"用途混合"。

结构原理

因为满足"一群事物自己组合成一个组织单位"的组团模式，所以集群式建筑往往也被称为"组团建筑"。组团模式中的每个要素都会和其他元素产生关联，所以集群式建筑中的各个组件之间也必然存在相互影响。集群式建筑可以是开放式的，也可以是封闭式的。密集度和开放度会生成丰富多彩的空间印象。

空间营造

因此，集群式建筑的重要特征之一就是往往以不规则的或几何状的布局形式，空间性地"游离"于周边的建筑语境之外。由于它在环境中是游离的，所以集群式建筑在城市中是"独立的"组成部分。它的可识别性通过上述方式大大加强，从而让居民能更轻松地辨识。然而这种语境中的游离，则会导致集群式建筑"与周边环境中城市结构

的联系"减弱；在极端情况下，集群式建筑甚至会发展为城市体系中的孤岛。

集群式建筑也是遵循自身特有的空间规律进行组合。它们不仅可以遵循几何状的规律，也可以更有机地模型化，如尝试通过地形或者其他空间性的既定条件。

朝向与出入交通流线

集群式建筑遵循其"内部组织"的准则以及"出入交通流线"（脱离于更高层级的外界路网）的准则。它们往往围绕着一块公共性质的用地（比如庭院、广场、绿地等布置，且对于该公共用地做出了空间上的回应。不过集群式建筑与该公共空间之间并没有多少联系，这点和上述讨论中迄今为止出现的其他结构类型都不同，集群式建筑更多的是遵循自身的规律性进行布置。

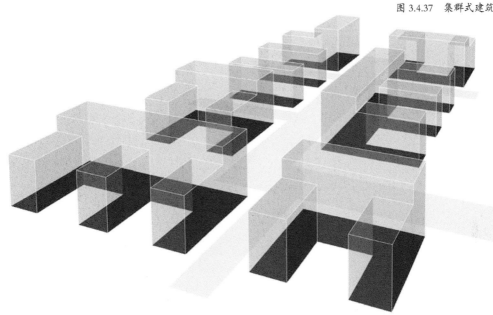

图 3.4.37　集群式建筑，原理草图

形式

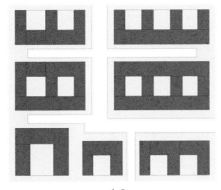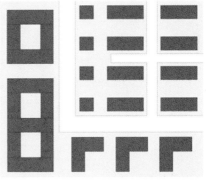

密集　　　　　　　　　　　　　　　　　　　　开放

出入交通流线

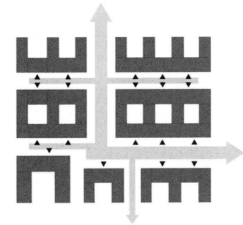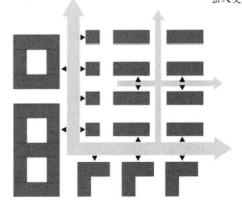

79

图 3.4.38 历史上的集群式建筑式，Galgebakken 社区，阿尔贝特斯兰，
丹麦，1968 年
这个社区由高密集度的地毯式低层建筑构成。
指导原则是以密集化的平房（Flachbau）[1] 来营造氛围亲密的居住小区，
还要配有私人的开放空间和大规模的社区公共设施。

图 3.4.39 历史上的集群式建筑，设计作品 Stuckishausgüter，设计：
Atelier 5，1987 年
这份竞赛设计展示了密集化建筑的其中一种类型。虽然它没有被实际
建造，但它的原理在 1991 年的 Ried-Niederwangen 项目中被采用

1　德国概念，指 3 层层高以下。

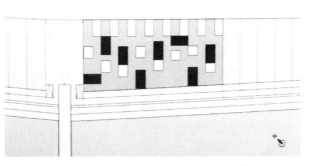

图 3.4.40 现代集群式建筑，Klein-Rietelland 的别墅，阿姆斯特丹 IJburg，设计：OeverZaaijer 建筑与都市主义公司，阿姆斯特丹，荷兰，2007 年

中庭建筑的设计布局理念与这些独立的小房屋的组合，内向性空间和外向性空间之间的交互作用

3.5 城市结构的传统与变迁

21 世纪被认为是城市的纪元，因为这是历史上第一个"大多数人类在城市居住"的世纪（将有共约 30 亿的城市人口，其中 10 亿在北部城市，20 亿在南部城市）[1]。在发达国家，几乎每两个城市居民就有一个是"大都市人"；在拉丁美洲，三分之一是"大都市人"；全球性城市化浪潮最初登陆了欧洲，然后风靡到北美洲，继而在半个世纪后进入拉丁美洲，直到现在席卷非洲和亚洲。

在关于城市时代的讨论中，引人瞩目的主要是那些快速成长的巨型大都市：孟买、开罗、圣保罗、上海、伊斯坦布尔，或者传统的全球性城市如纽约、伦敦、东京、莫斯科。这种"数百万人口城市"只是全球性城市化进程的一个方面，因为大多数城市居民并不住在特大城市，而是居住在中小城市或五百万人口以下的大城市里。这些城市往往会组织在一起成为城市群。

全球化现象不仅明显地存在于大型工业都市，世界南部（即发展中国家）的大城市也开始逐渐受到这股趋势的压力。出于对人们生活需求和工作需求的响应，建筑性的城市结构得以被营造。与此同时，世界南部大城市陷入了一个窘境：一方面要满足精英们的胃口，另一方面要满足大众的基本需求。城市的部分区域变成了"有门禁的社区"，只供特定的人群使用，或者变成了不安全的贫民窟，在那里生活的人都只局限在自己的圈子里。

亚洲、非洲和拉丁美洲的巨型城市是"人口怪兽"。在这些城市里，人们没有充足的水资源，若照搬北美那套能源、土地的使用标准，则会直接导致当地生态崩溃。

空间发展和社会发展每次都会推动城市营造诞生新的蓝图。这也正是"欧洲为 19 世纪留下了烙印，北美负责了 20 世纪"，并且我们可以确认，21 世纪的城市营造的规则将由远东制定。全球性城市化不仅带来了强劲的量变，还会挑起质变的飞跃。世界各地的很多城市，早已不能继续用传统的"城市营造的价值尺度"去衡量了。它们有自己的品质：对照与破除、动力与城市化，甚至还有简单的即兴创作。对建筑形式和城市营造模板来说，虽然过去还从未像现在这么丰富多彩过，但基于上述原因其实并不难理解。关键的问题是：对这种国际性的发展，人们该如何评估与判断？人们该如何结合"社会两极分化现象"和"当地的建筑文化"，来处理这种国际性的发展？实施措施以后，又会产生怎样的生活品质？

组段式块状街区

比起一般的块状街区，"组段式"块状街区为大小不一的各个建筑提供了更多种类的小型地块。朝向街道的那侧是建筑正立面。尽管建筑物互相之间是留有空隙的，但组段式块状街区外部的公共区域和供私人使用的内部区域之间没有建立关联。这种块状街区类型被用于建造多户住宅，或者用于在近距离范围内安置其他混合用途。

封闭式块状街区 / 封闭式块状街区外沿建筑

这种封闭式块状街区的四面全部街道环绕，朝向公共空间的那一侧像一整幢建筑。封闭式块状街区的内部属于私人性质，仅供住户使用。这种块状街区的楼层数比起普通的块状街区更多，从而对建筑密度行了强调。

开放式块状街区 / 开放式块状街区外沿建筑

这种开放式块状街区像封闭式块状街区一样，也以更高的层数为特点，并且也同样面向公共街道空间。块状街区的内部区域可以由街道进入，所以也可以算是"半公共性的"。这种块状街区类型，主要是从 20 世纪开始应用的。

占地型块状街区

占地型块状街区对基地地块做了最大限度的开发使用，产生了很高的密度，并且可以通过加高楼层层数来进一步提高密度。典型案例有柏林和巴塞罗那的占地型块状街区。

占地型结构

欧洲城市的市中心特别多地采用占地型结构来紧凑地使用基地。它能以最大限度把不同用途都导入同一块基地上，做到最大限度的土地开发利用。在这片紧凑的建设区里，唯有街道和公共空间能呈现为"开放区域"。

轮廓跟随型布局

这种轮廓跟随型布局的结构主要通过那些坐落于公共区域和半公共区域中但又不朝向公共街道空间的建筑物来实现。在 20 世纪上半叶，该类型是用来应对"不同密集度和垂直高度的城市营造"的典型处理手法。

---

1 率先实现工业化的发达国家为了"政治正确"，描述与"发展中国家"的关系的时候说成"南北关系"，北部指发达国家，南部指发展中国家。

块状街区标准模式　　　　　块状街区案例

组段式块状街区

旧金山——中期　　库里提巴——中期　　新奥尔良——中期

封闭式块状街区

赫尔辛基——中期　　鹿特丹——早期　　汉堡——中期　　维也纳——中期

开敞式块状街区

鹿特丹——中期　　赫尔辛基——后期　　阿姆斯特丹——后期　　维也纳——后期

占地型块状街区

阿姆斯特丹——早期　　巴塞罗那——后期　　贝鲁特——早期　　赫尔辛基——早期

占地型结构

维也纳——早期　　威尼斯——早期　　巴塞罗那——早期　　镇江——早期

轮廓跟随型布局

镇江——后期　　汉堡——后期　　巴塞罗那——中期

图 3.5.1　块状街区类型

3.5.1 欧洲城市

欧洲城市的品质建立在其"悠久的历史"基础之上，起源于罗马，历经中世纪、文艺复兴、巴洛克时期、经济繁荣时期以及现代主义的熏陶。提到欧洲城市的特征，肯定会谈及城市营造的紧凑性和均质性：用地划分成小型地块、用途"混合化"以及都市的密集度、公共空间的重大意义。欧洲城市的建筑密度和建筑高度，属于国际上的中等水平。

考虑到历史遗产保护与"发展过度"的现代主义蓝图所带来的教训，对于接受新的城市类型和建筑类型，欧洲城市开始变得犹豫不决。

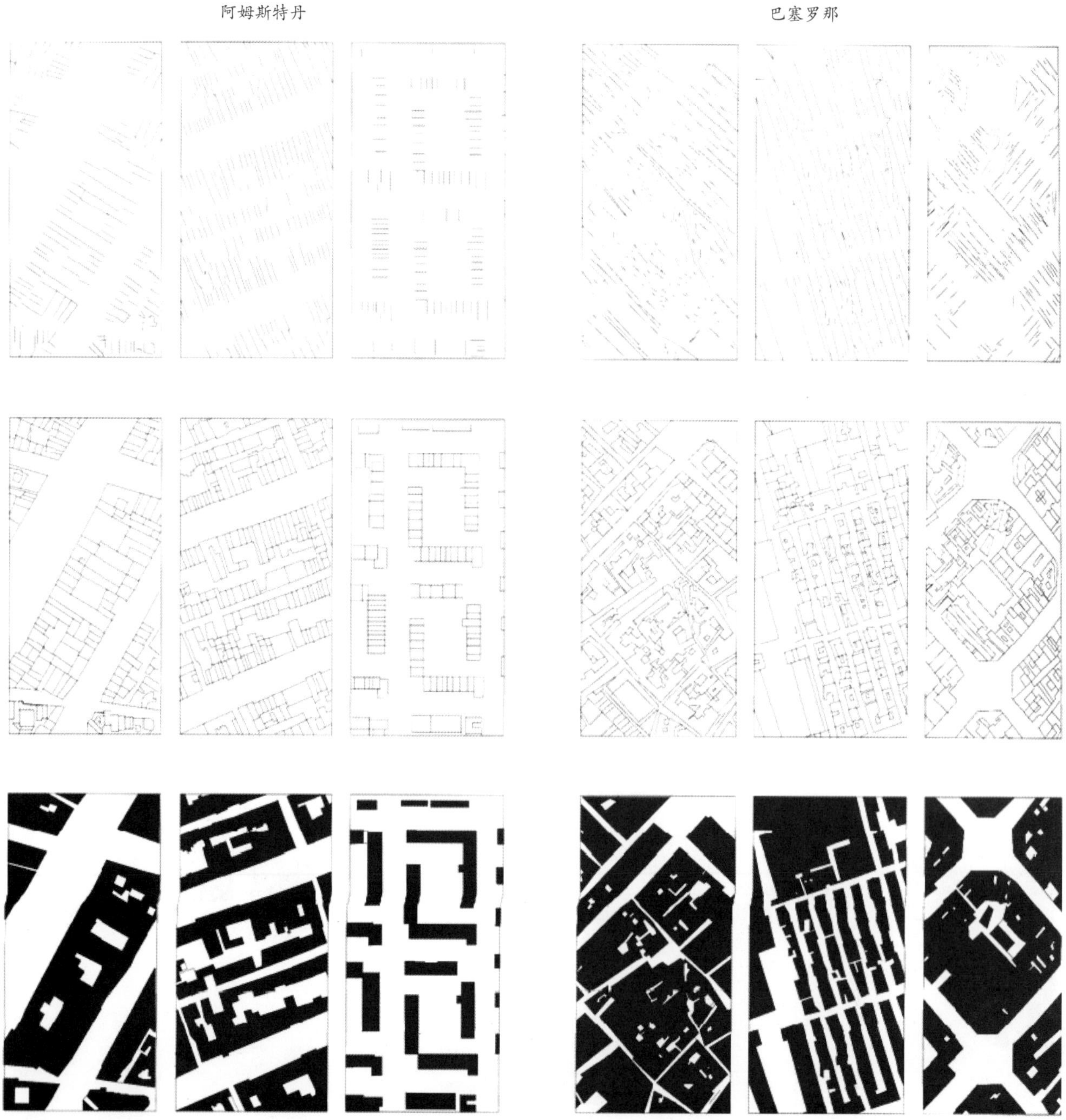

阿姆斯特丹　　　　　　　　　　　　　　　　巴塞罗那

图 3.5.2　欧洲城市的块状街区：阿姆斯特丹、巴塞罗那、汉堡以及赫尔辛基

汉堡

赫尔辛基

3.5.2 美国城市

大多数呈棋盘状的矩形道路网格被认为是美国城市的传统特色。郊区化的出现，伴随着城市面积突破原有城市边界的增长，已经造成内城区的空心化。尽管空间上确实是膨胀了，但居民和工作岗位的数量还是基本保持一致的。"边缘城市"开始出现，它对商业功能占主导地位的摩天大楼环绕的"CBD"（中心商务区）发起了竞争，最终却形成了"城市圈"的形式。人们可以通过垂直的"CBD"和看起来无边无际的"郊区"来识别出这是北美的城市。

美国城市营造的新发展和战略，如"精明增长"和"新城市主义"则尝试通过重新采取历史上的欧洲城市结构，来赋予美国蔓延的"郊区"结构以新的品质。

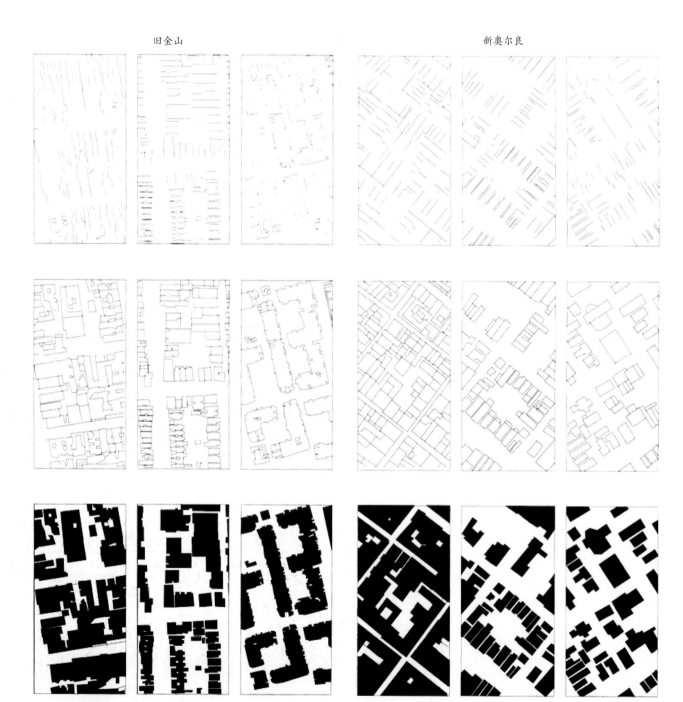

图 3.5.3 美国城市旧金山和新奥尔良的块状街区类型

图 3.5.4 美国的郊区
加利福尼亚州的郊区（左图）
波士顿和华盛顿的城郊（下图）

3.5.3 亚洲城市

不同于欧洲或者美国的城市以及它们所特有的重大意义，基于幅员辽阔、地貌多异的大洲特点，亚洲城市带着千姿百态的文化烙印向着截然不同的城市模式发展。人口稠密的巨型都市的特点是：从传统的小区块、本土性结构向着城市整体性或者全球导向型的"城市营造大功率发动机"的转型，并出现极端的建筑高度和建筑密集度——大多数情况下是为了满足"超级块状街区"中巨大的容量和功能性用途的要求。尽管自身存在不足，往往受道路限制，但那些公共空间还是在城市中扮演了重要的角色。在

中东地区，珍贵的历史性城市结构往往因缺乏保障而有被战火摧毁的危险。中国的城市营造则被广泛批判，因为执行坚定不移的"持续增长主义"以及对传统城市结构的清除而摧毁了文化上的城市身份。在日本也有这类情况，尽管号称保持传统，但其实对城市营造所进行的处理更不受拘束。远东的这些新兴城市，其形成并非通过历史悠久的市民阶层和公共性的参与过程所推动，而是通过"PPP"（公私合营伙伴关系）与"合资经营"的方式。通过这种方式，投资商能在创建新城市和新建设的类型时享有极大的自由。

贝鲁特（黎巴嫩的首都）　　　　　　　　　　　　镇江（中国江苏）

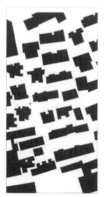

图 3.5.5　亚洲城市贝鲁特 (Beirut)（左图）和镇江（右图）的块状街区类型

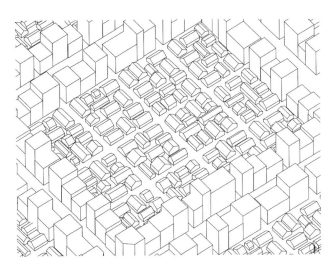

图 3.5.6 亚洲城市图片
① 超级块状街区之简图，小体块结构在内部，大尺度结构在街区外部边缘
② 东京鸟瞰图，2008，Jürgen Krusche 拍摄
③ 上海，2010
④ 上海，外滩边公共空间中的新形态，2010

参考文献

1. 理解场所和密码

[1] El Khafif M. Inszenierter Urbanismus: Stadtraum für Kunst, Kultur und Konsum im Zeitalter der Erlebnisgesellschaft[M]. VDM, Müller, 2009.

2. 城市的类型和层次

[2] Wiegand J. Funktionsmischung: zur Planung gemischter Gebiete als Beitrag zur Zuordnung von Wohn-und Arbeitsstätten[M]. Arthur Niggli, 1973.

[3] Bürklin T, Peterek M. Basics Stadtbausteine[M]. Birkhäuser, 2007.

3. 城市的逻辑

[4] Borchard K. Orientierungswerte für die städtebauliche Planung: Flächenbedarf, Einzugsbereiche, Folgekosten[M]. na, 1974.

[5] Rowe C, Koetter F. Collage city[M]. Birkhäuser, 1997.

4. 城市营造中的结构类型

[6] Curdes G. Stadtstrukturelles Entwerfen[M]. Kohlhammer, 1995.

[7] Jonas C. Die Stadt und ihr Grundriss: zu Form und Geschichte der deutschen Stadt nach Entfestigung und Eisenbahnanschluss[M]. Wasmuth, 2006.

5. 城市结构的传统与变迁

[8] Berman I L, El Khafif M. URBANbuild: Local/Global[M]. William Stout Publishers, 2008.

[9] Ribbeck E. Die Welt wird Stadt: Stadtbilder aus Asien, Afrika, Lateinamerika[M]. Jovis, 2005.

4

城市的构件

4.1　城市构件：开放空间

乌尔里克·伯泰（Ulrike Beuter）

　　许多城市都渐渐发展成了"膨胀的"城市景观。城市和乡村之间的界限，瓦解成了一幅"一侧是建筑、另一侧是景观"的拼贴画。但不要混淆此处"景观"和"自然"的概念，此处"景观"是指一些多样化的人文景观，比如那些古老的市中心也只是一种强调性的人文景观。基于此背景，城市和景观之间便不再是传统的对立关系，而仅仅是环境中文化烙印的不同表达形式。配上"景观"来营造"城市"的这种思路，绝不会是歧路，反而是密切相关的。

　　景观可以在城市中毫不费力地塑造出享有"都市体系中平等权利"的组成部分。对此，景观的功能是因地制宜、各不相同的，视不同的情况而定。景观可以作为城市营造的元素，在内城区的语境中对"都市性"进行支持和强化。景观和开放空间还常常被用作为城市的"品牌标志"，也就是说要提供更多互不相同的"高品质的、受管理维护的、使用性良好的"开放空间产品，并使它们成为城市的招牌。通过路网连通良好的开放空间系统，发展下去迟早会成为意义重大的场所要素，比如对于城市来说，对办公地区的选址会成为除了生态重要性以外另一个重要经济要素。并且，"年轻家庭"（年轻父母和幼儿）在考虑城市中落户的地点时，也尤其看重有品质保证的开放空间。

　　与此相对的是，适度地维护开放空间的现状，并使之现代化，或开发一处全新的开放空间——城市和乡镇鉴于各自紧张的财政预算，完全无法完成上述目标。因此，如何通过高质量的开放空间来改善生活品质，以及如何付诸实施的问题开始出现。且"增长地区"和"萎缩进程中的地区"之间的差距一直在呈剪刀状增大。在"爆炸式增长的繁荣地区"，越来越多的景观用地被消耗殆尽。也就是说，该地区的物理空间品质受到了侵害。而在"萎缩的城市"里，这种可以退回到"生态和开放空间使用系统"的区域，则可供人支配、调遣。

历史发展

　　在过去，花园是一类受到墙、篱笆或灌木丛环绕、保护的场所，它要么是从狂野、桀骜不驯的自然中夺取的、要么是从已存在的、开放的、人工培植的景观中划分出来的。它作为菜园负责供给、提供食物和栽培药用植物。

　　中世纪，私人花园被作为私人菜园使用，绝大部分位置都在石砌的紧密城市[2]的前部。尽管要进行园艺劳动，但这些花园还是常常成为让人休憩和放松的地方。广场、草地、道路和庭院构成了城墙内石砌的"开放空间"系统，整顿了供给设施和垃圾清理设施，具备连接的交通功能，扮演了经济场所（集市）和聚会场所（民间节日和宗教节日）。并且，这种"开放空间"系统（如法院、阅兵场）有时还能反映出政治权力。

　　文艺复兴时期，人们再次想要在"自然""美学"与"和谐"中将"神性"实体化。意大利文艺复兴时期的豪华花园具有严谨的几何形状，着重强调对称的"和谐性"，就是这种设计理念的证明。

　　特定的节庆牵引出人潮，他们从狭窄的城市里涌出到城堡大门外，走进了风景里，并在那儿欢聚庆祝。

图 4.1.1　绿地上的早餐，马奈（Manet），1863 年（左图）
专辑封面，Bow Wow Wow 摇滚乐队，1981 年（右图）

1　用"石砌的""紧凑的"来形容城市，是因为过去的欧洲城市都由坚实的城墙环绕。

直到 18 世纪，更为庞大的、类似公园的花园设施仍然占据统治地位。它们由贵族或传教士所把持，且一般人不可进入。比如凡尔赛宫（Versaille）的花园（巴洛克，君主专制时期）或者是浪漫主义时期的英国花园。

随着商人团体和自由市民的自我意识提升以及贸易的繁荣，18—19 世纪兴起了珠宝首饰广场、市民花园（Bürgergarten）和人民花园（Volksgarten），以供人们休闲散步[1]。德国首个面向市民全体设立的公共绿地位于不来梅的城墙外，至今仍深刻影响着内城区的意象。

随着工业化的推进，以及德国"经济繁荣时期"中随之而来的大城市内部工人居住片区的密集化，"人民公园"于 20 世纪初开始出现。作为可供使用的空间，它提高了那些生活在不健康环境中的人们的卫生意识和健康意识。健康养生项目也就应运而生，包括运动场地、体操设施、充气戏水池、日光浴和空气浴[2]等。

与上述进程同时期发生的（特别是在采矿冶金工业时期），有一种来自英国的聚居地结构被接受采纳，其分为很多小区块，附属于工作地，即后来由埃比尼泽·霍华德[3]所提出的"田园城市"设计理念，被用来建立"持续更替的专业工人""他们的专业技能"以及"生产车间"这三者之间的交通连接。对于工厂的员工来说，这种大型的农田是生活中必不可少的开放空间。与此同时，这些菜园也提供了回撤空间[4]和补充空间，可以让人从那些过于狭窄、住客超员的公寓里抽身出来放松、释放压力。

第二次世界大战后，租户花园就成了对人民来说至关重要的"供给战略"，遍及多层住宅，或城市外围的大面积暂时性租赁花园中。战后重建时期，人们也再度想起《雅典宪章》（1933 年）。作为针对密集化的大城市结构中的非人性生活条件的反应，《雅典宪章》主张对用途结构进行分拆打散，且通过大型绿地空间执行分割，以及对居住区推行清晰明确的绿化。

在繁荣昌盛的 20 世纪六七十年代，这种"功能分区"的准则进一步发展，并在那些"以交通为导向的城市"达到顶峰。第一步松散化的措施——追求步行路网不再依赖于街道路网，却越来越反向发展，导致街道空间变成了城市中唯有功能性的、不可逾越的障碍。那些承载城市意象特性的、重要的开放空间和街道空间走向了消亡，城区之间变得相互割裂。许多城市本来具有的历史性悠久的交通流线，却被城市空间里的街道隔开、进而丧失了。如今，许多城市正在拆除麻烦重重的交通轴线，来构建集成舒适的、日常的、极具城市形态设计等特性的街道空间。

值得一提的是，与功能化的城市营造相反，环保运动涉及改善居住环境的需求。一方面，它开始向居民归还城市空间；另一方面，它考虑到了保护自然资源的生态需求和提高城市生态多样性的需求。

纵观具有"都市性"的开放空间的历史发展，人们可以发现，开放空间的内容和形态，总是反映出各自时代当时的社会政治态度和文化态度。

图 4.1.2　英国斯托维（Stowe）景观公园（雕版画）

图 4.1.3　埃斯特（D'Este）别墅的文艺复兴公园之雕版画，意大利

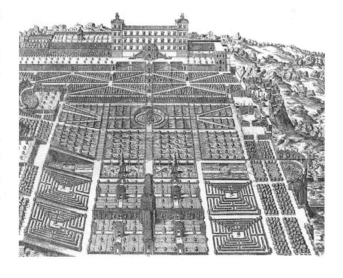

1　Bürgergarten 有多种含义，比如中世纪位于城堡大门外的菜园也被称为 Bürgergarten，但本文此处是特指 18 世纪末开始把老城原本的防御工事拆除改造而成的花园；人民花园是在城市内接近各种设施的地段上，设立全时段对全体人民开放的、用以运动、休闲和社交的公共绿地花园。参见德国亚琛工业大学的建筑系教材《欧洲花园的历史》。
2　空气浴是当时的德国医学界针对肺结核而提出的疗法。
3　埃比尼泽·霍华德，英国城市学家、社会活动家。
4　回撤空间这一概念比较接近中文的"避风港"，既是心理性的"回撤"，也是物理性的"回撤"。

当今的挑战

当下的城市发展课题也影响着开放空间的系统和设计。人口收缩的过程给留存的居民带来了更多的可用空间。这为更高的生活品质和积极正面的生态平衡提供了良好的前提条件。然而，社会性排挤过程所引发的开放空间中"用途分离"的现象，却恰恰在有吸引力的居住区中开始增加。

人口老龄化引发新的需求。这些数量增长的人口阶层，其交通流动性反而是降低的，这点也必须在开放空间中予以考虑。为了尽可能实现老年人生活的自理自立，当下的课题是户外无障碍的地面设计，要考虑老年人的停留和活动空间、公共空间以及适宜步行和助步车。

图 4.1.4　明斯特市典范的绿地系统

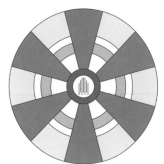

理想的绿地系统

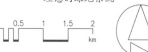

气候变化在很大范围上危害了动物界和植物界，而充足的植被可改善当地气候，一棵阔叶树生长每日消耗大约 10 000 升二氧化碳并产生 9 000 升氧气。同时，高大的植被也发挥了温度缓冲器的作用，因为具有植物遮蔽，所以地面得以受到防护，不会骤热骤冷。

对开放空间的规划和设计要求

鉴于公共预算的匮乏，能够用尽可能低的维护成本来实现开放空间高度的审美价值、高频的利用度和同样高水准的生态品质这三者间的和谐，这样的设计就变得非常重要。开放空间的质量以及居民对其居住环境的满意度尤其取决于开放空间的维护状况。采用适当的理念、通过有针对性的有效措施，"维护"能够成为一种决定性的设计因素。

随着社会日益增长的文化多样性，开放空间的需求和使用习惯也日趋多样化。那么开放空间的设计也须考虑到这个事实。开放空间的用途也应是开放性的，即能以多种多样的形式呈现；开放空间应以人们日益增长的对运动的需求为导向，即为人们提供可支配的、又坚固耐用的场地；开放空间还应该差别化地为年轻人和老年人提供具有不同体验和距离的交通路网。

从开放空间到私人用途，这种用途转化上的可能性对生活品质具有重大意义，这对"全体家族成员居住在一起"的家庭来说尤为重要（若他们打算留在城市里而非迁往农村化的郊外）。所以花园不仅在单户住宅住所中备受喜爱，就算在多层住宅中，租户花园也炙手可热。

按照等级进行排序，从大块面积的景观空间到被分成很多小块的住宅花园，开放空间可以区分成下列各种类型。它们又在共同作用下，构成一个网络状的开放空间系统：

——城市外部景观空间（农业空间、森林、水域）；

——聚居地边界；

——棕地、过渡空间、"无人区"；

——绿色走廊；

——工业园区开放空间；

——绿地基础设施（墓地、运动场地、小花园）；

——公园；

——街道空间；

——广场；

——社区绿地；

——居住开放空间、私人花园；

——活动空间、回撤空间、闲置空间。

（1）城市外部的景观空间

无论是对自然景观环绕的城市核心区，还是对大都市地区中密集化的"城市＋景观"构成的拼贴画而言，景观都是可支配的（城市）空间基础。因为生态系统的自然资源来自生物学大规模生产，而景观正是这种"初级生产量"的空间场所，所以景观也构成了人类生存的基础条件。城市外部的景观空间，一方面受到如地形地貌、地质、土壤、水利、气候、动物界和植物界的自然空间环境条件的影响；另一方面，它还受到如花园经济、农业经济和林业经济的人为使用形式的影响。这些使用形式取决于社会文化条件，且景观具有不同的形态特点。

在大城市外部，特别是那些承受来自聚居地之空间利用上巨大压力的大城市的外部，景观空间与城市空间的相互作用是清晰可见的。从城市的角度出发，景观被视为休养空间。为避免使用上的冲突，实现具有环线特征的交通连接非常重要。如此一来，不仅仅从经济上开发这些空间，还能从"旅游"的角度去开发利用。按照"边缘区域构想"进行开发，并以此连接景观与居民的需求，在用途上承受极高压力的大都市地区非常重要。

（2）聚居地边界

在处理位于聚居地边界的"边缘区域到自然景观"的过渡时，需要在城市空间和自然景观空间之间划分清晰的界限。对此，可考虑不同的手法：一方面，可通过建筑性分界来形成一条清晰可辨的边界，从聚居地通往自然景观；另一方面，在城市空间与景观之间，把呈手指关节状的、朝向城市空间的绿地进行齿轮般的互相咬合，可以形成城市与景观的鲜明过渡以及聚居地边界前缓冲地带。为了把高密度的聚居地结构和景观分隔开，需要创造过渡区域，来容纳那些聚居地空间所产生的、对开放空间的使用需求，以及同时通过高水准的生态品质，对景观空间施加影响。这些过渡区域可以具备对雨水处理进行干预调控的均衡手段，以及必要的设施建设（如洼地、排水沟）。关于这些空间的形态设计，必须与相邻的景观类型结合深入思考。不该把"景观"排除出去，而应该从视觉上把它整合进来。

（3）棕地、过渡空间、无人区

城市结构的变迁留下了大块棕地。许多城市无法对这些用地进行城市营造或绿地规划性的开发或使用。因此，这些用地逐渐被植被所侵占。但仍然存在如下机会：这些棕地能用于改善当地气候，并促进"群落生境"形成网络状连通。对此，这些用地可以成为不同使用人群的回撤空间[2]和漫步空间。在区域结构变迁中，为了将各个城市空

间进行网络连通，须进一步建造新交通线路（通常是铁路线），贯通城市，一直连接到乡村。

图 4.1.5　外部景观空间
莱茵河地区的大型区块景观，罗马人街

图 4.1.6　聚居地边界
德国安达赫治（Unterhaching[1]）老城中心聚居地边界的扩建建筑。院落与树木形成了一条清晰的通向开阔田野的边沿线（右图）。

1　慕尼黑地区的第二大城。
2　回撤空间这个概念比较接近"避风港"，既是心理性的"回撤"，也是物理性的"回撤"。

图 4.1.7　埃森的 Schurenbach 废石场

图 4.1.8　北杜伊斯堡的景观公园

图 4.1.9　格拉德贝克（Gladbeck）的租户花园

图 4.1.10　社区集体的居住开放空间

（4）绿色走廊

绿色走廊是除街道之外的交通连接。绿色走廊既可以是地块间的连接绿地，也可以是上文所提及的基础工程建设中沿途铺设的附属设施。城市的渗透性以及附带的体验多样性，通过这些方式得到了提升。

（5）绿地 + 基础设施（墓地、运动场地、小花园）

墓地通常是木本植被覆盖率高的大面积绿地空间。墓地是沉思冥想的休养空间，且通常按照传统模式建设而成。尽管早在 20 世纪 40 年代瑞典就开发了在广阔的郊外采用碑石或十字架的新型设计手法，但其在德国仍属罕见。安葬在所谓的"墓地森林"里，满足了"最终休憩之地能贴近自然"这一愿望。

运动场地常见于中小学或较大的公园，并且受到"与居住区保持必要间距"的限制。考虑到遮蔽和空间上的设计品质，用排列树木的方式来划分运动场地是值得期许的；但从维护的角度来看，又总会遭到责任方的拒绝。如今，休闲业余运动的重要性与日俱增，将开放的运动场地整合入公园设施就成为一个重要的理念。尽管之后为了维护，又必须把社团运动的高级比赛场地再次用篱笆包围起来。

小花园设施受到德国联邦小花园法规（BKleingG）的管理，可以保留"非营利性花园"这一用途。小花园设施的建设用地面积不应大于 400 平方米。林荫道可包含最多 24 平方米的基本面积。如果在住区配套小型租户花园，则小花园就成了重要的居住补充空间。即使没有私家车，居民们也应能从住区顺利抵达这些设施的场所。由于依照小型花园协会的法规，花园特殊的用途需求无法被全面满足，所以出现了很多针对各种替代性花园形式的不同的实验性措施：多元文化花园、生态导向型花园、局部饲养小动物的花园（其相关区域之大小可变）。但须始终保证穿透地块的公共道路之畅通。

这些"绿地 + 基础设施"，即墓地、运动场及小花园的安排与规章制度，将由"建设指导规范"来确定。

（6）公园

公园是城市中典型的绿地类型，同时也是重要的休憩场所。并不仅仅充当周日散步的"舞台布景"，它也适用于日常生活、午餐休息和下班后的排球运动、周末的野餐聚会。

从英式景观公园开始的数个世纪以来，"草地""树木""流水和地形"，被认定是四海皆知的花园形象。上述三大元素全都是开放空间的重要组成部分。

树木可塑造空间，因为它把第三维元素带入了开放区域。树木不仅能提供树荫，而且会生产氧气并消耗二氧化碳。它还能阻挡强风肆虐，并缓和阳光造成的升温和夜间的降温。

草地是"属于使用者的表面"，人们能够在它上面进行活动。这些草地既可以是修剪过的草坪，也可以是齐腰高的鲜花地，又或两者皆可。若在草地上进行修剪，则必然又将产生新的空间。

地形是上述"属于使用者的表面"的空间特征的前提。根据各自的功能，地面可以拉得光滑平坦，用以玩耍；也可变为丘陵，让来访者能在山谷里栖息；又或通过水体，对地形产生氛围上的影响。

如今，公园可以通过不同方式，实现"类型变换""演绎呈现"与"营造建设"。

① 概念性公园

这种公园根据更高层级的、理想化的设计理念而被开发出来，其被用来营造特殊的情景。以构成主义的方式叠加而成的结构非常抽象，为这类现代游乐场式公园塑造出了异乎寻常的空间。

② 再现景观的公园

这种公园版本，会把大自然的空间类型或景观地貌的起伏进行理想化处理，并过度夸张地展示出来。

③ 再现文化景观的公园

这类公园的主题紧扣土地的农耕用途，并基于这种刺激，促使游客对富有传统的公园意象产生思考，从另一种视角对农耕地景观进行观察。

④ 公园作为"图案"

以孔眼紧密的网格状的图案形式去开发公园的肌理。这些细网眼图案近乎均质地把空间覆盖住，并通过叠加的手法创造出类似迷宫的观感，且允许一部分小型空间拥有具体功能。

⑤ 线形公园

遭废弃的或被雪藏的"基础设施带"被开发成了线形公园。这些基础设施带为城市开启了令人称奇的视角，为绿地空间不足的城市区域提供了新颖的开放空间。为了克服原本的隔离障碍，那些沉重累赘的道路栅栏可以被拆除或抛弃。

⑥ 社区绿地

社区绿地具有划分区域范围、提供靠近居住区的活动和停留空间的任务，并能实现生态平衡的功能。而且在有可能的情况下，也可对雨水的处理进行整顿。

⑦ 居住开放空间

居住开放空间，特别是"附属于住宅的小花园"这种形式，是城市生活质量的重要组成部分。这类开放空间应具有较高的用途多样性和设计品质，从而使"居住在城市"再度具有吸引力。

须注意以下设计标准：在入口流线方面，须注意"公共性"的开放程度差异。推荐在和私人住宅入口之间设置具有连接作用的缓冲区，这种缓冲区非常实用，绝非仅仅

图 4.1.11 杜塞尔多夫市的格雷斯海姆（Gerresheim）区，设计：RHA 建筑师及城市规划师
在杜塞尔多夫市的格雷斯海姆区一处棕地的开发规划

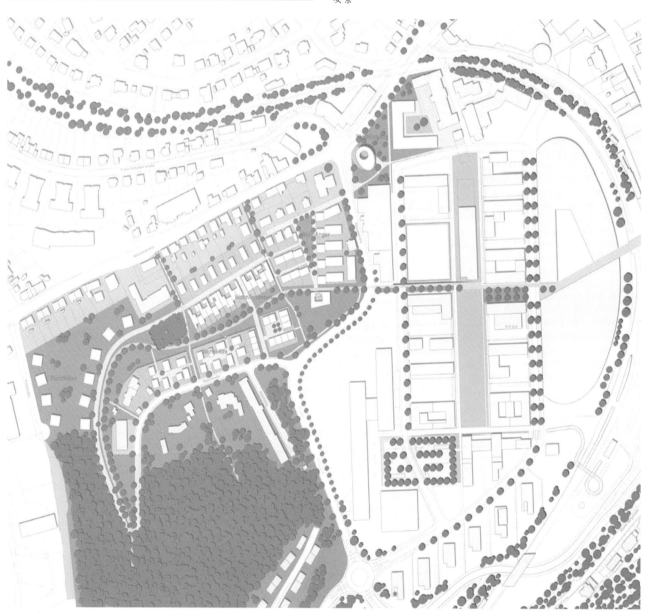

起装饰作用；在起居空间方面，为了避免出现打扰的问题，尤其要注意多层住宅楼的起居空间和花园／庭院空间之间的过渡设置；是否可以在适当位置设计租户花园？以及是否畅销？这必须经过论证；在任何情况下，都要为位于地面层的住宅设计配套的附属花园。通往背面的花园小径是属于集体的空间，可用以活动、停留；它也能同时通往那些为上部楼层的住户配套预设的、有灌木丛围绕的住户花园。另一方面，花园小径应与更高层级的道路交通系统相互连通。同样，对于不同形式的单户住宅的花园来说，花园小径也应该如此。

图 4.1.12　古梅尔斯巴赫，农业区，设计：RHA 建筑师及城市规划师事务所与奥伯豪森规划团队
将棕地空间、居住区和工业、开放空间作为发展城市内城区的核心要素

98

（7）活动空间、回撤空间、闲置空间

大量的事实表明，对城市中活动空间的使用已不再理所应当。如今能改成活动用途的闲置空间也越来越少。这意味着在设计居住区周边环境时，必须首先注意所有公共设施的"可使用性"。日常生活环境对孩童的玩耍来说应该具有可以被重新定义的特性。为了孩子们的想象力，应尽可能多地为他们提供玩耍的契机。

在建设公认的具有标志性的活动空间的时候，应将形态设计纳入整个系统考虑，并避免出现功能单调的游乐设施互相之间任意地串联堆积的这类情况。除了"闲置空间"以外，还应该在居住区外为低龄儿童提供视线可达范围内的活动场所，以及为低龄儿童和青少年提供"与他们所处的居住环境（受组织管理的）"形成鲜明反差的"回撤空间"。对于儿童在游戏中的成长而言，在"冒险与安全"之间、在"没把握与受庇护"之间、在"秩序与混乱"之间、在对成人的"挑衅与模仿"之间取得平衡是至关重要的。另外，空间视野的独立发展以及通往与年龄段相适宜的各种公共设施和活动地点的安全路段，这些也相当关键。

逐步扩张的定居行为，虽然进一步阻碍了生态循环和农业生产，但开始出现对景观空间的需求。对"文化景观与聚居地空间"之重叠的进一步发展，促使错综复杂的城市空间开始形成。然而通过差异化的系统，城市空间又构建出了不同的开放空间类型。对开放空间系统的开发，应以"在可实现的适当范围内满足所有人群各式各样的需求"为目标。

功能单一的开放空间结构，因远远不能满足城市的"路网结构"时代的复杂需求，已不再合乎时宜。

图 4.1.13 德国柏林，雅园

图 4.1.14 德国格沃斯堡，恩纳普公园

4.2 城市构件：公共空间

开放空间和其中发生的生活，影响着城市的身份。无论在居住区内、在城市层面上或是区域背景下，道路和广场都是城市开发的招牌和脊梁。公共空间对城市具有至关重要的意义，它塑造了城市的轮廓，是城市空间的结构性组成要素。通过它，人们可以对城市空间进行解读。

在我们的城市和聚居地中，公共区域是用来承担公共职能的。本质上看，这些功能是作为出入交通流线以及供人停留休憩。此外，"公共空间"的概念在德语中从1950年才开始启用，仍然比较新颖。这一概念来源于英语"public space"，之前在德语中多被称作"公共街道和广场"或"公共设施"。

"公共空间"的概念与"城市空间"的概念密切相关。城市空间表示的是在住区结构中，由建筑物围合而形成的空腔空间（Hohlraum）。这个定义常与所谓的"负空间"同时出现——负空间指的是建筑物和设施空出来的区域。这种立体的空腔形状则产生于"建设"这一行为的负面印痕。所以说，城市空间的产生是多维元素共同作用的结果。这些元素包括：物理性的多维元素、用途、材质、各个场所所具有的特殊框架条件以及其框架元素特点。

依靠着和外部道路相连的交通路网以及广场相互之间形成的序列，公共空间既是城市中生活品质的表现，同时也是集中展现当地社会状况的晴雨表。公共空间的特征，在于特殊文化和生活方式的表达，同时它还受气候、传统、各自所处时代的社会蓝图以及技术标准的影响。

历史发展

公共空间，尤其是欧洲的广场，与城市性社会的出现紧密相关。在欧洲，"广场"这个概念与城市自身一样古老。在探寻最古老的广场的过程中，人们总绕不开这两座城市，即位于希腊克里特岛上的拉托城（Lato）和格尔尼亚城（Gurnia）。那里曾设有附带台阶设施的广场，用来供市民议事商讨。在古希腊语中，广场被称作"安哥拉"（Agora），在作为人群的政治决策集会地的同时，也作为商品交换贸易的集贸市场。作为政治、经济和文化的地点，这些广场在城市中发挥着中心作用。罗马人继承了这种城市结构，并将它做了进一步发展。

如今人们所认知的公共空间概念，发明于19世纪。首先，在工业化和随之而来的城市化的影响下，人们建成了公共性的公园和广场。接着，彼时尚不明显的密集化和用途分化在已建成的都市中开始出现。规划者赋予了城市一种全新的面貌，让城市能够符合交通和经济的合理性，并提出了城市营造的新标准，特别是借鉴了罗马人城市的道路网格、轴线和直线形街道这些表现方式。

汽车大批量生产制造的可能性，导致了20世纪20年代城市营造的彻底变化，并随之开始在根据各式各样的交通流动性规律所开发或改建的道路、街道和广场上得到体现。这种交通流动性使居住功能和工作功能在空间上产生了明显的分离。又因"全面绿化"成为现代城市规划的核心需求，于是以汽车为导向的街道、广场或绿地公园，开始对城市的公共空间产生了深刻的影响。

从第二次世界大战后德国大规模重建时期起，在功能分区化的、结构肌理松散的城市中，公共空间趋于消失。为了适应车辆交通，市中心被进一步改建，道路贯穿了居住区，公共广场大都沦为交通节点或孤岛。进一步的功能分化，导致在内城区对生意出现了十分明显的负面影响。市中心不得不开始设立步行区。

图 4.2.1 哈廷根，沃布特马克特（Obermarkt）的周末集市，约1905 年

街道空间比例的变化

如果人们从不同历史时期的角度去观察街道，就可以分辨出不同的规律性。中世纪的街道是狭长的，其高度与宽度的比例常常是固定的 2:1。文艺复兴和巴洛克时期的城市开始拥有了 2 至 3 层的建筑，建筑物高度与街宽之间的比例也随之调整为 1:1 至 1:2。19 世纪许多城市的宽高比例则被固定为 1:1，法律允许的建筑物高度只能与街宽相一致。如今，基于各自不同的功能需求（如在城市结构中所处的不同地段），我们会发现街道空间上出现了千差万别的空间形态。

对广场形式的观察

中世纪的广场之所以显得较为封闭，是因为基本上人只能经由较窄的小巷到达外部。广场的"不规律性"导致了不断变换的空间印象，以及持续变化的视角。广场的开阔范围（宽度）与周围建筑物（高度）之间的比例接近于 3:1，该比例能表达出内部空间的围合感。正如城墙影响着房间的品质一样，建筑的外立面也影响着广场。历经数

个世纪保持狭长地块的手法，导致这里为数众多的建筑外立面虽然千差万别，但看起来互相之间依旧非常相似。教堂、市政厅以及其他特殊的建筑，也随之被添加进了"广场的内墙"和"街道的内墙"之中。整个广场区域都很实用，并可供车辆通行。

多个世纪以来，人们对"理想广场"的特征产生了众多不同的设想：广场的尺度要足够大，能用来容纳全民会议；但也不要太大，好让各个角落都能清楚地听到演讲者的声音。理论上，中心广场应产生于城市的秩序。通往四正方位（东西南北）的两条主干道，应该正好相交于街道各自长度的中心，然后此处的交汇点才会被扩建成广场。但由于地形的原因，许多地方难以实现这个范式。这里必须提到位于意大利锡耶纳的坎波广场[1]，其特点是具有标志性的贝壳形状。广场喷泉坐落于图 4.2.3 上方的广场边缘；在对立的两侧，锡耶纳市政厅则构建起了宏伟的舞台背景。空间方面，该广场上的任何一处观察点，都会让人感到仿佛置身于城市空间正中心。

鉴于君主专制制度瓦解了中世纪的城市法规，公

图 4.2.2　哈廷根

图 4.2.3　锡耶纳的坎波广场，平面布局

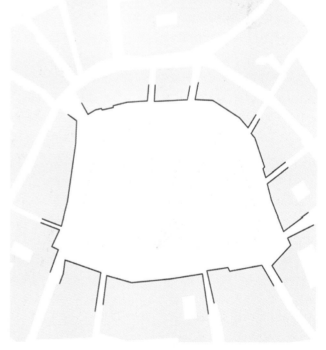

1　campo 在意大利语中是田野的意思，故中文又名"田野广场"。

共空间也随之开始转变。如果说这种城市空间在这之前只是市民所使用的空间的延展以及集体决策的地点的话，那么在这之后，广场就成为专制主义炫耀力量的舞台。

随着林荫大道以及大尺度城市空间的出现，从"步行者的城市"到"交通城市"的转化在19世纪开始。比如交通广场、[1] 宝石广场、[2] 建筑前广场和阅兵广场这类专业化的广场也发展了起来。

正如现代主义所鼓吹的那样，混合型用途和封闭式建造的"终结"导致传统广场走向了命中注定的末路。只有在部分残存的老城结构中，依稀尚存着过往的城市品质。

当下的要求、实施、规划

人们需要对"公共空间"这一概念的定义和功能做出系统性的区分，才能掌握它的多层次性。"公共空间用途"的类型和方式可谓多种多样：作为交通空间、消费空间、交流空间、休息空间等。所以"多功能性"也被称为公共空间的本质特性（和中世纪时期的说法一致）。公共空间的多重意义，可以被归纳为以下六个方面：美学、文化、社会、生态、政治及经济。

① 美学方面

公共空间的美学品质对城市意象有决定性的深刻影响。广告牌和指示标作为城市的明信片，体现了每座城市各自的吸引力。一处美丽的、有吸引力的公共空间，本身会邀请人们到此逗留，它是幸福感的前提条件。

② 文化方面

对城市文化、对城市的外部表现、城市形象以及对当地居住的人们的展示而言，公共空间都具有基础要素的意义。优秀的公共空间会对城市中可感知的文化品质产生很大贡献。更深层次来看，许多文化活动都依赖公共空间。

③ 社会方面

许多社会进程都发生在公共空间：一方面发生着用途转化、沟通、社会化、游戏、体育、休闲和调养——在上述这些方面，公共空间尤其受到孩子们的重视；从另一方面来看，公共空间同时也是城市中人们感受到威胁、不安和排斥的空间。

④ 生态方面

随着城市确定了"可持续发展"的目标，生态方面从20世纪90年代初开始获得越来越多的关注。在之后的城市发展中，生态问题开始被提及，至少与社会问题和经济问题一样被正式地对待。对于公共空间来说，最重要的是它在城市生态环境或者城市气候方面的意义，以及它作为城市居民附属公共空间的价值。

⑤ 政治方面

政治与公共空间之间的联动关系早在中世纪后期就已存在。描绘城市中街道和广场的形态和状态，是判断"好政府"的标准。对此，作为政治的直接责任中最核心的任务之一，公共空间承担起了"维护王室威严"的使命。另外，公共空间也被用作"起义暴动"和"示威游行"的平台。

⑥ 经济方面

在工业时代来临之前，公共空间以"集市广场""城市广场"和"街道的货物转运广场"的形式而存在。但手工业和贸易逐渐"搬家"，转移去了仓库和生产车间。出于经济效益的考量，公共空间随后大多沦为运输空间。在过去很长的一段时期里，只有那些与公司相符的"硬"区位因素（如街道、轨道交通等）才对公司的选址具有重要意义。随着工业社会转变为服务业社会，"软"区位因素的意义也日益凸显。文化项目、自然风景项目、疗养项目以及业余娱乐项目、城市形象等开始受到越来越多劳动参与者的关注，并且，它们也由此变成了对企业来说相当切实的区位因素。公共空间同时还拥有影响上述因素的能力：比如公共空间对不动产和整个城区的地段价值的影响，正在日益上升。遭荒废的，或承受巨大交通压力的空间本会导致用途向别处流失；而"公共空间的价值提升"却能引起相反的结果，对提升地段价值形成助力。

图 4.2.4　科隆，大教堂前的台阶

1　停放交通工具的场地。
2　贩卖珠宝首饰、化妆品的广场。

对城市设计而言，不但必须得认知其中的单项方面，而且对这些方面的综合作用加以了解，也同样至关重要。

公共空间当下的发展及挑战

针对公共空间在未来数年至数十年内即将出现的诸如功能丧失、用途方式之间的竞争、私有化、商业化、尊重缺失、文化荒漠等种种负面发展，规划师们正努力研究对策。一方面，这些问题的解决方案还处于初步阶段；另一方面，虽然"集市广场到停车场"的发展趋势已经扭转，但在许多案例上却调头朝着"停车场到集市广场"的反向趋势进发。

这里存在两个典型的棘手趋势。

① 私有化

与公共空间的私有化有关的，主要来说是购物中心、商业街或其他建筑综合体。这些建筑虽然属私人所有，但也具有（或潜在地、个别地具有）公共空间的入口属性。从这个意义来看，这种所有制关系从公共性质转变为私人性质的"私有化"，在规划阶段中是无法确认的。

与此相反的是，把城市开发委托给房地产开发商或独立大客户执行的这种趋势正毋庸置疑地出现。在这方面，房地产开发商不仅止步于其自身的工程目标，还要对比如街道建设的相应措施、绿地设置或停车场的修建负责。这导致了私有化的加强，即活动（主要是消费活动和业余空闲时间上的活动）向着由私人建造和经营的"伪公共空间"转移。私有化的这种形式有如下许多负面的后果：私有化强化了一种选择性的、社会性的隔离，加速了城市中原本就广为人知的趋势。城市变得越来越适合具有消费能力的成年人客户，而老人、小孩、穷人和一部分的女性则被边缘化了。城市随之丧失了都市性的本质要素（即城市多姿多彩的混合公众性），导致城市的整体品质也受到了损害。对公共空间来说，上述这些并非特殊个案，它们早已被公认为城市规划开发上的普遍现象。

② 商业化

公共空间的"商业化"趋势与其"私有化"趋势密切相关。这种发展的后果，就是公共空间为了应对不同需求而产生了多样性的用途形式：餐饮服务、节庆、活动、展览以及体育活动或者文化活动等，在公共空间中又再度出现且越来越多。旅游、酒馆和购物街被进一步发展，其中有的属于人为新建，有的则是从历史建筑的基础上改建或升级打造出来的。这些用途，全都在不同程度上基于以下目标：赋予公共空间高质量的多样性、大都市气氛、魅力以及用途强度。由于商业化往往发生在新公共空间内，或内城区其他被高频率使用的空间中，所以危险的落差开始在商业化空间和相对次要的地段中出现，且这种落差很快

就会体现在建筑地面层商铺的"空置"和"将要空置"的情况中。

中央公共空间的商业化已经催生了"全天候商业"，且基于城市持续的"吸引力竞争"，在将来只会进一步增强而非减弱。挑战在于：减少对市中心、城区和城郊之间的"空间性抉择"，并且驾驭好与城市相兼容的多样化干涉措施——而这一切必须从整个城市的发展角度出发。

图 4.2.5　杜伊斯堡步行区，开放营业的周日

设计要素

——公共空间的空间类型化

人们可以从多种角度去观察不同的城市空间类型和入口流线系统：

——形态设计品质和空间品质

——技术要求（功能性）。

这两个层面对城市设计都非常重要，因为人们必须综合考虑这两点，并在城市设计中将其合二为一。

城市空间的空间特性分为以下几个不同的层面：

① 凝固空间：流动空间

由垂直的边界侧面连续构成的城市空间，我们称之为"凝固空间"。这些边界可以由建筑物、灌木丛或者通过稠密的人造林组成。"前方"和"后方"之间、"私人"和"公共"之间，通过清晰的界限产生了明确区分。与此相反，"流动空间"则缺少清晰的空间边际。"积极空间"和"消极空间"几乎同样重要。"过渡空间"在错落分散的居民点或工业区中则往往占据主导地位。通过道路和街道对视觉进行引导和定位，若缺乏这些线性的定位辅助，往往会导致空间利用变得异常艰难。对设计而言，这些区别意味着必须发挥想象力，思考究竟应创造何种空间类型？以及应利用何种要素，才能实现设计目标？

② 线形空间：广场空间

"线形空间"指的主要是街道，这是我们城市最先呈现的空间。各种用途沿着街道排列，它们的形体富有变化、复杂且充满功能；另一方面，它们还具有美感。

街道的美学形象往往是社会现实的写照。因街道这一公共空间允许每个人进入，把城市中哪怕是对立的不同的生活环境在集体的公共路网中关联了起来。

那些依赖"街道空间的引导和构成"的空间效应，对于城市设计而言具有重要意义。

针对街道之长度效应和深度效应的研究，可以得出以下结论：

——凸形的、弯曲的空间墙面会让街道空间传递出一种"无尽的"印象；

——凹形的、有偏移的空间墙面依次排列，会形成一种空间片段受局限的影响效应；

——长距离直线形空间的边界会强调街道的长度；

——折线式弯曲的，以及拱形弯曲的空间墙面，都会让长度效果看起来更短。

空间墙面的不同布置方式，导致了各式各样的、与设计相关的空间效应。

图 4.2.6　凝固空间，流动空间

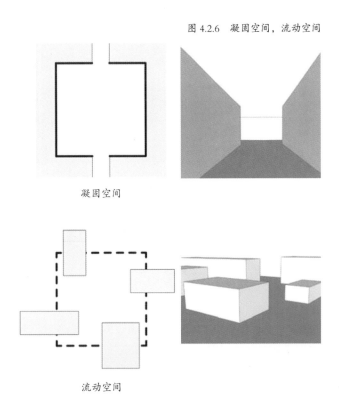

凝固空间

流动空间

图 4.2.7　线形空间，广场空间

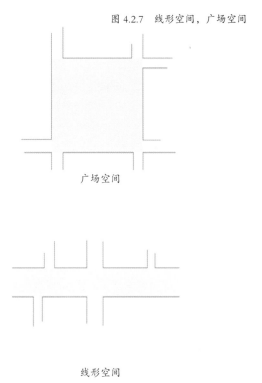

广场空间

线形空间

空间效应

　　针对广场大小和其理想比例，维特鲁威建议底面和墙面的比例应为 3：2。这种广场尺度比例展示了能实现适宜比例的要素本质：墙面和底面的比例关系，对广场的感知以及空间的品质具有决定性作用。在文艺复兴的第一次研讨中，莱昂·巴蒂斯塔·阿尔伯蒂（Leon Battista Alberti,1404—1472 年）建议广场的长度应为宽度的两倍，广场周围建筑物的高度应在广场宽度的三分之一到六分之一之间，这样的比例可以实现令人愉悦的和谐。

　　低矮的建筑可使广场显得更大，而高耸的建筑则使广场显得更小。同理，为了有能力塑造出广场，地块的宽度也应该达到建筑高度的三倍。对此，建筑物在底面上"地段位置"的选择，对整体印象而言也至关重要：若位于中心的长边，则会被认为是宽敞广场；若位于中心的短边，那就成了"纵深广场"。除此以外，广场墙面上的设计元素摆放的"位置"和"品质"对开放空间也很重要。

　　只有当"控制性建筑"在背景中（也就是在短边上）具有同样大小的体量时，纵深广场才能发挥有利的作用：比如大多数情况下"教堂的主立面"。与此相反的是，当这种体量的控制性建筑位于长边的横向广场时，假设广场坐落于宽度效应占优势的建筑物前，比如大多数情况下的市政厅，那么该广场就应采取相类似的宽敞构型。

形状

　　广场的形状本身首先能具备何种优势？如果设置成方形底面，会有哪些空间影响？设置成梯形、多边形、圆形、椭圆形的底面呢？明确了二维层面上广场形状的底面布局，就会明确一个相当清晰的空间特性。人们处于圆形、长方形还是三角形的空间之中，这里存在很大的区别。

　　当三角形作为道路构思的形状表达方式时，圆形广场则被视为中心位置；然而椭圆形广场，则综合了这两种形状的特性。罗马竞技场产生于圆形广场——而椭圆形广场则能更好地排布舞台，从而容纳尽可能多的观众。

　　同理，凭借开敞面和位于两侧的空间围合形态，广场的梯形形态应该会进一步强化舞台效应。墙面的特殊构造能提高戏剧的音量；而为了取得吸音效果，则可以采取曲折的表面、不规则的排线，当然也可以使用波浪状的边界。

　　正如广场隔墙的轮廓构成了整体空间顶部的闭合一样，墙面剪影状的闭合线也勾勒出了从空中俯瞰的边际。人们可以透过它看到最令人印象深刻的明暗元素，即天空，以及它持续转变的色彩活动和风云变换。

　　塔楼，甚至屋脊上的小钟楼，都可作为重要特色而对"城市剪影"产生影响，在建筑物耸入蓝色苍穹的同时，人的视线又捕获了这一幕场景：建筑和天空融为了一体，

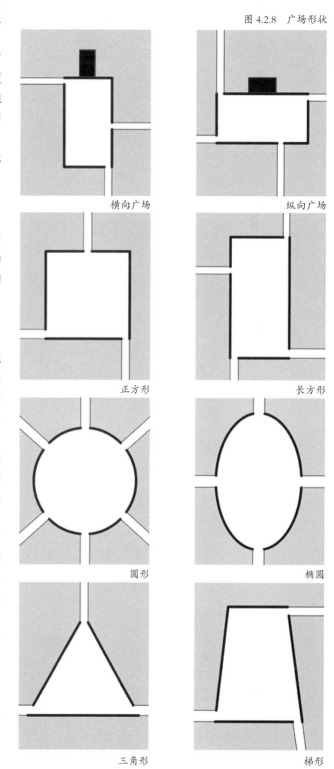

图 4.2.8　广场形状

横向广场　　　　　纵向广场

正方形　　　　　　长方形

圆形　　　　　　　椭圆

三角形　　　　　　梯形

之后视线又再一次退回到建筑物上来（Knirsch，2004）。

功能

广场的形状和用途总是与其区位和大小有关。位于市中心较大的广场作为中央集市广场，用来举办活动；相比之下在居住区中，较小的广场则更趋向于沉思冥想。广场也因此能被归入不同的类型等级，不同的等级又代表了各自不同的用途和尺度。

在教堂或公共建筑前方所设置的广场被称为文化广场。在这里，公共生活以多种多样的节目活动和占据使用的形式出现。由于这些广场大多位于城市的核心位置，所以那些能从广场生活中获益的商铺、公共机构、标志性的办公室和工厂、饭店和博物馆，都环绕着广场建设。

另一种广场形式是火车站的站前广场，通常位于火车站和市中心之间。火车站的站前广场首先是"交通阀门、变换器，它们将行人、骑行者、乘坐公交和公共交通工具的出行者以及汽车行驶者带到铁路交通上，或从铁路交通上带回来。为此，必须设置公共汽车总站、有轨电车站、自行车停靠处、多重优先行使权、短时停车场、出租车停车场和长期停车区"（Aminde，1994）。特别是在考虑到其他商店、公共设施和旅馆的情况下，必须计算站前广场的大小，使之与火车站的类型相符。社区广场之所以在居住区和城区大受欢迎，被当地居民用作为聚会的场所，是因为它刚好保留了私密特性。社区广场更倾向于小尺度，从而与周边的建筑相适应。在居住区内，社区广场扮演着多功能的角色，包括能够作为混合区域、作为用来游戏、骑行的休闲空间，甚至还可以作为市区或者社区的露天市场。

形态设计

在设计公共空间中广场的形态时，非常重要的一点是要把建筑性相关的环境语境结合起来考虑。在城市体系中的地段位置，以及由此产生的功能，决定了公共空间的形态设计要求。与社区广场或邻里广场相比，城市中心广场基于自身的用途，必须满足另外一些要求和标准。在材料上和施工上，街道用地、主干路用地和广场用地应该去弥补、去增强那些"隔离空间之墙"[1]的影响作用。

家具和材料

有意识地、艺术化地加入"材质"和"家具化"的元素，属于对公共空间的形态设计。当地流行的饰面，以及该饰面传统的、符合材料特性的施工工艺，为曾经古老的村庄和城市带来了独具特色、不易混淆的外形。如今这种"与

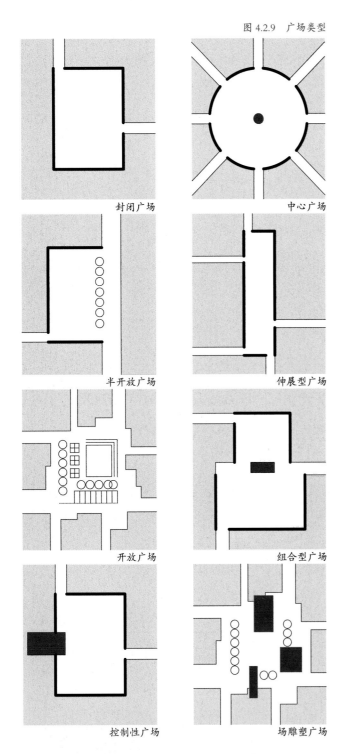

图 4.2.9　广场类型

封闭广场　　　　　　　中心广场

半开放广场　　　　　　伸展型广场

开放广场　　　　　　　组合型广场

控制性广场　　　　　　场雕塑广场

106

1　此处"隔离空间之墙"指沿街的和广场边缘的建筑立面。

当地相关的"材料处理手法，也同样能够整合周边的街道、道路和公园用地，并加强当地人对居住地的识别辨认。可采用毗邻房屋的立面材料，从而有意识地形成相互协调的饰面，但也可以有选择地塑造出令人兴奋的反差。家具要素的用材也同样如此。建立不同要素之间的"形态设计关联体"，是值得奋斗的目标。

氛围营造

　　公共空间的形态设计中，加入"照明设计"在近几年开始有了重要意义。18世纪之前，城市仍缺乏照明，最多在城门处有醒夜灯或者有透过窗户射出的灯光。大约在200年前，"光线"这种媒体开始出现了语义上的升级强化。每经历一轮机械化，夜晚的城市意象都发生了极大的改变。公共空间中的照明设计理念的目标是为重要目标提供照明。照明设计理念对总体形态设计应产生促进作用，而不是变成阻碍。

功能的可能性

　　公共空间与邻近地块的用途互相关联，对地面层的功能来说尤为如此。"形态设计的要求"与"功能的要求"之间须协调一致，让公共空间首先变成富有生机的场所。对此有句口诀非常贴切：空间的可用性，远比浮于表面的设计更重要。

图 4.2.10　维尔塞伦（Würselen），设计：RHA 建筑师和城市规划师事务所
公共空间的形态设计

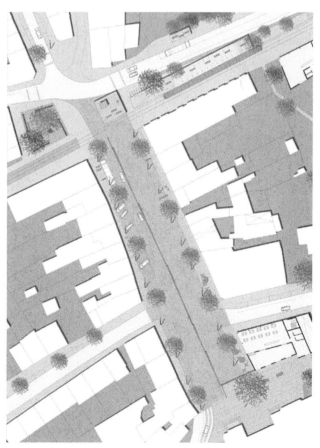

图 4.2.10　维尔塞伦（Würselen），设计：RHA 建筑师和城市规划师事务所
公共空间的形态设计

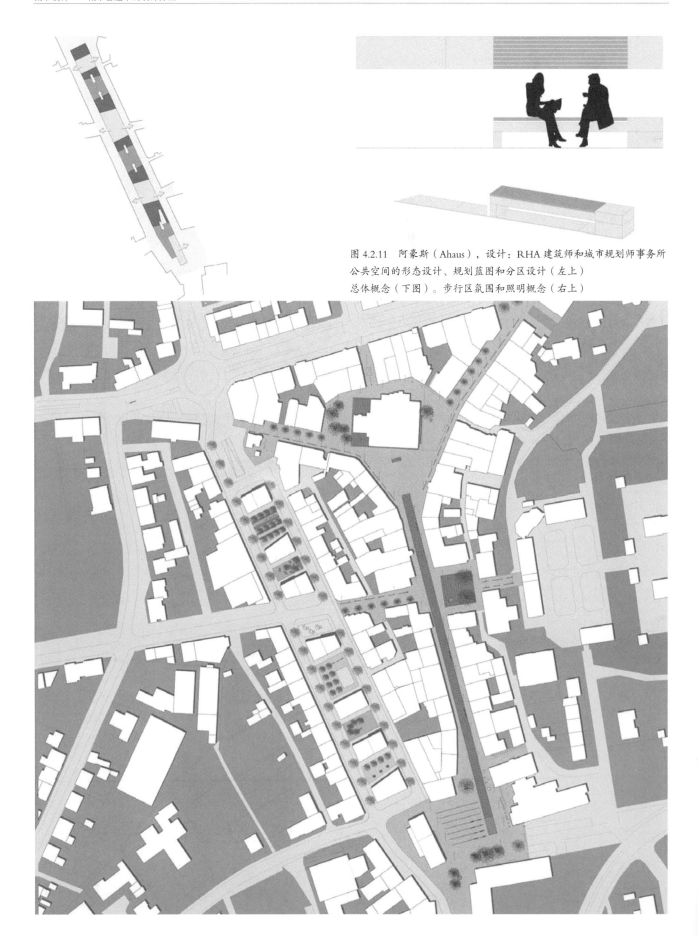

图 4.2.11　阿豪斯（Ahaus），设计：RHA 建筑师和城市规划师事务所
公共空间的形态设计、规划蓝图和分区设计（左上）
总体概念（下图）。步行区氛围和照明概念（右上）

生态方面：土壤密封最小化

根本目标在于要尽可能对地表所采取的土壤密封处理——不过该要求在市中心、内城区这类地段上基本无法实现：因为这类地段需要从功能性、形态设计的方面出发，寻求一种都市性的解决方案。

如果交通压力允许的话，人们在社区广场和邻里活动广场更加喜欢透气的铺层（例如鹅卵石草坪、开放式有孔的铺石路面等）。若有可能的话，来自密封的广场用地的污水，应流经附着的排水设施排往地下，来支持土地自然的水利以及土壤功能。在形态设计上，街道、入口通道和停车场附近的种植物也具有不同的功能。如果使用正确的话，它们能有助于构建空间和划分空间、强调方向、遮蔽区域，以及还能活跃地块。从它们的形态功能出发，种植物承担了调节小范围气候和清洁城市卫生的任务。在炎热的日子里，种植物通过蒸发来降低空气温度，提供树荫并且过滤灰尘。本质上看，这些都为用途品质做出了贡献。

通过观察公共空间的不同"设计视角"（从更高层级的城市营造设计理念直至细节），人们可以清楚地发现：只有在所有层面都被整合成"有说服力的全貌"的前提下，有效的设计理念才会出现。

4.3 城市构件：居住建筑

城市营造的根本任务，就是"将城市打造成居住地"以及"对宜居的城市进行形态设计"。居住建筑不仅仅用来满足个人的居住需求；本质上，它同时也是"被用来构建城市"的实体，好让城市能作为集体和社会空间。城市营造总是承担着这样的义务：提供居住空间，以及找到外部条件的答案，比如人口增长以及如今的人口萎缩。

历史发展

从石器时代到中世纪，居住行为主要以最简单的形式出现，彼时居住形式的建筑内部几乎无法进行"功能分区"，人们往往和动物一块生活在最狭窄的空间内。多代人同居必然导致了极为紧密的社会交流。工业化时期，农村劳动力的外流开始出现，即人口从农村到城市的大批移居。在城市范围内，建筑总是变得越来越密集，作为后果产生了对外隔离的、通过一条过道串联在一起的租赁住宅。虽然法律上已经确立了居住面积的最小标准，但住户的家庭生态关系依旧决定了其住宅的大小和配置，家族成员，尤其是来自工人阶层的人，大多被安排在最狭窄的居住空间里。

自从工业化特别是 20 世纪初以来，构成城市的构件"居住"建筑，有了很大的差异分化。20 世纪初，以市中心扩建的方式来增长的城市变得越来越少，取而代之的扩大方式则是越来越多的碎片化、城市外围松散的聚居地。

第二次世界大战后出现了城市规划和城市营造的新标准。人们以不同的方式加深了对大城市的抵触。"机动化"的增长导致了城市的膨胀。城市边缘的聚居地开始出现，并且城区的"功能性分离"愈演愈烈。内城区开始作为商贸中心和服务业中心获取利益，而作为生产区或生活区所产生的盈利则越来越少。

从 20 世纪六七十年代起，在繁华都市的周边地区兴起了大范围的聚居地，加速了"郊区城市化"的进程。以交通为导向的规划则促进了城市的用途变迁。

大部分用于服务用途和贸易用途的场所都坐落在市中心，交通可达性得到了改善。于是，住宅也以"绿色的方式"（即为了追求更低廉的地皮和租金），被合情合理地淘汰到了城市外部，从而带来了以下的后果："单户住宅构成了看不到终点的散居地"，并被排除在"可租用的公共交通工具"的可及范围之外，正如沃尔夫冈·彭德（Wolfgang Pehnt）[1] 所述的那样。这样的发展不仅导致自身令人不快的社区结构，而且大大提高了通勤成本，并且导致了供给设施和基础建设设施在空间上的布置趋于分散。

自 20 世纪 70 年代中期以来，不仅在德国，更是在整个欧洲范围内，城市中带有"文艺复兴时期"特点的聚居地都更加密集化，并且也发展出了多种新型的房屋和住宅类型。

人口结构的变迁、社会个体化的增长、衰退过程的加剧、区域间发展落差的加大，都影响了住宅市场，并引出了未来房地产经济新的任务，召唤着新战略的出现。

图 4.3.1　1872 年的伦敦，古斯塔夫·多雷的雕版画

图 4.3.2　柏林的一块用地，Acker 街 132/133 号（建于 1873—1874 年）

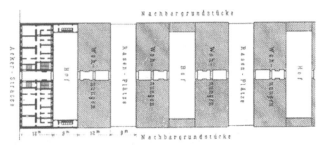

1　沃尔夫冈·彭德，德国建筑历史学家和建筑评论家。

要求、施工和规划

优秀的居住建筑，除了住宅以外还需要配套：交通道路连接、城市营造、基础设施可达性和入口流线状况以及对于过渡空间的形态设计，这些都对居住品质和居民之间的社会联系有决定性的影响。这方面需要以不同的需求和居民群体为导向。社会的个体化导致了新住宅和老库存房都要在经典的住房平面设计之外具备更多的灵活性。由于家庭事务和家庭状况的差异，以及由此所导致的对住所的不同要求，设计上必须实现新的平面布局，让现有的平面布局能适应不断变化的需求。

对规划师的影响

城市营造的构件"居住"建筑取决于完全不同的设计要素和城市营造上完全不同的结构类型，而这些设计要素和结构类型又以居民的需求、不同居住形式的各种功能的需求、外部框架条件为导向。

图 4.3.5　Dammenstock，卡尔斯鲁厄，1929—1931 年，设计：沃尔特·格罗皮乌斯（Walter Gropius）

图 4.3.3　工厂联合会的展览"居所"，斯图加特，1927 年
21 个独立建筑、17 位建筑师以及汉斯·夏隆，路德维希·希尔伯斯海默，勒·柯布西耶

图 4.3.6　柏林汉莎小区，1957 年，设计：格罗皮乌斯，鲍姆嘉通（Baumgarten），尼迈耶（Niemeyer）

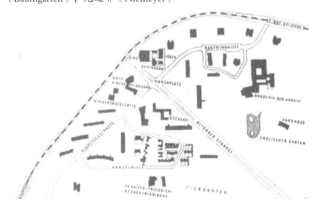

图 4.3.4　马蹄铁住宅区，新克尔恩（Neukölln）区，柏林，1925—1933 年，设计：布鲁诺·陶特（Bruno Taut）

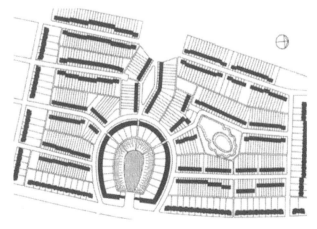

图 4.3.7　汉堡，1961 年，设计：H.P. Burmeister, G. Ostermann/Candills-Jostic, Woods

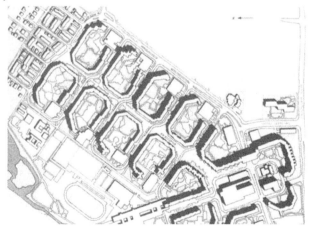

用途结构

在城市设计时应该考虑居住、工作、服务和供给[1]的混合混搭。对此可生成建筑内部的用途混合；比如通过"在

图4.3.8　西北城区，法兰克福，1962—1968年（规划图）

图4.3.9　城市蔓延，美国亚利桑那州凤凰市附近的太阳城

地面层有代表性的区域开设个体商业或服务功能区，并把上部楼层作为住宅"的这类方式。同理，在社区层面上也可通过建设供给设备、靠近住宅的服务区等的方式，来实现"用途混合"。

建设结构和居住区类型

建筑之于街道空间、广场空间和绿地空间所形成的构筑体系，即居住区的结构是与"出入交通流线系统"紧密相连的。

当地给定的现实条件，如：地块的截面和大小、地形关系、现有的道路连接、入口流线和业主的经济承受能力，在选择明确的结构类型的时候起决定性作用。

根据建筑形体对居住区进行分类，可分为：

多户住宅：多层住宅楼，有木桁架建筑[2]、核心筒结构住宅和高层住宅等构建形式；

单户住宅：独立式单栋住宅、双户住宅、联排住宅、链式住宅（Kettenhaus）[3]。

这些住宅类型经常以不同的所有权形式出现，比如多层住宅楼可作为租赁住宅、单户住宅可作为可供投资的物业公寓。

城市营造规划的任务要求可以互不相同，带有内部分区的混搭理念一般来说都很受欢迎。也就是说：这两种居住和所有权形式，应在建筑内部以"某种明确的混搭关系"实施。这样一来，社区中居民们的社会性融合也就随之出现了。基本原则和基本类型将在下文中分别进行阐述。

单户住宅

（1）住宅类型

独立式单户住宅　必须与地块所有边界以及相邻建筑保持最低限度的必要距离。单户住宅由于其较高的材料消耗、面积消耗和能量消耗而比其他住宅形式更加昂贵。

双户住宅　是指两栋相互连接而建的独立单户住宅，其连续性地使用防火墙来设置隔断；私人花园位于建筑物的背面。

联排住宅　由至少三栋互相连接而建的独立居住建筑构成的建筑群。联排住宅的中间段必须抵住两侧基地的地块边界进行建造。联排住宅中独立的端头，必须遵守各自的距离规定。联排住宅占据的建筑宽度较窄，因而它是一种节约面积的建筑类型。私人花园坐落于建筑物的背面。

"花园式庭院住宅（Hofhaus）"或"转角型住宅"通常在平面布局上被排布成L形。这种建设方式的优势在

1　其原文 Versorgung 指规律性地为客户提供营利性的、社会性的、技术性的商品或服务，比如零售商业、教育培训、社会服务、文化消费。德语中这个词也同时表示战争时部队后勤的补给工作。故此处意译为"供给"。
2　木桁架建筑（Riegelbauten）是德国最常见的老式木结构建筑，这里泛指老式的多户住宅类型，参见本书附录配图A4.2。
3　其原文 Kettenhaus 是指一种特殊的联排住宅；相同的住宅单元之间，通过车库或一小块空地，保持一定间距排列在一起，甚至存在稍许的偏移，从而形成了整体上像链条一般的错落感。

于，由于内嵌了花园庭院而兼具高密集度和私密性。

在中庭住宅（Atriumhaus）[1] 中，内部庭院被住宅空间从四面包围，这是非常充分地利用地块的方式。为了避免遮蔽"内嵌的私密区域"的光照，屋顶采取平缓的倾斜角度，且楼层高度低（层数往往是 1 层）很有必要。中庭住宅一般以相互关联的联排式建筑或集群式建筑的形式出现，通常不会成为独栋建筑。

（2）建筑排布与空间营造

对于严格地沿着居住区街道排列的单户住宅而言，打破单调无趣的结构是非常重要的。例如，对围绕着集体共用的入口庭院的多栋住宅进行组团布置。建筑的排布使建筑前后的区域产生了不同的开放空间。

图 4.3.10 单户住宅类型

图 4.3.11 Wefelshof 住宅，比勒费尔德，设计：RHA 建筑师和城市规划师事务所

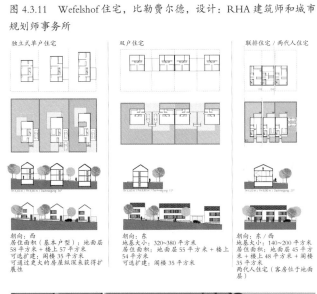

1 其原文 Atriumhaus 不同于上文的"庭院住宅"（Hofhaus），它强调处于平面布局之中心的开放式中庭。

图 4.3.12 单户住宅建筑，位于奥斯纳布吕克（Osnabrück）市的 Knoll 街，设计：ASTOC 建筑师和规划师事务所
位于 Knollstraße 街"绿手指"区的未来居住建筑的发展。"绿手指"区沿着奥厄河（Aue）膨胀，并因此承担了重要的生态功能和疗养功能。基地上允许实现各种不同的私人住宅类型。

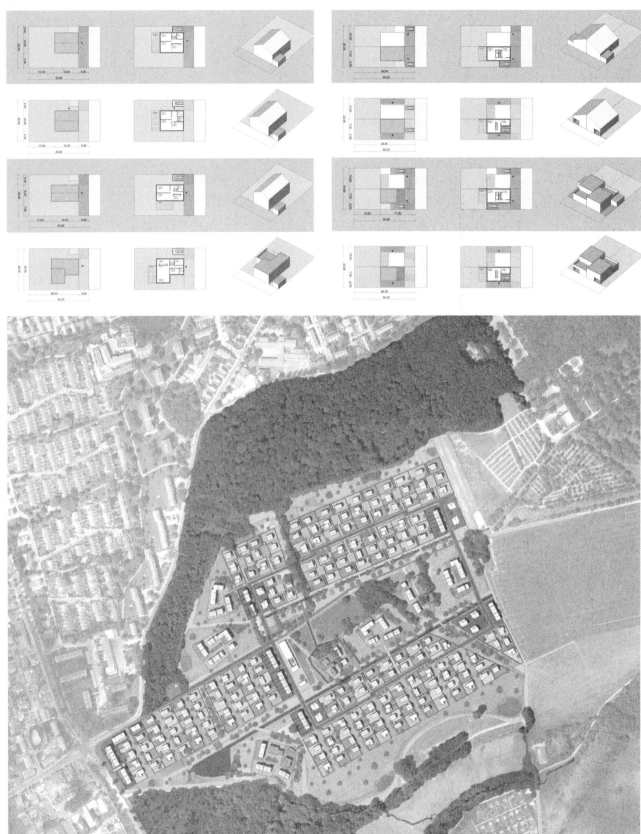

多户住宅

（1）梯间式（垂直的出入交通组织）

"梯间式多户住宅"一般是指一类多层住宅楼，由楼梯（在有需要的情况下，还包括电梯）构成了垂直交通流线，公寓套房再通过该垂直交通流线直接对外连通。建筑物在水平方向上的分流则通常在建筑物的前方展开[1]。

住宅楼的交通流线究竟是水平展开的还是垂直展开的？该本质性选择的判断基础，已由"城市规划"所决定。然而住宅楼其自身的交通流线，又会反过来决定垂直交通布置中如下的分流和偏好等因素：

——建设形式（行列式、块状街区式、塔楼式等）；

——朝向（四正方位、视野、干扰源等）；

——进入外部路网的连接（入口流线和其他相关的交通流线等）；

——建筑物状况（内角、外角、电话网络等）；

——决定哪一侧用以居住、哪一侧用以出入交通；

——与其他功能之间潜在的连接（如地下车库）。

从经济学的角度，主要目标是用"尽可能少的楼梯间"来连通"尽可能多的居住单元"。然而当考虑到居住品质的时候，则会涉及"如何尽可能减少干扰""如何设立直通住所且又同时具备可辨识性的通道"等问题。

图 4.3.14　一梯两户，镜面房，弗赖堡市

设计：Amann | Burdenski | Munkel 建筑师和总规划师事务所，弗赖堡

图 4.3.13　梯间式

一梯一户 基本原理

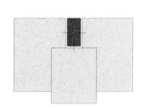

一梯两户 基本原理

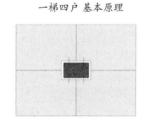

一梯三户 基本原理

一梯四户 基本原理

1　外部可以从地面层直接进入楼梯间的一侧为"建筑物的前方"，在建筑物前方选择不同的单元进入不同的楼梯间，就是所谓的"分流"。

（2）廊道式（水平的出入交通组织）

"梯间式"和"廊道式"出入交通组织之间存在本质区别。廊道式出入交通空间应提供可引人驻足逗留的品质，具备作为居住空间扩展的实用性。如果必须连接电梯，廊道式出入交通空间就特别有意义。一般来说，作为廊道式多层住宅，许多居住单元都沿着水平的交通轴线布置，并且互相联排在一起。关于楼梯（在有需要的情况下还包括电梯）的垂直交通，其位置则须视需求而定。根据通道所处的位置（外廊式和内廊式）廊道式多层住宅可以区分为单排和双排两种类型。

在城市营造中的规划阶段[1]，就可决定水平方向上"出入交通系统"的偏好了，需要考虑的是：

——朝向（四正方位、噪音来源、视野等）；

——外部空间情况（公共、半公共空间）；

——建筑物状况（块状街区、行列式等）；

——进入外部路网的连接。

鉴于住宅的这种进入通道几乎"无所不达"，所以（廊道式住宅的）外部走道满足了"灵活多样的住宅套房的排布分配"的基本条件。"无障碍住宅"对"上部楼层"[2]采取连接电梯和外部走道的安排，这也是种特别经济节约、有益沟通交流的解决方案。这种解决方案尤其适用于小型住宅套间占比很高的多层住宅。

图 4.3.15　廊道式多层住宅案例

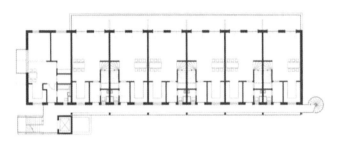

图 4.3.16　廊道式多层住宅的变体

外部通道区，窄瘦型／加厚型

外部通道区，加宽型／偏离型

116

<hr>

1　城市规划阶段和城市设计阶段的区别，在于规划阶段还停留在二维平面。
2　德国地面层以上的所有楼层都是所谓的上部楼层。

图 4.3.17 建筑与基地的关系

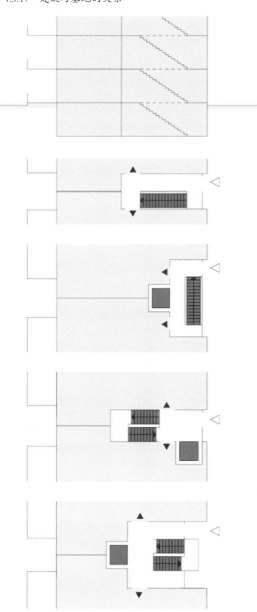

外部走道的出入交通流线通道，对内部分区和外部分区产生了如下影响：

——所有房间统一朝向"居住侧"，严格区分客厅 / 卧室，遮蔽卫生间 / 厨房；

——在入口通道的前段区域，塑造实用的"半私密"空间；

——窗前至外部走道之间须保持距离；

——住宅采取双面朝向的选择权（"通透户型"）。

垂直组合解决方案（复式户型）的高居住价值，就好像联排式住宅那样，二楼可以无拘无束地采用双面朝向。

图 4.3.18 城市住宅（Stadthaus），设计：NOENENALBUS 建筑事务所
出入交通流线组织 / 平面布局组织（左），外观建成效果（右）

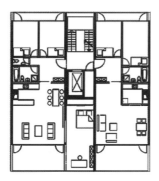

117

（3）建筑位置和空间营造

多户住宅或多层建筑构成的居住小区，虽然交通连接通常都做得很好，但往往分区少、开放空间的使用性也不佳。位置地段与开放空间的出入交通流线相互连接的建筑，则能更好地使用开放空间。

对多层建筑来说，不仅建筑物本身可以被分区，而且居住区周边环境也可被分区。在局部区域，建筑通过社区街道对外连通，而街道空间通过树木和一些构筑物（如墙和亭子）产生了空间性分区。既然道路只为社区的居民服务，那么为了有利于底层住宅前的小花园，就显著地收窄街道的宽度。住宅的背面不仅有底层住宅的住户花园，还有"上部楼层"的邻居花园和租户花园，这些花园引导着居民进入那些社区性和公共性的区域。

图 4.3.19 城市社区，奥斯纳布吕克 - 荒漠区（Osnabrück-Wüste）[1]
设计：卡斯滕·洛伦兹（Carsten Lorenzen）建筑事务所，丹麦哥本哈根

1 Osnabrück-Wüste 位于德国下萨克森州奥斯纳布吕克的"荒漠区"，18 世纪开始作为污水排放和垃圾堆放地区，结果在 20 世纪 90 年代的建设施工中发现了大量污染物，土地被包括多环芳烃，铅，镉，钡，铜和锌等多种工业残留物严重污染。1700 个调研小区中，已知大约 218 个受到超过联邦土壤保护条例触发值的污染影响，这是目前德国已知的最大的居住污染区。

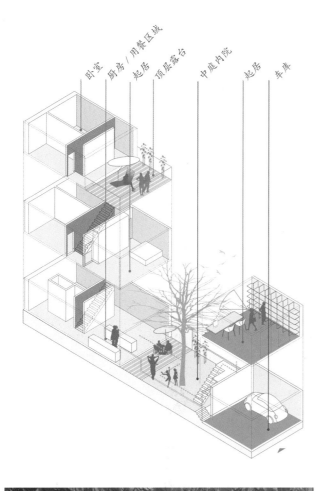

卧室　厨房/用餐区域　起居　顶层露台　中庭内院　起居　车库

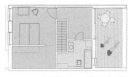

阁楼层之平面布局

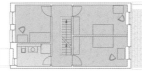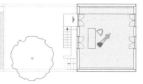

上部楼层之平面布局

地面层之平面布局

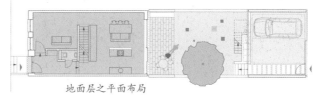

城市住宅单体

- 城市构件 居住—工作
- 城市退台式住宅
- 城市院落式住宅
- 城市退台式住宅
- 城市住宅 居住—工作

奥斯纳布吕克 荒漠区 的课题记录

- 块状街区边缘的变体建筑
- 庭院
- 中心绿地
- 接口/车行入口

图 4.3.20　渔民庭院（小区），汉堡，设计：卡斯滕·洛伦兹（Carsten Lorenzen）建筑事务所，丹麦哥本哈根

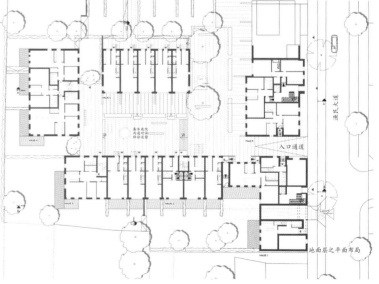

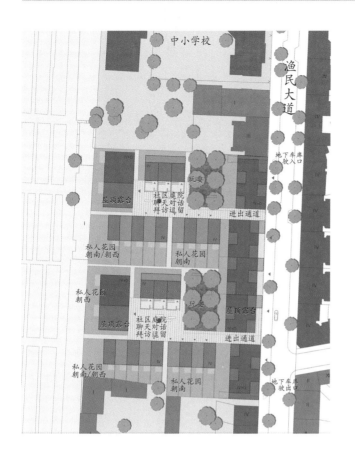

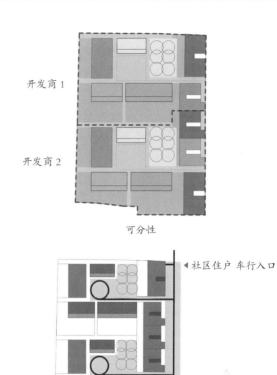

可分性

社区住户 车行入口

社区住户 车行出口

出入交通流线

开放区域 / 居住地周边环境

"居住"并不是仅仅局限在自家的四面墙壁内，居住地周边环境的形态设计，对于居住满意度也起着重要作用。居住地周边环境和建成的社区，应该被全面地认知为"生活空间"和"关系网"（空间性的和社会性的）。人们对居住地周边环境提出了多种多样的要求：它应该为个性化、为社区活动提供空间，以及提供回撤空间[1]。居住地周边环境须有助于居住健康，且基于生态学的观点，它对小区域气候也非常重要。良好的居住地周边环境，能让交流、会面和运动成为可能。

在与住宅和公寓相毗邻的周边环境中，存在许多被用作为花园、庭院、阳台、乘凉走廊或阁楼花园的私人开放空间。这些私人开放空间同时也深刻地影响着居住地周边环境中的社区性或公共性区域。住宅入口或住宅前区[2]，以及半公共性的小区街道、道路和广场，是介于私人空间和公共空间之间的连接体。与绿化连接带和绿色走廊一起，它们共同连接起了社区中的各个"子社区"，并导向更大范围的居住地周边环境——城区、城市、周边景观。

某些特定的建筑性和社会性条件，将推动人们对居住地周边环境保持积极主动的态度。这些条件包括形态设计品质、人性化的尺度，以及对于形态设计和用途之自定义的可能性，还包括多姿多彩的、贴近自然的周边环境。这种居住地周边环境也应该为"扩建"提供机会和空间。对此，起决定性作用的并不会是绿化面积的大小，而是差异化的开放空间产品和它的形态设计方案。

开放空间主要是由建筑的排布和形态设计所决定的。因此，"建设规划"（Bebauungsplan）[3]和"绿地布置的规划"极为重要。这里除了基地面积、建筑进深、建设指导线（Baulinie）[4]、建设边界线以外，还包括公共区域、社区集体区域以及私人区域。

图 4.3.21　塔尔图（Tartu），爱沙尼亚，第九届 Europan 欧洲设计联赛把新建结构整合到现存结构中。视觉聚焦点在该地区中心的自然保护区，通过与区域路网之间优化的交通连接实现了生态价值的提升。

1　回撤空间这个概念比较接近"避风港"，既是心理性的"回撤"，也是物理性的"回撤"。

2　指靠近住宅入口的外部区域，概念上类似于大型建筑的前广场。

3　Bauungsplan 是德国的城市详细规划，为基地范围内的设计工作规定了详细的法定控制指标，在建筑设计中必须被严格遵循。

4　德国城市规划中对建筑物的控制精度，达到了细分"建设指导线"和"建设边界线"、"沿街建筑边界线"的程度。其中，建筑不可越过"建设边界线"（Baugrenze）和"沿街建筑边界线"（Baufluchtlinie），这两者的定义综合在一起，与中国的建筑红线中的"建筑控制线"定义相似，但并不包括中国"建筑红线"定义中的"道路红线"（Straßenfluchtlinien）；而在德国被描绘成红色的"建设指导线"（Baulinie）则是针对围合在一起的建筑立面的规定，业主或开发商必须准确地沿着"建设指导线"建造房屋，既不能超出也不能退缩。这一概念的目标是保持街道的立面统一。在同一幢建筑物中，可根据不同的楼层分别设置不同的"沿街建筑边界线""建设边界线"和"建设指导线"。参见 "§ 55 ROG 2009 Baufluchtlinien，Baulinien；Baugrenzlinien；Situierungsbindungen。

分区与用途

在居住地周边环境中，必须先具备介于私密、社区、半公共、公共区域的之间合理划分。有了这一根本前提，才会出现对周边环境的个性化利用。在理想状态下，居住地周边环境细化成了"从私密空间到公共空间"的许多相互跟随、相互转化的区域，就像洋葱的表皮一样。有决定性意义的是私密空间和公共空间之间的"过渡"，即社区性区域和半公共性区域的过渡。若缺乏这些过渡，又或者私密性和公共性之间的过渡太生硬，那么就会降低居住地周边的环境品质。

露台、阳台和乘凉走廊，这些是住宅领地中常见的户外席坐区，保证了对"居住地周边领域中的生活"[1] 的参与，且同时保护了隐私。在规划中应注意防范措施（比如窥视、大风和特殊天气），还要注意各种需求，如阳光直射、尽可能安静的区位、足够的体量大小和房间进深等。

阳光房（Wintergarten）[2] 和"玻璃加建"几乎不受天气状况影响，让"户外生活"的感觉成为可能。它们不仅能够扩展居住空间——如果规划正确的话——还能够在住所和周边环境之间的过渡区域起到"气候缓冲器"的作用。

"住宅前区"[3] 是居住地周边环境中每天都会体验和使用的部分。"住宅前区"不仅服务于出入交通流线，更是介于私密和公共性之间的逗留休憩区域和交流接触区域。根据不同的布置和形态设计，"住宅前区"可以为不

同的用途提供场地，比如作为避雨、停车、进行农业经济生产[4]、手工劳作、维修和园艺的空间，以及为逗留和玩耍提供有利的机会。

居住区的街道和小路，都属于直接毗邻的"居住地周边环境"和"地方性交通网络"的一部分，除了作为居住片区的出入交通流线组织，还用于逗留休憩、约见会面和玩耍游戏。为避免不安全行为，它的"停留功能"和"交通功能"必须被打造成对所有人都是"可认知的"。要优先对待行人和骑行者。为了把机动车造成的干扰保持在较低程度，居住片区中越来越多的街道被以"疏导交通"的方式改建或重建了。

居住趋势——对未来的转轨设定

哪怕眼下有关"居住的未来"的讨论都集中认为"居住建筑是一种经济性财产"，居住建筑毕竟还是属于每个人的"社会性基础配置"。出售给私人投资者的大量住宅房、市政房产公司的私有化，以及养老住宅领域与盈利相符的建设热潮，都使人几乎把"居住建筑作为重要的社会性财富的意义"忘在了脑后。

然而，无论是在过去几十年的重大改变过程中，还是在未来面临的巨大挑战中，居住建筑及其周边环境都始终是不受限制的重要"资产"。

我们记录了有关郊区化的趋势转折。"几乎所有的欧洲特大城市中的外迁趋势，都已呈现了明显的刹车迹象"（《法兰克福汇报》，2003 年 10 月 31 日文章）这类统一的看法近几年来已占据了统治地位。能源价格上涨对此起了根本性的推动作用。在此期间，租房族返回城市的趋势也在鲁尔区的大型和中型城市里开始出现。从郊外的聚居区返回城市内的居住片区之路，是城市重返"作为开放的公用系统"，并且"把都市性和独立性再度融合"的第一步。

除了一般意义上积极正面的发展，我们必须得承认，由于住房市场正处于宽松的年代，不具吸引力的居住社区和聚居地会被摒弃。迁移研究表明，相当一部分的迁出的住户首先会在城市特别是某些特定的社区中寻找住房，但却找不到和居住偏好相适应的。

人口和社会的变迁将对住房市场产生影响。德国的出生率降到了自第二次世界大战结束以来最低的状态。与此同时，四分之一的人口已超过 60 岁。假设无法扭转这种趋势，20 年后，德国的祖父母将比孙辈多。这种人口收缩、

图 4.3.22　分区原理（洋葱原理）

住宅

住宅的户外座位区

住宅前区、居住花园和菜园、社区绿地

居住小区大街、居住小区小道、更大范围的居住周边环境

商场、商店、公共设施、幼儿园、中小学、游戏场地和运动场地、街道、绿色走廊、绿化连接带

1　主要指社交生活。
2　原文 Wintergarten 的字面意思是"冬季花园"，是一种附着于建筑物之外搭建的玻璃房，对于北半球地区来说一般朝南设置，可被动地利用冬天的太阳能，达到恒温房的效果，这里意译为阳光房。
3　指靠近住宅入口的外部区域，概念上类似于大型建筑的前广场。
4　比如养家禽或者种植蔬菜。

老龄化加剧和有失均衡的人口变迁也会对居住和城市社区产生直接的影响。

生活形式的混杂拼凑、生活方式的多样性，迫使未来的住房营造领域将强烈地追求"多元化"和"个性化"。明日的居住形式正是多样化、个性化的生活方式所产生的丰富多彩的"镜像"。而自我分化的社会也提出了多种多样、千差万别的居住需求，需要市场推出相应的新型（也可以是实验性的）住宅形式的产品。此外还要重视居住区中的"灵活性"。新的通信技术拉近了居住和生活的距离。

在目前已有的居住状况下，自我分化型的"差异性需求"难以被实现。这就意味着，尽管"空置率"在某些特定的街区较高，但依旧同时存在"新建住房"的需求。对此，日益改变的品质追求必须首先被满足。诸多外部因素（比如气候变化，以及由此引发的"居住在都市密集度中"对生态环境负责的意识、节约能源的义务等）变得日益重要，人们对可灵活使用，又密集化的城市中心地段的居住需求也就不断增长。

图 4.3.23　多代人——居住项目，设计：RHA 建筑师和城市规划师事务所
多代人——居住项目，施魏希市（Schweich）
多代人住宅，院落式住宅

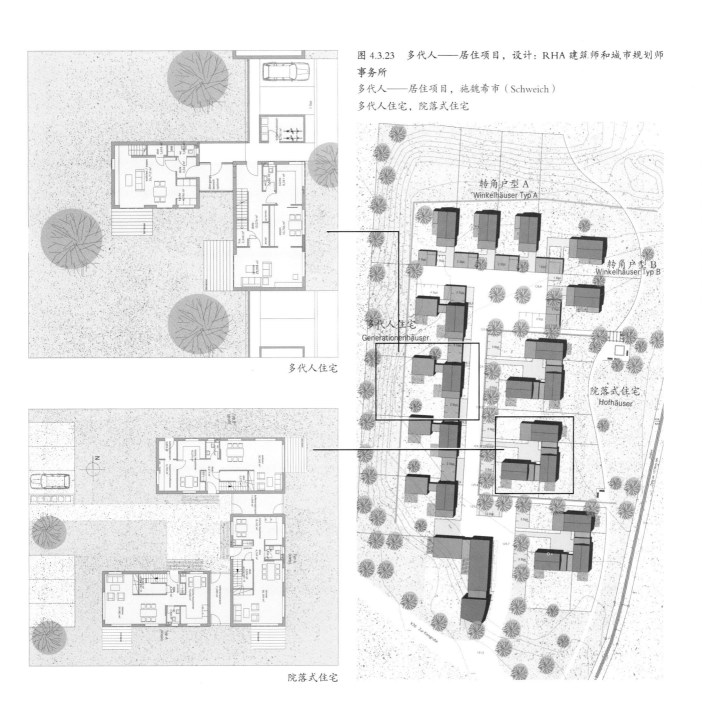

多代人住宅

院落式住宅

实验性居住形式

"住宅结构多样化"的趋势，随着人口年龄结构的变化而开始出现，它对"居住"的可能性所提出的要求，是富有创新性和实验性的。公寓或住宅的灵活性、用途的中立性以及特殊的吸引力，将在住房市场上受到越来越多的追捧：

——"成长之屋"提供长期的扩建可能性；

——"多代人居住" 通过混合居住和集体空间实现了不同居民群体之间的共同体；

——寄宿公寓和家庭旅馆能满足短期居住要求；

——"漂浮之家"在水体上开发，用以满足追求特殊氛围的愿望。

图 4.3.24 多特蒙德特雷尼亚公园（Tremoniapark）[1] 附近的"实现居住革命"（WohnreWIR）[2] 居住区，设计：Post·Welters 建筑师及城市规划师有限公司

"实现居住革命（WohnreWIR）"私营公司在内城区边缘的宁静矿区"特雷尼亚区"为所有寿命阶段的人群设计了一座以生态为导向的住房项目。21 个住房单元，每个单元的面积介于 55～150 平方米之间，出入交通方面实现了全面的无障碍设计，以组团的方式环绕着一个集体性质的社区内院。

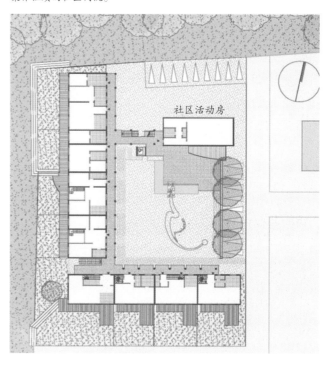

图 4.3.25 漂浮之家，国际建筑展（IBA）湖，2010 年

---

1 Tremonia 是多特蒙德（Dortmund）的旧称。
2 WohnreWIR 是实现居住革命"Wohnen Innovativ Realisieren"的缩写，但缩写本身的字母，具有"居住 + 更新 + 我们"的意思。

图 4.3.26　Borneo Sporenburg 居住区，设计：Claus en Kaan 建筑师事务所，荷兰阿姆斯特丹
平面布局，地面层、上部楼层 1 层（国内 2 层）、上部楼层 2 层（国内 3 层）

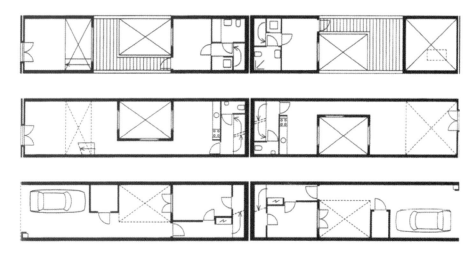

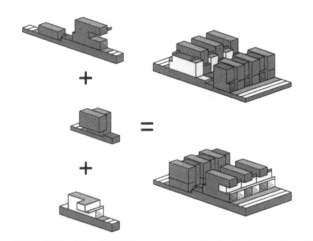

图 4.3.27　Borneo Sporenburg 居住区，设计：Neutelings Riedijk 建筑师事务所，荷兰阿姆斯特丹
住房类型的使用模式及突起的外观

4.4 城市构件：产业和工业

针对产业和工业，"规划与营造"的要求很高。与其他规划任务相比，经济性处于更高的地位。产业建筑必须具有灵活性和适应性，技术设施必须能够全面付诸运行。鉴于这些要求都是以功能为导向，以及关注点都聚焦在以目标为导向的"建筑物外部围护结构"之上，导致过去人们往往忽视了其他角度的观点。如此建成的产业园区，缺乏城市营造和建筑设计的品质。新科技和服务业领域出现的扩张，开始促使人们改变思路：远离纯粹的功能主义，深入追求全新的品质。

要注意的是，对产业和工业的规划和营造，是建筑业和城市空间体系中不可低估的因素。近年来，德国建筑商对工商业产业建筑的销售额已大致等同于住房销售额，证明了城市构件之品质化的必要性（巴伐利亚内政部最高建筑局，1996）。

具有高水准建筑设计品质的、规划和施工成本可控的、环保的，且节约用地的概念方案，与城市营造语境、社会品质之间产生结合，这些是作为产业和工业用途的园区必须满足的标准。在认知上，产业园区已逐渐被接纳为城市的基本构件，它是"员工的工作环境""居民的生活环境"，以及"生态系统"的重要影响因素。

规划方案和形态设计方案必须阐明，以何种形式能满足上述这些不同的要求，且能最终实现"创建出都市中的工作场所"这一目标。准确来说，须把"工业和产业园区"设计为城市中既独立又统一的组成部分。

历史发展

随着 19 世纪下半叶的工业化推进，开发工业和产业的"迁入用地"的意义剧增，这种开发从而也成为一类新兴的规划任务。直到这个阶段，工作场所才开始被布置在与住房毗邻的城市区位，才算是融入了城市结构。内城区的企业进行扩张，常常可以通过块状街区的内部扩建和改建来实现。

自 19 世纪中期起，企业才开始迁往郊外。然而新建筑一般都没有发展出自身的形式语言。在城市营造的结构层面，本该在内城区出现的建设，却以"面积紧凑的厅堂"和"多层建筑"的形式向城市外围转移。对建筑组织形态起决定作用的是各自的生产流程和它们自身的合理优化。在当时的工业和产业用地规划中，城市营造上的结构整顿并没有发挥作用。

伴随着对于"自工业发展以来丧失人情味的城市居住关系"所进行的批判，全新的模式在城市体系的组织中发展了出来。如英国的欧文（1817 年）和德国的克虏伯（1873 年）等这些大企业家，把工人的聚居地建设在了工厂周围。

而相反的是，霍华德于 1902 年首次提出的"田园城市"理念，主张把大城市建设成一览无余的、全面绿化的田园城市，将按其相应功能进行区域划分为居住、工作、公共机构设施和休闲。

图 4.4.1　埃比尼泽·霍华德：田园城市，1898 年

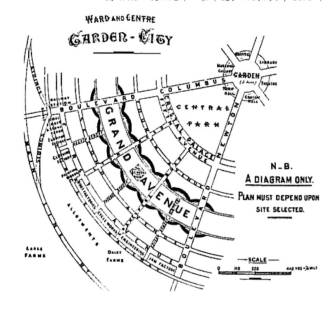

当下的要求、实施、规划

最新的经济发展表明，工业和产业的需求，正在经受持续的改变，每家企业都必须尽可能地适应市场条件来提高自己的竞争力。因而，城市营造和建筑设计必须相应地使这种灵活性成为可能："产业园区需要一套形态设计语汇，既能够考虑到城市营造的要求，又能同时满足企业和城镇地区应对企业结构'局部性快速变化'的需求。"（施密特等，2006）

持续的经济结构转型，最明确地体现在了所谓的"第三产业化"从制造业领域向服务业领域推进，并伴随着工作组织、工作分工的转变，以及对新的生产技术、运输技术和信息技术的运用。正如场所的形象价值会通过建筑和城市营造的品质深刻地影响企业的身份一样，如今，靠近客户、可及性和城市营造上的周边环境，也都成为了对许多"以服务业为导向"的企业来说非常重要的选址标准。产业园区中优秀的城市营造设计理念，已经是如今"地方和区域"经济发展的一个组成部分。

其次，新型技术导致需求出现了越来越明显的"差异化"。尤其是如今在"创新型"科技领域出现了全新的建筑类型。

传统的工作时间和工作关系都出现了"瓦解"的现象，尤其集中在第三产业领域，得那些朝着"用途混合"方向的转型愈发重要。居住、工作和其他生活功能的"空间性并存"凸显出了优势。在整合位于居住区和混合区的产业公司时，则须格外注意相应的"保护免受不可量物侵害（Immission）[1]"法律和规划法规方面的要求。

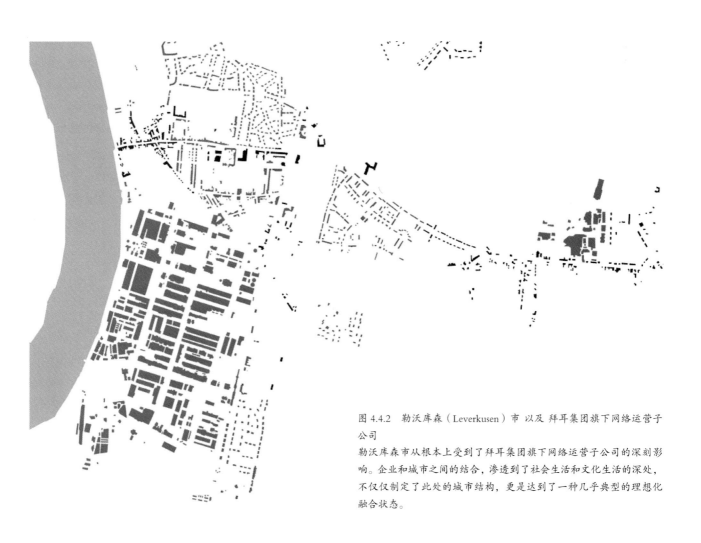

图 4.4.2　勒沃库森（Leverkusen）市 以及 拜耳集团旗下网络运营子公司
勒沃库森市从根本上受到了拜耳集团旗下网络运营子公司的深刻影响。企业和城市之间的结合，渗透到了社会生活和文化生活的深处，不仅仅制定了此处的城市结构，更是达到了一种几乎典型的理想化融合状态。

1　原文 Immission 是"排入"的意思，在此处被意译为"不可量物侵害"制度。德国把"对于他人土地权利的享有或使用而发生排他性侵害（亦即妨害）的情形"概括为"排入"。德国民法典对不可量物侵害的解释是：煤气、蒸汽、气味、烟气、煤炱、热气、 噪声、震动七种及来自他人土地的类似干涉的侵入。而且，德国在具体判罚中对"不可量物"的规定并不死板，甚至非常注重与时俱进。我国《物权法》的第 89 条和第 90 条也涉及到了不可量物侵害制度的内容，但还没有形成准确完善的统一制度。

产业类型

现今，小手工作坊和高科技研发单位出现了"广泛并存"的现象。在制造和组装、储存，对附属社会范围展开的营销、发展、展览、销售等诸多方面，两者之间存在功能性的区别。这些功能性的布局决定了出入交通流线和建筑结构的尺度大小和布局，这正是从城市营造的角度对产业类型做如下区分的原因：

——手工业和中小型生产商；

——大面积工业企业；

——"无污染企业"（服务业公司、研发公司）；

——具有特殊区位要求的特别类型(例如: 物流公司）。

较大的产业园区中必须配备社会基础设施，比如购物、餐饮或文化设施以及幼儿园（常为半日制）和全日制托儿所。

设计元素

对某些结构特征进行——细察，从而发展出了对于"产业园区"的城市营造设计理念。规划取决于下列设计元素：

——用途结构，作为产业园区的不同功能区的布置基础；

——建设结构，基于用途结构和城市营造的总体设计理念所引发的推导；

——地块划分，对应不同的企业大小；

——该园区的出入交通流线组织；

——绿化布置，绿地和开放空间，水体（以及其环绕的形式），并依照城市营造的语境，在街道空间中进行种植（巴伐利亚州内政部最高建筑局，1996）。

图 4.4.3 科隆 –Vogelsang 产业园区，设计：Reinhard Angelis
城市营造中的设计理念（下图）和设计层次（右图）

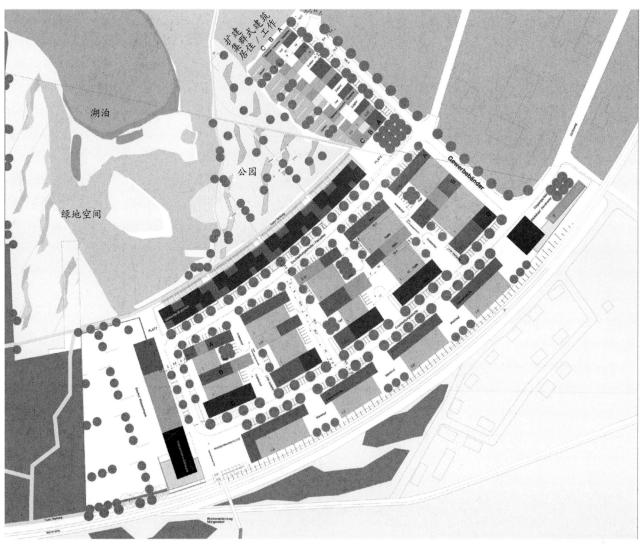

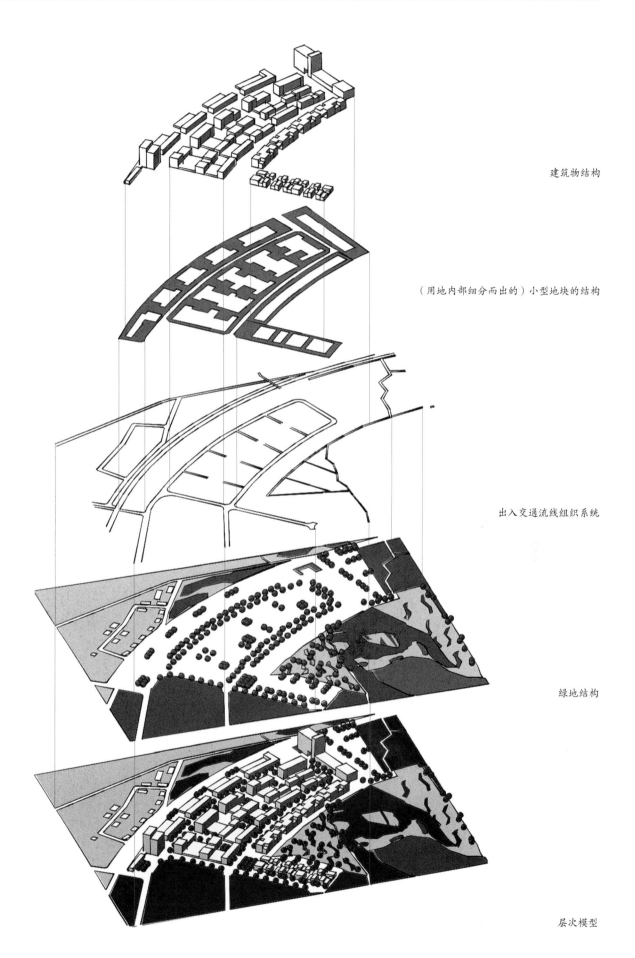

建筑物结构

（用地内部细分而出的）小型地块的结构

出入交通流线组织系统

绿地结构

层次模型

功能和分区

产业园区要如何承载不同的功能，一方面取决于既定的产业类型，另一方面则取决于企业特有的需求与其自身的组织建设。根据不同产业类型的影响，要加以考虑下列的功能单元：

——管理；

——生产用地；

——仓储用地；

——发货用地和调度用地；

——员工和访客的停车场；

——基础设施用地；

——绿化的开放空间（包括雨水收集）；

——保留用地，针对企业可能实施的扩建。

把功能单元都综合在一起，然后布置在地块上，从而实现对该区域的整体性区域划分，最后分区可以在"控制引导性规划"（Bebauungsplan）中被固定下来。这类添加型的建筑形体的结构优点，就在于实施上的灵活性。因为对某些区域的现代化改建更新，仅仅只需替换或改建单个建筑就能实现。也可以把不同的功能综合在同一幢建筑中，从而显著地减少用地面积。

图 4.4.5　用途分区范例

图 4.4.4　地块分区范例

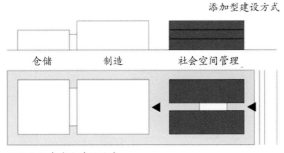

添加型建设方式

仓储　　制造　　社会空间管理

用途分配在多个建筑体中

优势：修建上的"灵活性"

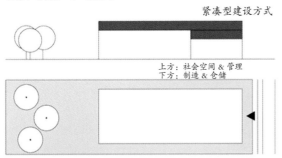

紧凑型建设方式

上方：社会空间 & 管理
下方：制造 & 仓储

把多种用途都综合到一个建筑体中

优势：面积覆盖最小化

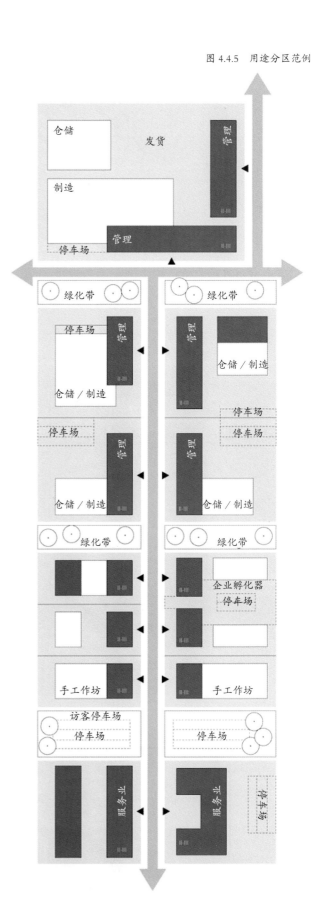

建设结构

产业园区中不同功能区的选择和布置生成了"建设结构"。如何开发建设结构，取决于企业的功能性需求、城市营造总体构想中的城市空间的目标、场所的既定条件，例如周边环境中的建筑、地形、出入交通流线。哪怕在规划之初就已知"即将入驻的企业"的要求，建设结构也还是应该保持足够的灵活性，以应对变化。

在对土地采取"资源节约型规划"的这个层面上，建筑物之间应该紧凑处理，在城市营造的解决方案中呈现出高密度。低能耗建法、被动太阳能利用和余热利用在产业建筑中也属于应尽的义务。

建筑形体

产业园区和居住建筑的不同之处在于，各种企业自身的产业建筑都需要量身定制的解决方案，建筑难以实现"标准化"。因此，产业园区的城市设计必须为单个企业的需求留下足够的设计余地，以便用来推敲调整。起码在未来用户还没确定的情况下，务必要确保这一点。

以下是产业建筑中典型的建筑形体：

——线型建筑形体：其中企业的功能是互相对接的，例如：管理—开发—生产—仓储；

——积木式系统：单独的建筑局部相互可以组合在一起，形成一套模块化系统。建筑可通过添加独立模块，来实现灵活的扩展；

——产业院落：企业的功能分布在多个建筑形体中，并围绕内部院落形成组团；

——"脊椎设施"规划结构：是一条交通流线和供给的中心轴线，以此将单独的建筑物和建筑局部相互连接（巴伐利亚内政部最高建设局 1996）。

建筑形体之间的组合会产生不同的结构：

——通过"梳状系统"，可以实现统一的外部形象；建筑后方的区域能够适应不同的功能；

——叠加式的建设结构，规定了"增长模式"将保持线型。单个元素都是标准化的原型，它们能在框架之间形成不同的组合（积木式系统）；

——块状街区结构：为了配合企业的需求，可以生成不同的块状街区类型。

图 4.4.6　产业地区的建设结构

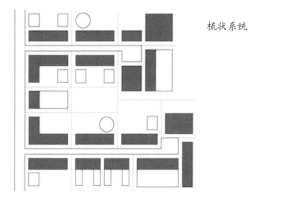

梳状系统

块状街区结构

叠加式的建设结构

地块划分

随着建设结构和出入交通流线系统的确立，地块划分的外部框架条件就得以定型。比如先确定下"能够根据需要灵活分区的相关建设用地"，通过这一方式就能达成产业园区中所需要的"变化性"。若两家毗邻的企业都同意，那就可以对区划地块进行共同利用（比如共同的企业院落、内部出入交通流线、仓储用地）。

交通流线组织

对内，产业园区应通过"清晰的基本结构"和"简洁明了的建筑物布局准则"进而获得独有的身份。为了实现上述基础，主干道和辅路在道路的基本框架中产生了区分，构建出了地块中的重点，以及创造了地貌特征（Lorenz，1993）。

环保的出入交通流线组织，具有以下目标：

——减少交通设施的用地面积需求；

——将兼具开放空间的出入交通流线系统，作为地块划分和用途结构的基本框架；

——对工作区的周边环境进行积极正面的形态设计。

在出入街道的交通连接组织上，对私人轿车和货运车、行人和自行车以及轨道交通，应予以同样的重视。特别是对于劳动密集型企业的落户迁入，要设置有吸引力的自行车路网和步行路网，或将其纳入公共交通网络。其目标在于须在必要的范围内限制个人机动交通的占比。

内部交通组织系统应按照不同的产业用途和运作要求，对所需基地的地块片段进行组织，让地块实现渐进的利用和发展。应避免对建筑物设置多个出入交通流线，并将公共区域中的交通设施和停车位面积需求压减到必须满足的最小尺度。

适合产业园区用途的出入交通流线系统有以下几种。

（1）梳型交通流线组织

由一条主干道分岔出许多条梳状的支路。位于梳齿之间的地块划分是一览无遗的。梳型实现了非常好的方向引导。产业园区的后侧，互相之间对立而又不打扰。不过，这类梳齿结构的出入交通受限，其进深程度较浅。

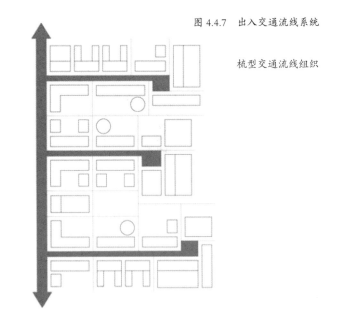

图 4.4.7　出入交通流线系统

梳型交通流线组织

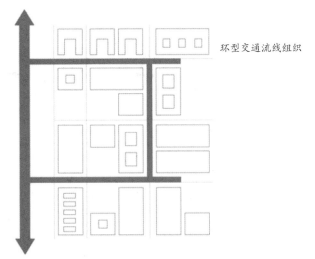

环型交通流线组织

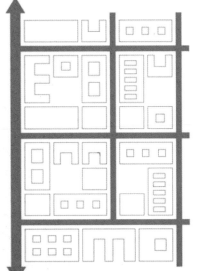

网格型交通流线组织

（2）环型交通流线组织

产业区域的环型交通流线组织是以弯道的形式从主街延伸而出的。因此，只需设置两个必要的交叉点就可以联结更高层级的道路。通过环形交通流线，许多小型地块以紧凑节约的方式相互连接在一起。企业的背面朝向开放景观。棘手之处可能在于会出现地块背朝"通往更高层级道路的联结公路"的情况。可通过种植植物或绿化防护墙的方式对此进行补救。

（3）网格型交通流线组织

在网格型交通流线组织中通常会出现其四边皆可通车的街区建筑，这些街区的交通可达性都被过度开发。区划地块的灵活性则受限于生硬的交通流线组织系统。唯有一定规模的企业才适合采用这类交通流线组织模式。

交通流线组织具有多种多样的形式，这就表明了在城市设计方案中，必须对以下因素加以考虑："入口通道"和"展示面""绿地布置"或所嵌入的"附属用途"，甚至还要考虑单个企业的"可扩建性"。新建的园区也能同时提供思考的自由度，从而实现"城市形态设计和交通技术领域"中能够获得全体表决通过的设计理念。（Lorenz，1993）

停车位

对产业园区内车行交通的"集散地"来说，足够的停车位需要经过论证。产业园区的公共车位通常只为部分访客而设。企业经营者则应该在自己的基地地块中为员工和客户提供必要的停车位。通常情况下，停车位的数量须先测算企业的使用面积、员工数量，从而进行布置。但在"客户导向型"企业中，停车位的布置则取决于来访者的数量。访客车位应便于寻找，宜设置于公司大楼的前区，且直接和入口相连。员工停车位可安排在建筑物侧面或背面。

如何在地块内布置停车位？这取决于城市规划方案的目标设定。交通流线组织方案应包含"具有绿地环绕的、紧凑布置的、去中心化的停车位布置"的建议，并阐明如何在私人用地上设置符合基地条件的"替代性停车位"。此外，应避免设置大型的停车广场。

开放区域和绿地布置

拥有引人瞩目的形态设计的产业园区总能成为一处"优越地段"，并随着宣传进而提高企业本身和所处地区的"形象"。在产业园区落实环保目标，则有助于建立高品质的工作环境，并把"经济的发展进步"与"环境状况的改善"互相结合在一起。因此不仅对于规划和施工而言，

更是对现有产业结构的进一步发展而言，开放空间的结构发展和开放区域的形态设计都具有特别的意义。

绿地布置应作为产业园区规划中固定的组成部分。对于打造当地形象以及保持产业园区的生态平衡来说，绿地布置是非常必要的措施，它对城市的生态也做出了重要贡献。其实施手段多种多样，包括"群落生境"区域、绿地和森林区域的营造铺设、由"绿色走廊"和"垫脚石群落生境"（Trittsteinbiotop）[1] 所构成的大规模生态网络、对产业园区周边环境中"自然和景观"的"维护和开发"、街道和停车位上贴近自然的绿化、屋顶和建筑立面的绿化、以及为雇员们准备的休闲和逗留区。

产业园区和工业园区是城市整体中的组成部分，必须在形态设计方面和生态方面融入城市结构中。作为企业入驻的推动力，必须把注意力重心放在开放空间高品质的形态设计上。产业园区应该符合以下标准：

——以打造"优越地段"为目标的街道空间形态设计，例如通过"林荫大道"来打造优越地段（也可同时改善当地气候）；

——连接到城市的步行路网和自行车路网；

——地块的贯通性；

——布置绿地，作为工作人员的休闲空间和生态的平衡补偿空间；

——屋顶绿化，把"（房屋建设所造成的）土地密封状况"和"雨水流失"减少到最低限度。

图 4.4.8　门兴格拉德巴赫（Mönchengladbach）体育公园的开放空间结构

1　原文 Trittsteinbiotop 指的是一种小型生态区，作为大型生态栖息地之间的跳板，用来共同形成迁徙走廊，进而构成大规模的生态网络，生态保护学家 Eckhard Jedicke 把这个理论形容为"垫脚石"（Trittstein）。

产业园区的进阶发展

由于升级用地规划的需求被降低，已建成的产业园区的"进阶发展"和"再度密集化"就成为了城镇的根本性发展潜力。另一方面，人们可通过促进已设立的园区来确保现状的持久发展。通过功能上和形态设计上的手段来提升场所的价值，从而提高园区中现有企业的吸引力。而进一步发展"建成区"的另一优势，就是能让产业园区融入城市组织体系，以及让居住和工作相邻并存。因此，现存城市结构的"以现状为导向"、分步骤实施的进阶发展，不仅可节省用地和资金成本，更成为企业入驻的替代性方案，这样能避免为邻里带来困扰。

产业园区的规划升级

在对产业园区的规划进行升级之前，必须先检验其他替代性的迁入机会，分析那些"以需求为导向"的咨询，在此基础上最终确定园区用地的类型与结构。目的在于，通过节约用地资源以及各种功能之间的充分混合，从而营造出极具都市性的工作场所，把"产业园区"设计成城市中既独立又统一的组成部分。如果从一开始就确立了分阶段的实现路径，则建设的每一阶段都应打造成"整体功能的最终扩建状态"。在尚未进行扩建的阶段，那些"保留区域"应可单独使用。

城市设计引导了产业园区的发展和未来建设方面的愿景。因此，正如在办公场所和居住区中所常见的那样，城市设计也同样为这些园区带来了许多着眼于"品质"以及"景观特征"和"开放空间特征"的责任义务。上述的要诀在于"好地段""形象塑造"和"赋能"[1]。

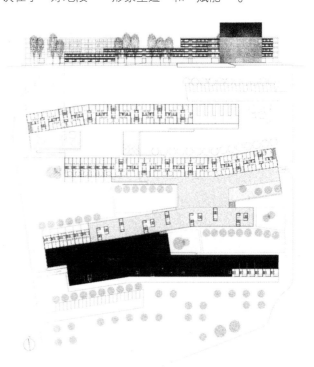

图 4.4.9　杜罗河畔阿兰达（Aranda de Duero）产业，西班牙，第四届 Europan 欧洲设计联赛
该设计受限于铁路线和主干道沿线的扩建工程，因此无法推翻现有的城市结构。现状为设计预设了前提，即"现状"以简单的概念阐述了作为环境语境的"城市发展历程"，而发生的"改变"不仅没有随着时间的发展被排除，反而被视为"进步"而被接纳。

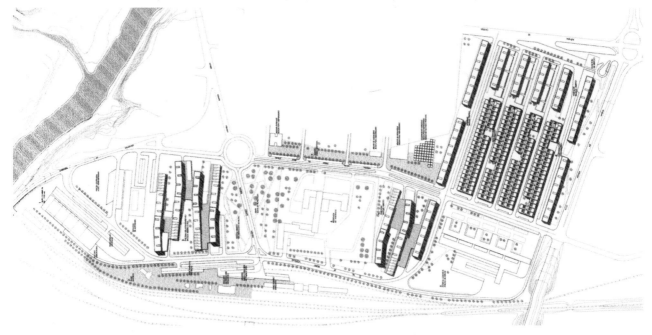

1　通过设计，促使对象发挥出潜在的功能，创造出额外的价值。

图 4.4.10　未来驻地，凤凰老城城西（PHOENIX West），多特蒙德，设计：stegepartner 公司

昔日的凤凰老城城西的高炉工厂，位于多特蒙德市霍尔德（Hörde）区，在规划中应被开发成创新技术园区。在大约 1000 公顷（10 平方公里）的大面积开发用地上，诞生了一座包括显微技术、信息和通信产业以及多种多样服务业的经济驻地。那些昔日的高炉设施与其他历史建筑所组成的地标性建筑，作为传承"城市身份"的建筑载体而被保留了下来。

该园区的城市营造设计理念由周边的景观衍生而来。城市营造性质的线型结构起到了更高层级的布局系统的作用："外部呈现秩序性和内部呈现复杂性"的理念生成了牢固且灵活的基本框架，能允许不同的建筑形体在园区中出现。这类作为布局系统的带状建筑群，它们和街道交通流线有明确的建设指导线（Baulinie），在内部生成了建筑类型的多样化。

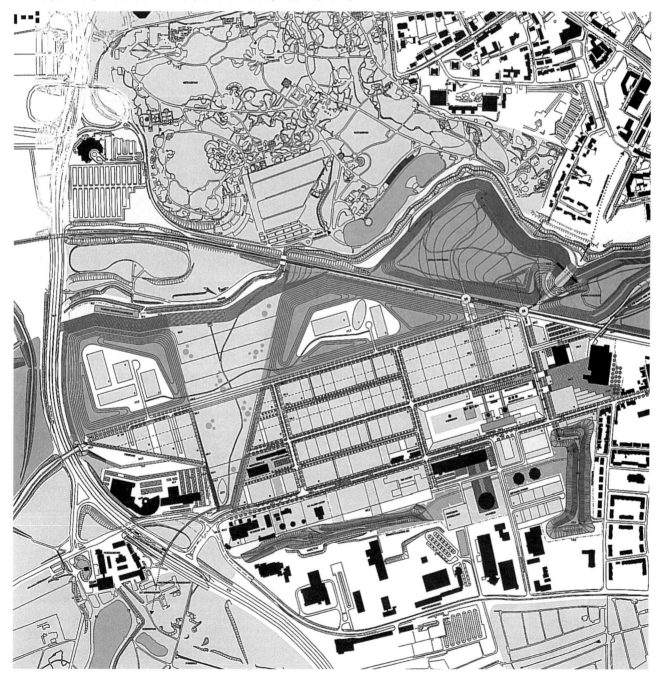

建设区域 B

大约 1900 平方米的 5 号建筑基地的基础模型地块可以被细分为两大块用地。为实现较大的单元用地，区块可以通过 2 个一组或 3 个一组的组团形式，各自对接一、二级交通道路。驶出和驶入停车位的交通应仅限于二级道路进行。

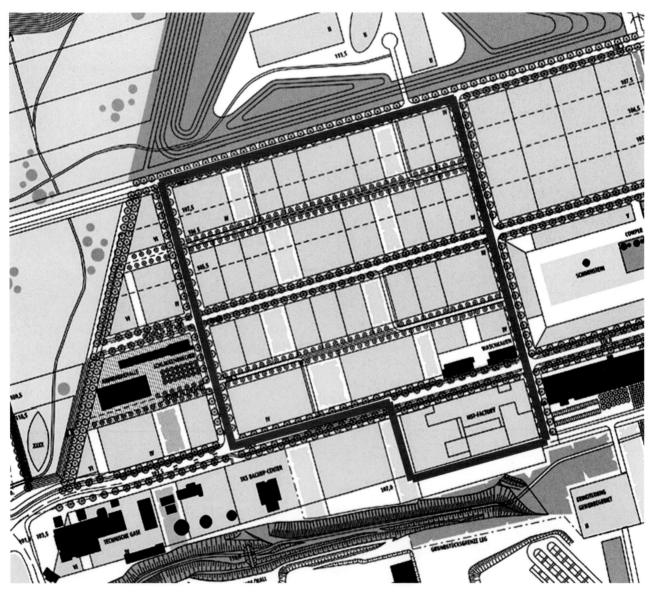

必须先基于整体地块宽度对道路两侧的用地间隙进行考虑，然后在此基础上沿着一级道路流线来建设那些小型地块。整个基地地块的宽度中至少有40%要用于建设连通二级道路流线，以保证通往二级道路流线的空间边缘在宽度上足够使用。

单体地块

双体地块

三体地块

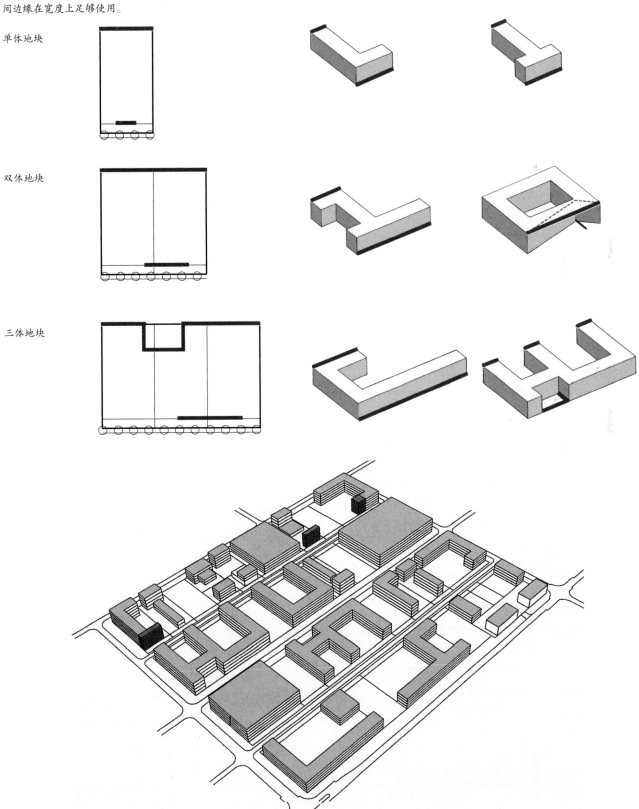

"袖珍公园"方案

袖珍公园是城市景观规划中的支柱设计之一。被视为袖珍公园的区域，一方面可作为员工的会面区和逗留区，另一方面可以把"降雨所必备的积水滞留区"整合到袖珍公园的设计中。

袖珍公园实现了绿地空间贯通南北的网络化连通。相对偏移的布局保证了贯通地块的步行道错落有致，充满魅力。通常情况下，公共街道应该布置在袖珍公园的中间地带，从而形成两个同样大小的绿地区块。

把"必备的滞留区"整合到"外部空间设计"中——袖珍公园使之具备了可行性。这种整合设计，对雇员们来说是有吸引力的逗留区，且还能改善微气候。可按照池塘或洼地的形式来塑造水体。还可以考虑铺设平坦的草地。

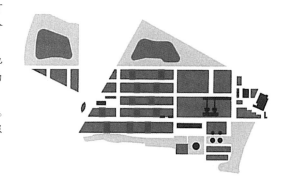

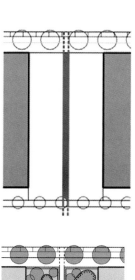

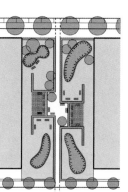

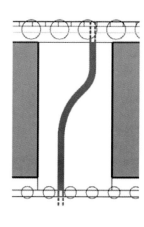

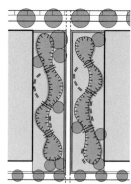

图 4.4.11　门兴格拉德巴赫（Mönchengladbach）体育公园，设计：RHA 建筑师和城市规划师

近几年，在昔日的艾尔郡兵营（Ayshire Barracks）北部出现了门兴格拉德巴赫"北公园"。这是一座体育公园和产业园区的结合体，在布局上围绕着新足球场展开。门兴格拉德巴赫的"体育公园"展现了北公园的新形象。在中心处相互交叉的景观轴和城市轴将该区域划分成四个具有不同主题重点的区域，由体育场和普鲁士训练场组成的"正方形"足球公园，位于西侧；媒体公园设有安置在"经济繁荣时期"[1]所建的历史保护建筑内的创意公司，位于南侧；体育景观公园位于高度碎片化分散（曲棍球、停车位、墓地等）的北侧区域，它通过首尾连贯的开放空间形态设计形成了一个整体，并为"休闲业余活动为导向"的景观性质用途提供了场地。其中，体育商务公园作为服务业提供商，"体育休闲和健康"区域承担了管理行政功能。

由于该区域过去是驻军基地，[2]且被周边的交通轴线强烈地限制，成了一块孤立的用地，因此除了内部需要重新布局以外，还需要克服"体育公园"周边的障碍，并让公园能更好地融入周边环境。针对"体育"这一决定性的主题，应通过设置"走道"，让该园区互相联接形成交通网络，并同时扮演道路引导系统的角色。[3]

总平图 1:2000

1　"经济繁荣时期"在建筑学领域泛指欧洲 19 世纪中期至 20 世纪初。
2　该军事驻地以前属于英国。
3　有关该案例的进一步解读，请参见本书第 6.9 节。

游步道
举办活动的草坪
办公
出口
会谈
会谈
厨房
会谈
赞助机构
运动会主办方
绿色走廊
柏油路

公司入口
产品展览
一边敞开的游廊
公司入口
公司入口
茶餐厅
IV
III
内院驶入口
内院驶入口
销售部
III
办公
库房
办公
厨房
办公
办公
装货/卸货
会谈
汇报厅
会谈
会谈
会谈
赛事软件开发商
体育用品公司
出口
体育大宗贸易

保险公司
雨水排污
通讯公司
健身房
保龄球中心
会谈
办公
出口
热线中心
会谈
客户咨询
库房/车间
交流区
出口
II
更衣沐浴
办公
保龄球轨道
办公
III
酒吧
展厅
咖啡吧
会谈
会谈
研讨室
厨房
前台/上楼
IV
IV
餐厅
内院驶入口
III
汽车经销店
平行出入交通流线

4.5　城市构件：社会和教育的基础设施

佩伊维·卡蒂科（Päivi Kataikko）

博物馆、戏剧院、医院、中小学和大学既是影响着城市意象的重要建筑或建筑群，作为社会和文化的基础设施，又是城市不可或缺的元素。虽然并不一定是公共设施，但它们履行着原本的公共任务。其实最早的中小学和大学大多由教会建立，如今也依旧存在着许多由教会承办的宗教性学校设施。此外，私立中小学、私立幼儿园和私立大学近几年来到处兴建，变得越来越多。教育设施的增加，强调出"教育"的重要性也在与日俱增：越来越多的人选择投入更多的时间用于接受教育和传播教育，是因为随着工业社会到知识社会的过渡，教育和知识成了未来最重要的原材料。

这并非就意味着去建立更多的中小学和大学。其实，现有的教学设施也必须适应它们的新角色和随之而来的挑战，因为"学习"的新方法和新地位改变了学校的日常生活。越来越多的教学设施成为"全日制企业"。教学建筑越来越频繁地与其他的社会或文化设施相结合；并且，基于效益最大化，这些教育建筑也被应用于非教育性质的目标用途。与私人研究机构、创业孵化器以及技术中心展开的合作，对大学而言意义重大。为了学生们，这些大学的校园需要对休闲、运动和文化的设施或宿舍进行越来越频繁的"再城市化"，使其发展为城市中生机勃勃的科技区。

对那些条件艰苦的城区（这类城区还往往饱受歧视）来说，中小学有时是它们的社会稳定器，它们将"培训"和"教育"与城区中的"社会工作"和"文化工作"联系在一起，发挥着当地社区中心的作用。此外，中小学还常常是城市改建和扩建的驱动器。在这种情况下，它们就不再是住宅配套的公共设施，而是用来吸引新居住人口。人们会为了子女在假想中最好的中小学就学，从而迁入这些城区。大学也在区域层面上发挥着相似的作用。

这样看来，建筑和规划领域的任务极为多样，因此必须对现存的教育设施进行翻修，空间必须重新组织布局；需要规划和建设能合理地融入周边城市的新教育设施。中小学和幼儿园应该相互联合，并与其他教育机构之间建立更多的联系，共同形成"教育合作体系"（Bildungslandschaft）[1]。换句话说，教育建筑和教育合作体系将成为"知识社会时代"城市的构件。

历史和当今的发展

教育设施作为都市性的场所，已有多个世纪的悠久历史。它们一开始大多位于城市和乡村的中心，类似传统的村立中小学或公立中小学，与教堂和市政厅共同构成了当地有影响力的建筑。更大的城市则设有大学。14 世纪和 15 世纪，德语区的第一批大学纷纷创立。直到今天，这些城市中有几个还主要以"大学城"的称号闻名遐迩（图宾根、哥廷根、马尔堡、弗赖堡或海德堡等）。在那个年代，大学拥有的院系很少，大多数都只设有神学系或医学系，且局限于少数几幢建筑楼内（通常位于中世纪城市内部）。就连公立中小学，那些起源于"阅读、写作、计算"的宗教学校，大部分也仅由一幢建筑构成，更常常在战争频繁的年代被征为它用（例如改造成野战医院）。在引入普通义务教育，以及与之相关的目标后，公立中小学的数量才开始增长，中小学教育在实质意义上的"普及"才可能变为现实。德国经济繁荣时期大量涌现的砖结构建筑，则成为了学校营造中的特定类型。

在 20 世纪的进程中，教育设施不仅在数量上持续上升，且由于其内部分化（更多专业、更多学校类型、更多院系），它们所需要的空间也越来越多。"校区"（Campus）成为大学常见的空间模式。对中小学来说也存在着需提

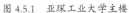

图 4.5.1　亚琛工业大学主楼

1　原文 Bildungslandschaft 的字面意思是"教育景观"，此处意译为"教育合作体系"。这一概念是德国教育界特有的政策项目。德国人并不认为教育仅仅是停留在正规培训中单纯的积累知识的学习过程，更应该包括多种多样的体验和训练等非正式的学习方式。基于该理念，"教育景观"这一政策旨在构建学校之间以及和其他教学相关机构之间的联盟式合作机制，让学生可以在这些项目中获得全方位的学习和成长。

供更广义的课程的情况，对初中阶段[1]提供更大面积的迁入用地等，都导致学校从独栋建筑（加上小型体育馆Turnhalle和运动场）跃升成了膨胀扩张的学校综合体，不同学校之间共享特定的设施（体育馆（Sporthalle）[2]、食堂、图书馆），这近似于大学的校区模式。

　　20世纪50—70年代期间兴建的许多中小学和大学建筑目前亟待整修翻新。这类整修翻新的需求同时也给教育建筑带来了必然的改建需求，包括新的学习形式和课程形式都需要新的空间准则（远离教条指令式的楼宇，深入到以自主性学习为衡量标准的、灵活机动的"教育合作体系"中去）。中小学作为全日制学校，必须不仅仅提供学习空间，还要同样为"休闲"和"调养"准备好"非学习性"的空间（如食堂、娱乐和休闲场所等）。同理，许多大学校园在近年内不仅需要装修，更需要全面重新设计。功能单一的特殊园区，就是那些20世纪六七十年代期间人们

图 4.5.2　比勒费尔德（Bielefeld）大学，比勒费尔德大学规划组，设 计：Köpke、Kulka、Töpper、Slepmann 和 Herzog，建设时间：1972—1974 年

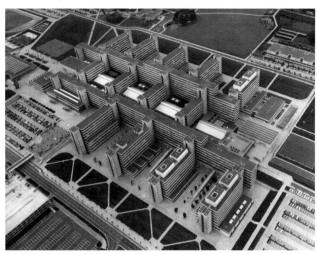

图 4.5.3　城市校区，剑桥 和 卡尔斯鲁厄

图 4.5.4　郊外校区，苏黎世联邦理工学院和康斯坦茨

1　原文 Weiterführende Schule 指德国 9 年制或 10 年制义务中小学教育体制中，1-4 年级的小学阶段以后的初中阶段。
2　德国教育建筑中的小型体育馆（Turnhalle）一般指仅设有一块 15 米 ×27 米的活动场地，以及配置男女更衣室各一间；更大型的体育馆叫做体育馆（Sporthalle），其内部场地更大、配套用房更多甚至还有观众席。

在绿草地上兴建高校学府的地方，应转变为都市性的城市空间。

规划方面的处理

公共教育设施的选址，大多基于长期性的基础设施规划（比如：中小学发展规划和高校发展规划）。对于教育设施的建设，存在着多种多样的具体性指导方针或建议（如：面积大小的底限、建筑和外部设备的布局特征），这些大多由联邦州的等级层面来规范。在德国，教育由各州自行负责。此外有一些城镇也自主制定了当地的中小学建设指导方针。

类型

鉴于尺度的差异，中小学和大学已是不同的设计任务。作为教育合作体系进行组织的中小学或学校中心，通常按照 100—2000 名中小学学生进行设计；高校则可以拥有 500—30000 名以上的大学生——这是可以容纳一个城区的尺度规模。在这种情况下，大学也必须像城市社区一样，与用途的、建设上的、开放区域的、交通组织的各种设计理念相结合，基于一套灵活和清晰可辨的空间结构和社区结构进行规划和开发。这类区域开发的周期较长，应分阶段进行。分布范围最广的校区类型是城市校区[1]和郊外校区[2]。那些选择"郊外校区"的地区，主要考虑到内城区中可供开发的潜力地块短缺，而郊外校区又同时能保证良好的交通便利性。近年来，在许多城市昔日的工业、交通、军事用地上，出现了数量可观的潜力用地，可用于大学的新建或扩建。而这类用地上的那些历史悠久的建筑物，则通常会被改变用途，并随后纳入校区之中。大学的核心设施（图书馆、礼堂、食堂等）要么设立在校区正中央，要么布置在入口区域。

与 20 世纪六七十年代不同，人们不再在城市边缘设立中小学，除非是当地开发新城市社区的需要。大多数情况下，学校都被布置在居住片区或城区的中心位置，且往往与其他的公共性、社会性和文化性的设施结合在一起。按照其各自所必需的面积大小，中小学通常会被划分为多栋建筑，或至少把建筑划分成多个局部分区，根据教学理念，在教育设施中共同使用的区域周围，分散地布置各个年级或学习室，形成建筑群（图书馆、食堂/礼堂、体育馆、运动场等）。建筑的类型，一方面取决于具体的"空间企划"（Raumprogramm）[3]，另一方面则由驻地位置以及该地段在城市营造方面拥有的条件共同决定。层数为 1~2 层的建筑物在郊区占据主导地位，而高层建筑和紧凑密致的建筑形体则在内城区到处可见。对于非常狭窄的地块，可以酌情把建筑的局部布置到地下，或对开放空间进行"层叠式"的集中处理（比如汉斯·迈耶于 1926 年设计的巴塞尔彼得学校 Petersschule 方案）。

图 4.5.5　彼得学校设计竞赛，巴塞尔，设计：汉斯·迈耶（Hannes Meyer）、汉斯·威特沃（Hans Wittwer）
承办单位：包豪斯学院建筑系，德绍 1936 年

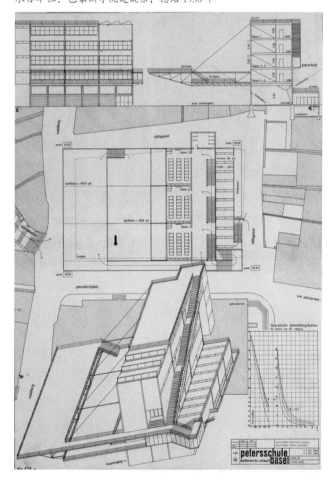

1　"城市校区"是德文 "städtische Campus" 的意译，等同于英文中的术语 "City Campus"。
2　"郊外校区"是德文 "der Campus in Stadtrandlage" 的意译，等同于英文中的术语 "Green Campus"（绿色校区）。
3　空间企划（Raumprogramm）的作用类似于中国建筑学教育中的"泡泡图"，但概念更广义。德国的"空间企划"是指对空间的功能、形态、大小、互相之间的流线和关系进行计划安排，是把任务目标转化为设计成果的重要思考工具。"空间企划"的研究手法和目的更为多样，并不仅局限于"泡泡图"。它也可以是具体的分区表格，或建筑体之间的形态轴测图推敲，或是不同平面和流线之间的层次鲜明的详细分析，等等。
中文学界之前并没有相关的术语来准确地翻译 Raumprogramm 这一工具。之所以翻译成"企划"，是着眼于"企划"的含义更接近原文"对空间进行编程"的意义。"企划"兼有"企图"和"策划"的含义，把目标（方向）、愿景、愿望和描绘计划（方法）、线路过程、路径手段结合在一起。企划是一套战略系统，大到工程项目的发展战略、品牌战略；小到项目具体的空间尺度、指标数据的控制、流线的取舍和形态的塑造。一套成功的空间企划，应有明确的目标，并针对该目标制定最合理的空间方案。

图 4.5.6　学校，迪基希 Diekirch（卢森堡），设计：RHA 建筑师和城市规划师事务所
扩建过程的阶段化，设计竞赛二等奖

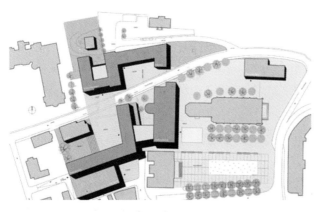

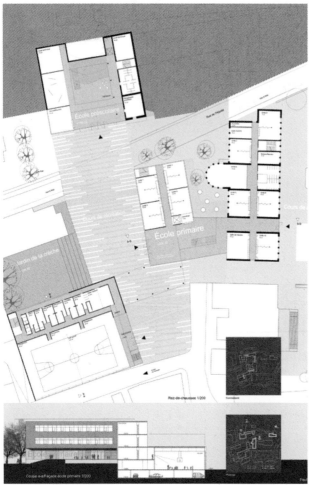

城市营造方面的设计理念和形态设计，与各自的教育设施是相互结合的。为此，规划师和教育家应尽早地参与到集体性质的"咨询和规划"的过程之中。教育机构，特别是地方性的教育合作体系，往往由多处设施构成（幼儿园、小学、初中等），它们既有独立使用的，也有共同使用的区域。此外，它们还纳入了更多的功能，成为了所谓的"城区学校"（该城区内除中小学生以外的群体也可以使用）。至于城区中的教育设施究竟能开放到多大程度？处于社会劣势的社区会对此有不同的回答：在有些情况下，学校更多地在充当"庇护空间"和"回撤空间"的角色，让儿童和青少年能够先在此处培养好新的价值观和仪态举止。

开放空间的出入交通流线／设计

对教育机构来说，与公共交通之间良好的连接极为重要。对大学来说，通常要配套布置高效的地铁或轻轨；对于大多数中学，市内轨道交通或汽车就已足够。中小学和大学的驻地中，同样重要的还有那些适合步行和自行车骑行的交通线——在开发空间的形态设计中，它们须一直延伸到该地区内部。对具体的私人停车位的需求，不仅取决于教育机构的规模和特性，更取决于连接到短途交通（也可以结合当地的自行车交通路网）的出入交通流线的品质。

建筑和开放空间享有不同的"公共开放度"，必须在开放区域的区块划分中、这些分区针对各个建筑的布局中以及在建筑相对于周边城市社区的方位中，对它们重新加以考虑。例如，当某一建筑被用于学校之外的活动时，这类活动应该自行准备好入口通道或连接通道。

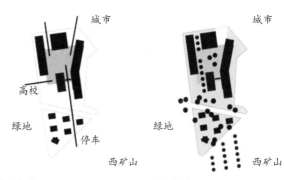

空间概念　　　　　　　　　绿化概念

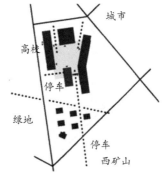

出入交通流线概念

图 4.5.7　坎普－林特福尔特（Kamp-Lintfort）市，大学新区的开发
城市营造比赛一等奖（上图）：pbr Rohling 规划工作室
二等奖（左下图）：Müller Reimann 建筑师事务所，柏林
三等奖（右下图）：Marcus Patrias 建筑师事务所，多特蒙德

图 4.5.8 亚琛工业大学（RWTH）
位于亚琛市市区内的大学校区之未来地段

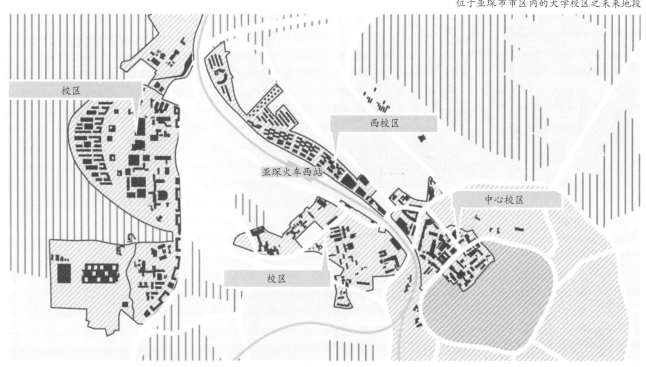

集群式建筑，亚琛工业大学，Melaten 校区

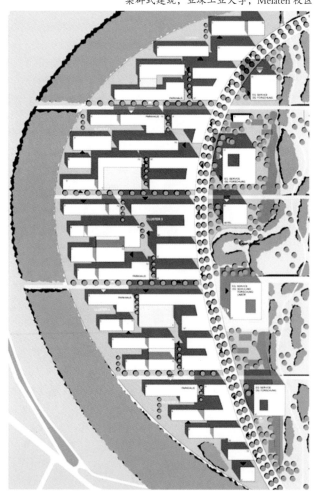

蓝图，亚琛工业大学，Melaten 校区

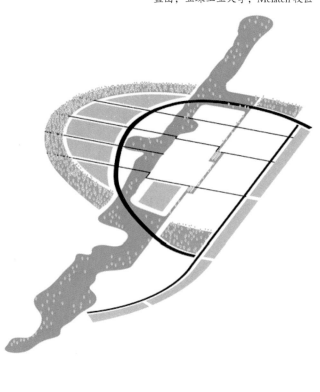

德国亚琛工业大学计划在接下去的几年对大学校区进行大规模扩建，欧洲最大的大学校园将在这里出现。城市设计提供了大学在亚琛市西部的进一步发展的框架。该设计理念基于一套以中央公园和林荫大道为中轴的简洁的景观设计。这些"集群式"建筑都各自占有通往公共空间的相应地段。在用途和建设结构上，它们都很灵活。

模型，局部截面图

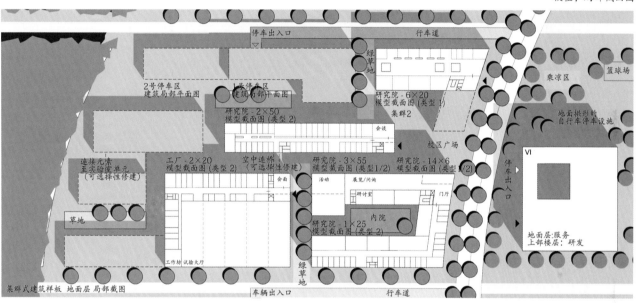

集群式建筑样板 地面层局部截图

地面层平面布局和公共空间，局部截图

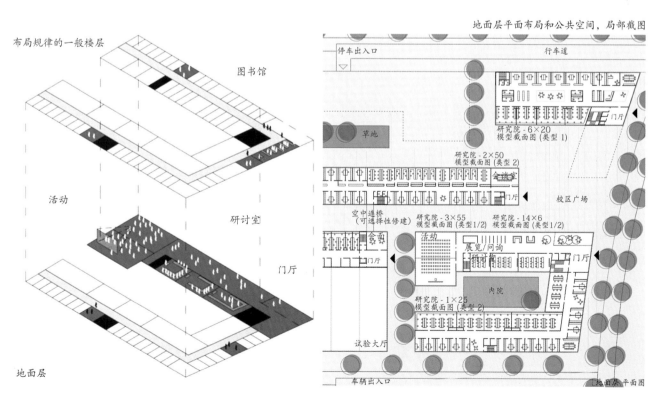

布局规律的一般楼层

地面层 平面图

规划黑白图

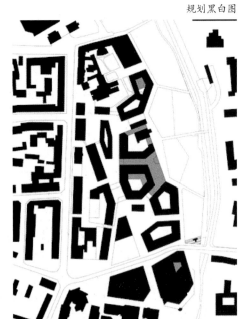

图 4.5.9　卡塞尔大学，北校区的城市设计，时空——疾走者，交互设计：柏林 Tuczek 建筑师事务所，K1景观建筑师 Kuhn Klapka 公司
该城市设计是卡塞尔大学北校区的未来发展之基础，基本概念是在城市和公园之间，用一批"块状街区"来构建"教育合作体系"。块状街区的建筑群为多边形，并且依照"中心交通轴"进行切分，来作为显著的特征元素

中心步行街轴线的透视图

城市设计

模型

3D 模型 CAD

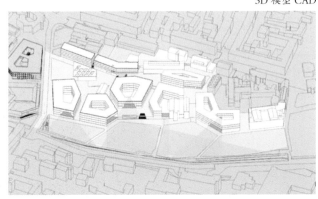

4.6　城市构件：商业和供给

安琪拉·乌特克（Angela Uttke）

作为城市的构件，商业对城市和景观的外部形象造成的影响不容小觑。商业是许多地区的基本城市性元素，且伴随着城市的发展以及通过建筑外观，影响着城市整体、甚至区域层面的环境语境。"城市景观"也总意味着"购物景观"，零售业以此在城市结构中得以表现（其主要表现方式为商店）。另外，那些作为城市独立构件的空间，例如商场、购物中心、市场或市场大厅（Markthalle）[1]或采购市场也是零售业所需求的。在很久以前，商业主要集中在市中心，如今人们可以在始于任何时期的城市结构（包括市郊设施和产业园区）中发现商业建筑。

就在十年前，德国的购物中心、消费者市场和特卖商场（Fachmarkt）外迁到城市周边还挺引人注目，而如今投资者和消费者的兴趣却又再度向市中心汇集。其结果之一就是在内城区地块上出现了（与内城区一体化的）卖场。大部分购物中心项目和食品市场都在向着市中心和地方性区域中心不断进军。这些发展对城市具有积极正面的影响，比如它强化了内城区和副中心（Nebenzentren）[2]，并让多年来日渐稀疏的近距离"供给网络"重新密致了起来。然而零售业类型在功能性和城市营造层面的一体化"整合度"还不够充分，这在城市结构和城市空间中造成了严重的问题。

随着大规模卖场建设和停车位的大量需求，"商业"项目破坏城市结构的情况屡见不鲜。那些标准化的、内部千回百转的、摊煎饼式的卖场建筑并未对城市空间和周边环境语境进行充分考虑。尽管人们对内城区的零售业商业项目设定了高品质的形态设计门槛，但街道还是被降格成了"发货通道"，公共路网被过度建设，现有的房基线和建筑高度都遭到了否定。所以当处理边缘化的商业类型的场地需求时，实现能融入城市环境语境中的高品质整合，就成了规划要解决的任务。

历史和如今的发展

商业，在其悠久的历史中历经了各种不同的阶段，从"位于城市前方和内部的、无建筑物的开放型广场（集市广场）所进行的商业"（这种商业是整合在城市的居住建筑和商场、商店中的附属部分的），直到"独立的商业建筑"（市场大厅、采购市场、商城、购物中心等）。同时，为了建成大规模的商业建筑（从19世纪末建设市场大厅和商城时已经开始），则往往会摧毁古老的城市结构，之后的城市平面布局就会在一定程度上迎合商业贸易。

凭借其融入城市体系的姿态，零售业总会对城市形象产生深刻的影响，比如零售业作为公共空间的组件以及作为公共空间的使用者、零售业作为建筑中地面层区域的使用者，也包括其通过大型橱窗和广告牌在建筑的立面形态设计上施加影响。零售业领域的组织形式，比如连锁店与合作社，于20世纪初就在不断扩大的采购地块和市中心里实现了统一的橱窗和外立面形态设计。与此同时，销售理念又总是会反映到建筑上：引进自助购物理念，并结合了"技术革新"以及"大众购物习惯的改变"，这些都对销售面积产生了更大的需求，并最终导致出现了"超市"这种企业形式兼建筑形式。"折扣

图 4.6.1　斯图加特 Schocken 商场，1926—1928 年，设计：Erich Mendelsohn

1　市场大厅（Markthalle），大空间桁架架构的零售市场建筑，在德国现今已基本消失。新中国成立后一度大量涌现的那些设立在大棚中的农贸市场、菜市场，虽然从建筑设计上不是那么精美，但总体与之相类似。

2　副中心（Nebenzentren）这一概念源于1933年德国地理学家克里斯塔勒的中心地理论。所谓"中心地"，就是向周边提供贸易、金融、手工业、行政、文化和精神服务的地方。而既服务于更高层级的地区中心、又为其下层次地区服务的地区，就是"副中心"。根据1950年邓肯（O.Duncan）在《大都市与区域》中首次引入"城镇体系"（Urban System）的概念，更强调了一定范围内高密度、高城市化水平的区域，根据这一理论，副中心城市在一个区域经济系统中地位仅次于主中心城市。它能协助主中心城市更好地发挥作用，承担着本经济区的某几项重要职能，对周边地区发展具有重要影响。

准则"（Discountprinzip）[1] 又可以被进一步视作食品零售业互相之间激烈的竞争结果。实施"折扣准则"，首先就表现为店面装潢/设计减少，以及后续表现在选址[2]，以及建筑类型出现了标准化。

最后也相当重要的一个方面是，人们还可以从建设结构中解读出"规划时代"中往昔的城市营造蓝图。早在田园城市与合作社性质的聚居地的建设时期，商店区域和商场就已作为构件，融入了城市营造的总体构想之中。在这方面，随着聚居地的建立出现了以下类型：集中式（集市广场、商城中心和购物中心）和分散式的场所概念（在道路尽头单独建造的地段或独立的单体食品市场等）。"商业"正是在战后的城市营造中，开始被提炼成为城市营造中独立、功能单一的建筑类型。随后，于20世纪50年代开始，城郊的居民人口中也出现了"交通工具机动化"，各处聚居地中独立的采购市场、商城中心和购物中心才得以兴建。直至1977年，与上述发展相对抗的规划工具——《建筑使用条例》（BauNVO）的修正案——终于出现，其目标是：相对于在郊区大规模地迁入采购市场和购物中心，更需要强化的是内城区和那些毗邻居住区的商业地段。

如今零售业基本的发展趋势是销售面积扩张、营业点数量减少、不同时代的建筑类型之间的尺度跃升、企业聚集化程度加剧、新颖的特价供货构想和企业形式开始出现，

从而导致了"用地结构"的改变。购物行为的"体验、娱乐、节庆化"（都市娱乐中心、厂家直销中心、购物中心）与"折扣化"（较低限度的仓储式建筑类型）产生了对立。同时，与"零售概念"以及"中心概念"相结合的规划法规，在规划上对大规模的零售业项目（销售面积>800平方米）的迁入事宜进行了调控，这再次强化了城市的中心商业区。这种趋势主要随着20世纪90年代中期以来"新型食品市场的建设"以及"在核心区位中许多购物中心项目的建成"而变得越来越明显。这也是人口变迁和经济、生态和社会文化等其他方面的发展所引发的结果。交通流动的成本上涨、人口老龄化以及女性的职业化程度日益提高（然而在许多家庭中，女性尽管参加工作，却依旧要完成"购物"的任务），这些都支持并促进了"特价供货构想"，就算没有私家车也很方便到达。在如今的日常生活中，现有的社区商店是非常灵活和便利的。

然而，如果实际情况不属于下文所述规格，但依旧要同时处理好和"商业地理"之间的兼容性，最终实现"零售业建筑在核心区位中的高品质整合"的话，城市营造将面对在中心区位中权衡"开发"和"用地面积"（表4.6.1 零售业建筑的面积范例）的探索任务，并且从形式和设计上，将"商业"这一构件融入城市设计的背景中去。

表 4.6.1　零售业建筑的面积范例

企业形式	特价供货类型	销售面积[3]
自助商店 专卖店	食品（补给品采购） 非食品	约200平方米
食品折扣店	食品、日用品	700~1000平方米
超市	食品、日用品	800~1600平方米
仓储式自助大卖场	食品、日用品	大于1600平方米
自助百货商场	品类丰富的短、中和长期所需的食品、非食品	大于5000平方米
商场	例如，纺织品	至少1000平方米
百货商场	特价供货的首要重点在于服装、鞋类、家居用品、部分食品和餐饮等领域的长期性需求	4000平方米
建材商场	主要是建材、工具、机器、花园硬件和花园家具、植物	4500~5000平方米，最大可超过10000平方米
邻里中心（能吸引客流的主力店租户：超市、大型卖场、折扣店）	日用品	3000~8000平方米
城镇购物中心和城区购物中心（能吸引客流的附属主力店租户和主导型企业）	广泛和深入地对商品供货和服务业供货进行设计，从而充当"邻里中心"的角色	8000~15000平方米
区域性的购物中心（潜能吸引客流的主力店租户百货商场和仓储式自助大卖场、自助百货商场、特卖商场）	广泛的产品范围（零售贸易、服务业、餐饮业等休闲产品）	大于15000平方米，大多为30000~40000平方米

1　"折扣准则"（Discountprinzip）指的是低库存、有节制的店面装潢、长期保持低价折扣。德国各个廉价超市凭此战略从20世纪50年代开始崛起，成功击败了包括沃尔玛在内的所有外国超市企业，收复了本土市场。
2　德国大部分超市选址都分布在市区中和小城镇中的居民聚居地，以方便老人、主妇以及低收入者来采购。
3　销售面积指服务于销售这一行为的建筑面积，不包括仓储和顾客停车场。

表 4.6.2　零售业中的建筑类型

单一建筑				建筑群	
单一用户		不同用户	小面积和大面积的使用者	所有的大面积使用者	所有小面积的使用者
被混合使用的项目、抽屉式（地面层作为采购市场，上部楼层则用于居住和办公）	独立项目、独立式建筑（比如食品市场、特卖商场）	封闭式购物中心	开放空间理念的购物中心	聚合中心（由一个大型卖场和多个小型卖场构成的购物园区）	特卖商场中心、强力折扣中心（Power Center）	商店街、填充型零售[1]（Infill Retail）
		例如，城市娱乐中心/工厂直销中心	附属零售/商业作为其他用途的补充，如旅馆、火车站、机场		

设计准则

　　小型地块、现状中具有历史保护价值的建筑资产、用途混合，以及公共空间中"网眼密集又互相差异化的交通网络"，推动了建设层面更有力的处理手法：在核心区位和增长区位设立零售业建筑作为场所的"边缘"。鉴于大规模零售业项目具有体量暴增的特征，应该对不同"整合"手法的可能性进行检验。设有地面层停车位的独立式卖场建筑（Freestander）和"位于市中心和地区中心的封闭式多层建筑"之间，很少能出现高品质的对接。因此，有待检验的是：将上述零售业建筑根据"抽屉式"准则塞入到多层建筑中去，能在多大程度上实现？且随后，它们能在

多大程度上沿着街道深入到基地地块中？另一套准则是来自于借鉴 20 世纪 20 年代的影院建筑所引发的思考——在街边仅设有一条狭长的、与其他商业配套相邻的入口（"影院"原理/"市场大厅"原理[2]）；而"市场大厅建筑"也发展到了块状街区的深处，可谓异曲同工。

　　购物中心可区分为封闭式、开放式和半开放式。封闭式购物中心可设计为狭长形或星形。与之相反的是，开放式购物中心更有力地把握住了欧洲城市所具有的典型结构。它分解为多个建筑体块，围绕地布置在现有的街道结构的边缘（"开放空间理念"）。

图 4.6.2　卖场建筑的设计准则

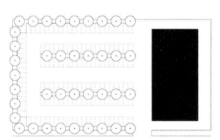

独立式准则

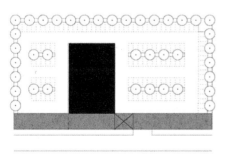

抽屉式准则

图 4.6.3　零售业建筑之建成案例

独立式建筑案例，曼海姆，设计：AJR Atelier Jörg Rügemer，汉堡/盐湖城

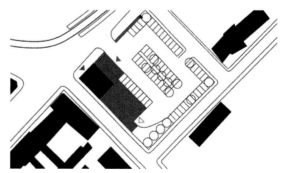

抽屉式建筑 案例，多特蒙德，设计：Schlösser 建筑师事务所，多特蒙德

1　在繁华区域的地块缝隙间出现的商业建筑类型
2　德国的"影院"原理或"市场大厅"原理，是指影院或早期的菜市场等这类"大空间型的社区核心服务业建筑"可作为周边业态中的服务中心。参见 Manfred Bruhn 的著作《服务业之品质：概念—方法—经验》（Dienstleistungsqualität: *Konzepte — Methoden — Erfahrunge*）第 2 版，第 211 页。

图 4.6.4　科隆坎普 – 林特福尔特（Kamp–Lintfort）的 3 Eichen 购物中心，设计：bob 建筑事务所

在内城区的一处地块上，三座高楼让位于新购物中心。该项目作为典型案例，展示了如何连接至公共空间、如何对屋顶景观进行形态设计以及如何打造广告——尽管体量尺度跃升，但依然能创造出品质。

基地现状（包括三座高楼）

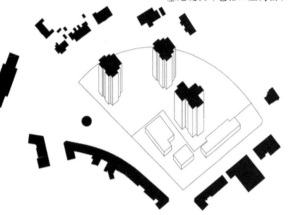

建筑体的凹陷切口，作为对高楼的纪念

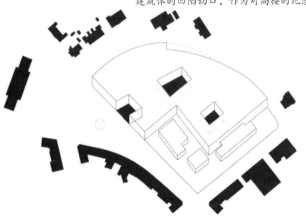

地面层（带有许多小型内部商店）以及连通至步行区

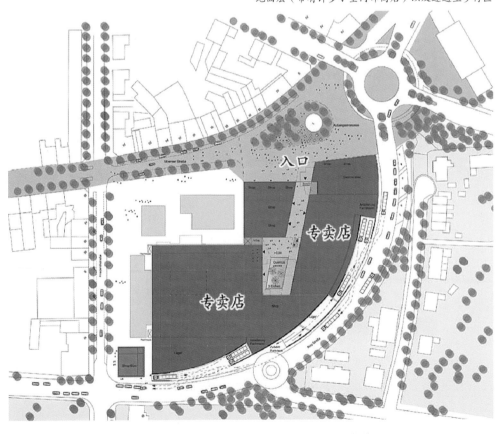

2010 年的情况

建成后的情况

城市营造的设计理念，连接至公共空间，屋顶停车

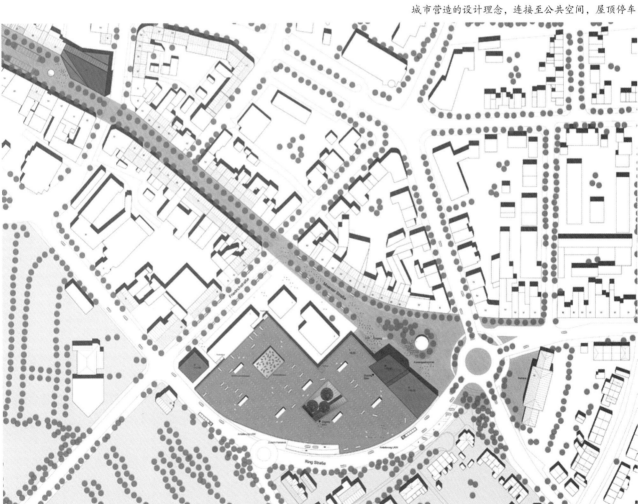

对零售业建筑在城市营造上的要求

从已陈述的观点出发，在城市营造和建筑设计中，零售业项目必须对以下根本性要求展开讨论：

——接受城市结构和道路关系；

——与现有的开放空间相联系；

——与"传统商业地段"的视线关系；

——构建空间边缘。

零售业项目并非孤立的构件。它必须和周边环境进行对话，并和已有的建筑性空间结构以及现存的开放空间建立联系，以此才能对城市营造的状况做出积极的贡献。为了实现上述这些目标，主要可以通过接受或融入"建设方法""建设指导线（Baulinie）""周边环境的材质"，以及延续"开放空间的结构"和"已有的道路关系"。

因为公共空间和私人空间的品质，构形和边界（主要通过视觉而被人感知），所以除了必须要注意沿街的设置、还要注意构建通向停车用地的"空间边缘"。在城市营造的许多情境中，多层建筑对构建"空间边缘"十分重要。空间效应可以由建筑物的布局、体积和高度来产生，但也能通过其他的建筑性设施（比如穿孔墙）、局部上也可以由塑造空间的绿化种植物来产生。另外，一般来说，"广告牌"无法对空间产生理想的效果。

建筑结构（或有悠久历史的建筑结构）的功能变更，会导致零售业项目既成为城市营造结构这一整体中的组成部分，又同时具有独一无二的个性特征。这点可谓极其重要，因为它们时常也会承担起聚会地点和交流地点的作用，例如位于核心区位的购物中心和食品卖场。上述的"社会文化"功能也会通过零售业项目的用途结构得到促进，可避免商业用地上出现"功能单一"的问题。具有针对性的项目采取混合用途（商业，并结合了居住、公共设施和办公等等用途）、具备附加用途（餐饮、服务业）的"兼容度"，以及停车场的"多重利用"，提升了那些通常功能单一的场所的价值。

对建筑物的形体、入口状况和发货状况以及广告牌设施的全面处理，在零售业建筑方面会首先起到特别的作用。通过外立面，建筑物与周边环境实现了积极的沟通。"打开"建筑立面，尤其是朝向公共空间的"打开"，可防止空间让人感到恐惧。因此，那些"正对着公共空间的建筑立面"的形态设计中的透明性、开放性和对话性，必须受到格外重视。人们可通过合适的玻璃墙面（允许观察到内部）以及对建筑立面进行分割来实现这一点。零售设施的呈现和可视化，也会从中获得支持。而建筑立面的主题，往往必须被全方位地运用到建筑物上。这也同样适用于发货区，

这些区域除了其功能区位以外，也应对其周边毗邻的用途发出回应，从而将噪音保护、可见性、旧材料空间和"可回收物"容器列为形态设计上的主题。建筑立面的材质应基于建筑性的环境语境而定。

广告设施用于辨识和发现零售业设施。然而它也必须支持城市空间的特征和各处不同的气氛，并从属于此处的环境语境。因此，广告应被减小到必要的最小尺度，且必须布置得有设计感。广告设施的种类（牌匾、横幅、屋檐外墙上的标志等），其大小和位置则必须取决于周边环境和各自空间的外观形象。

入口状况必须考虑到步行者和自行车骑行者的需求。当到达卖场入口时，驾驶行为也需要切换成步行。因此，入口除了"导向"功能以外，也应保证所有用户群体皆能安全、无障碍地到达。在通常情况下，当贴着公共步道设置入口，或在停车场上划出了步行区的时候，上述需求已得到满足。但当停车场越大的时候，这类步行区就需要标记得越明显，甚至还可以通过高高隆起的"路边石"来形成隔断。此外，针对骑行者的自行车停放区和针对来访老人需求的座位区，也都同样极为必要。

在车辆进出交通的位置和设计上，除了保证形成良好的"交通流"外，最重要的是必须把"对毗邻的居住用途所施加的压力"保持在最低限度。这点可以通过调整车行出入口的位置来实现。若有可能的话，还可通过建筑性手段予以补充。在发货区的设计理念上，以车辆进出"无须调转方向"为优。因为发货区在通常情况下也必须存放"可回收物"和垃圾箱，所以要尽力约束从建筑主立面上对发货区的"观察"。

停车位的建成，取决于所处场所的区位和特点，以及相毗邻区域的用途。若更高层级的中心区或零售业区在功能上并未被"规划中的零售业项目"削弱的话，那就不建议对"被整合的区域"推出约束性的法律规范。对食品卖场的停车位数量和充分利用性的分析（Uttke，2009 年）显示，下列指导数值可作为基础，用以讨论"基地所需的停车位数量"是否合适：

——销售面积在 700 平方米以下的食品卖场：1 个停车位 / 大约每 30~40 平方米销售面积；

——销售面积不小于 700 平方米的食品卖场：1 个停车位 / 大约每 15~25 平方米销售面积；

——两个食品卖场以及其他的零售业企业相结合的场地：1 个停车位 / 大约每 20 平方米销售面积。

对于额外需求，可通过诸如消费者到达该地区的"可达性"以及停车场设施的"多重利用"等手法来满足。

1　关于建设指导线（Baulinie）的说明，请参见本章第三节《城市的构件：居住》。

停车位除了数量以外，其布局和安排的意义更为重大。停车位多样化的"布置可能性"必须被分类论证，例如位于建筑物前方、侧边和后方的地面层停车位、屋顶停车、停车楼。通过分配城市体系中停车位，可促使购物中心的访客光顾其他购物区。分散式停车的设计理念，非常适合压力高峰期的特殊停车位（Overflow-Parking备用停车场）而对于在购物中心营业时和下班关门后出现的不同使用者来说，停车设施的"多重利用"更具有积极的意义。

绿地空间不仅能提高城市形态设计上整体设施的连接性，还能为地面停车位提供遮阴，且能改善当地的生态状况（如吸附灰尘、构建雨水渗透区域）。地面停车设施恰恰可以通过绿地结构进行划分（主要是通过种植树木），以及从而变得"人性化"。树木的数量，取决于停车位的设计理念。这里要推荐的是，可在停车位的端头或侧边种植"可通行的"绿化带。当绿化带种植树木的间隔介于5至10米时，在这种布置中每隔一棵树就可布置3~4个停车位。

为了使植物按照分类合理地生长，"植物花坛"和"树木土壤圈"必须大小不一地充分与地面接壤，并保持灌溉。植物带的宽度最小为2米（从路沿石的内边缘到对面路沿石的内边缘）。由此可得出，"树木土壤圈"的最低尺度大小应为4平方米，才能为所种植的树木提供合适的生长条件。在融入开放空间的形态设计中，必须为降雨提供必要的"雨水滞留区域"，至少要在私家车的停车位上设置具有渗漏性的覆盖物（例如"铺石路面"）。作为"备用停车场"的区域应以构建多层次的"沙砾覆盖物"或"鹅卵石草坪"的形式进行设计，与"全面施工"相比，这样既经济又环保。雨水一旦不能渗入地面，那就应该引入相邻的绿地，或引入位于停车场边缘或正中的绿化带。以洼地或沟渠的形式，以及其他的组合方式的渗漏形式，都是可以考虑的。就像铺设光伏设备一样，将屋顶顶面设计为绿色屋顶也是可行的。

参考文献

1. 城市构件：开放空间

[1] Giseke U, Spiegel E. Stadtlichtungen: Irritationen, Perspektiven, Strategien.(Bauwelt Fundamente)[J]. 2007.

2. 城市构件：公共空间

[2] Havemann A, Selle K. Plätze, Parks & Co[J]. Stadträume im Wandel - Analysen, Positionen und Konzepte. Dortmund, 2010.

[3] Knirsch J. Stadtplätze: Architektur und Freiraumplanung[M]. Alexander Koch, 2004.

[4] Reicher C, Kemme T, Rha R. Der öffentliche Raum: Ideen-Konzepte-Projekte[M]. Jovis, 2009.

3. 城市构件：居住建筑

[5] Harlander T. Stadtwohnen. Geschichte, Städtebau, Perspektiven. Ludwigsburg/München: Wüstenroth-Stiftung/Dt[J]. Verl.-Anst, 2007.

[6] Reicher C, Schauz T. IBA Emscher Park - Die Wohnprojekte 10 Jahre danach[J]. 2010.

4. 城市构件：产业和工业

[7] Lorenz P. Gewerbebau, Industriebau: Architektur, Planen, Gestalten[M]. Koch (Alexander), 1993.

[8] Oberste Baubehörde im Bayerischen Staatsministerium des Innern 1996[R]. München: 1996.

[9] Schmidt J A, Bremer S. Orte der Arbeit-Gestaltungsmöglichkeiten in Gewerbegebieten[J]. Europäisches Haus der Stadtkultur eV (Hrsg.), 2006, 5.

5. 城市构件：社会和教育的基础设施

[10] der Stadt Zürich H, Zürich E T H. Schulhausbau - Der Stand der Dinge[J]. Basel, Boston, 2004.

[11] Hoeger K, Bindels E. Campus and the city: Urban design for the knowledge society[M]. gta Verlag, 2007.

[12] Stiftung W. Schulen in Deutschland[J]. Neubau und Revitalisierung. Stuttgart: Krämer, 2004.

6. 城市构件：商业和供给

[13] Uttke A. Supermärkte und Lebensmitteldiscounter: Wege der städtebaulichen Qualifizierung[M]. Rohn, 2009.

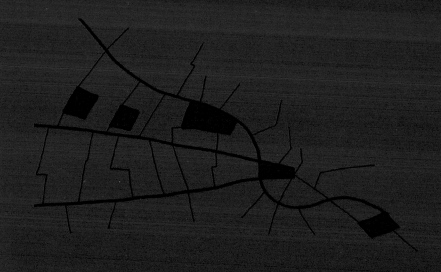

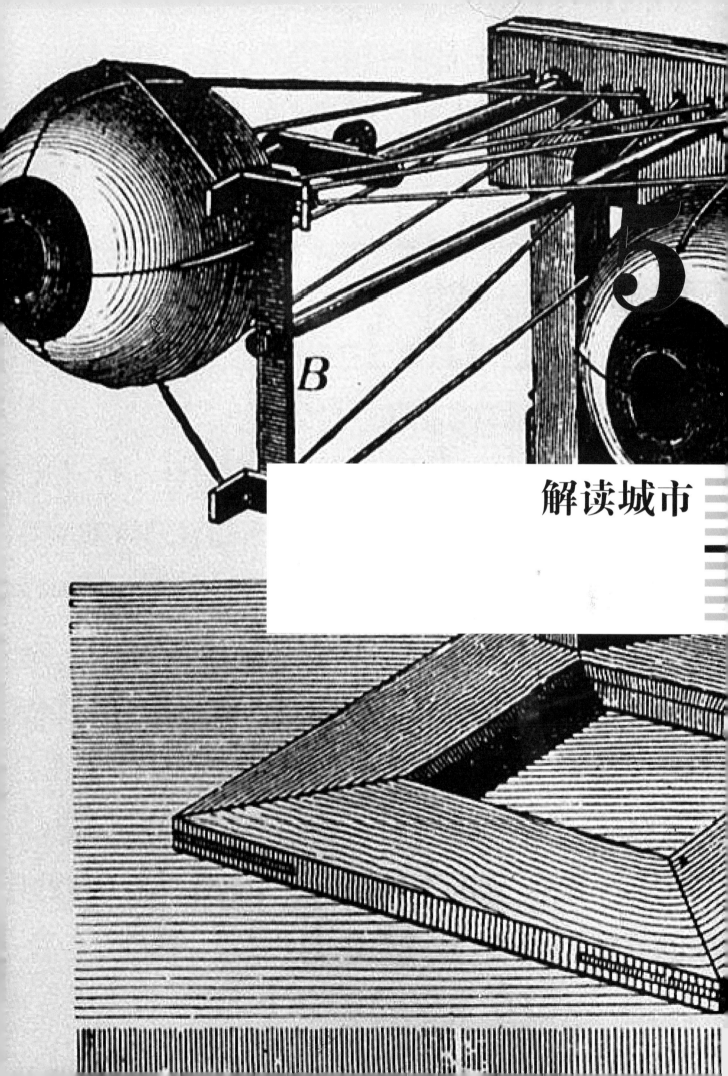

B

解读城市

5.1 观察和认知

对设计过程来说，对场所的特性和规律性的认知是基本前提。歌德的名言"人只能看到自己知道的事。"[1]也同样适用于对城市现状的认知。

认知，不仅仅是观察过程

日常生活的经验可以证明，认知是超越了纯粹的观察过程的。环境中那些重要的、功能性的片段通过感觉器官传递给生物。刺激，作为化学物质和能量形式转化的过程，它引发了个体的感觉和认知，以及由此产生的体验。

"认知"通过生物学过程影响了知觉层面。不过这个理念直到19世纪才得以确认。在这之前，只能假设"人类对既定空间的想象，与经验无关"。研究人员约翰内斯·米勒（Johannes Mülle）[2]认为，通过在子宫内自发的身体活动以及对体内器官的感知，人类对空间认知的发展从胎儿时期就开始了。认知能力被认为是在人出生时就已经直接的、完全的成熟。

19世纪上半叶，基于不同学科的发展，尤其是自然科学的发展，引发了对"观察"这个概念结构性的改变。观察和认知理论方面的问题成为当时科学界的热门课题。空间认知是如何运作的？观察过程有哪些器官参与？生理学奠定了认知过程的基础并铺平了对它的研究道路。但在这条道路上，心理学的比重却不断增加。

古斯塔夫·西奥多·费希纳（Theodor Fechner）[3]在他的著作《美学导论》（Vorschule: Der Ästhetik, 1876）中对认知的关系、刺激和感知进行了实验性的研究。一个存在于已建成的物体内部的"外在意图"可以通过主观的联想而产生美感。所有联想的中心是人类的本性。他在《自下而上的美学》（Ästhetik von unten）一书中则汇集了对印象和效果所作的系统性的观察和体验[4]。赫尔曼·冯·亥姆霍兹（Hermann von Helmholtz）[5]意识到，空间认知是从经验中学到知识的基础，它是一个"个体和外界之间持续的、交互的学习过程"。由此得出，观察的过程完全不是由关于遗传天生的解剖学或生理学的机制所决定的。针对该课题，费希纳、恩斯特·布吕克（Ernst Brücke）[6]、亥姆霍兹以及其他学者都对此发展出了各自的切入点和大量理论，这些对城市营造起到了十分重要的影响。

认知，不仅仅是被动的观察

认知包含着主动性的参与。并且，主动地参与"建筑设计"，参与到"所建成的构筑物"，在认知的过程中是无法回避的。

我们所认知到的，并不仅仅只限于感官的感觉，更多的是嵌入了与回忆和需求相吻合的情感。这点与书籍或音乐有着本质区别。当觉得一本书枯燥无味时，可以不读；若不喜欢收音机里播放的音乐，可以直接关掉。但空间的形态、建筑物的形体，哪怕仅仅是它的外表皮、立面，也都会持续对我们产生影响（既有正面的也有负面的）。

认知，是一件主观的事情

无论是客观的还是个人的情绪指数变动，都和造访的场所有关。相关研究认为，这种日常生活中的主观认知是可以改变的。Wohlwill 和 Kohn 的研究显示，从小城市迁入大城市的人认为大城市嘈杂、脏乱和拥挤的严重程度，常常会比常驻该大城市的居民更大。若他们在大城市生活一段时间后再回到小城市，则会认为小城市比他们搬家去大城市以前更加安静、整洁了。

"一切认知和思考皆源于行动。即便是那种概念性的领会，其实也是一种内在的行动。对想象和概念的理解领会是认知（外界的）真实的前提条件。"

——让·皮亚杰（Jean Piaget）[7]

图 5.1.1　眼动仪，设计者：Knapp
测量眼睛动作的仪器

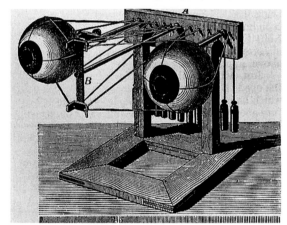

1　这句德国谚语流传甚广但并不准确，由歌德的两段话掐头去尾构成了一个新的句子。歌德的原话为：人会首先看到自己所知的；人只能看见自己已知和能够理解的。

2　约翰内斯·米勒，被誉为19世纪最重要的德国生物学家、生理学家、解剖学家。

3　古斯塔夫·西奥多·费希纳，德国物理学家、实验心理学家，心理物理学、实验美学的创始人。

4　古斯塔夫·西奥多·费希纳所开创的新的美学研究是"自下而上的美学"，亦译作"形而下的美学"，采用实验的方法系统地研究和比较人的美感经验，具有"从特殊到一般"的研究理念。

5　赫尔曼·冯·亥姆霍兹阐明了能量守恒原理的德国物理学家、生理学家。

6　恩斯特·布吕克，德国、奥地利生理学家，德国物理学会创始人之一。

7　让·皮亚杰，瑞士伟大的临床心理学家，哲学家，认知发展理论奠基人，在他研究成果的基础上，一些计算机编程语言才得以开发。

认知，受"抢眼性"的支持

在建筑设计和城市营造里，规划者常常寻找能产生"抢眼性"的帮助手段，以达到吸引眼球的目的。抢眼性不一定意味着品质。色彩、前后错位、破损的原料、尺度、建筑物的高度以及其他众多因素都可以吸引目光，进而强化认知，而并不需要去认清利害关系、背后的真相。认知，是被有意识地操纵的。

认知，是理解的前提

我们对空间的设想，首先是图形设想。我们的认识，是与空间和观测角度相关联的。卡尔·雅斯培（Karl Jaspers）[1]也发表过类似的观点。心理学研究也证实了，设想最主要来说就是图形设想。当然，这个观点并非可以无条件地使用，因为能把事物图形化的程度，是因人而异的。在城市营造之中（在研究中遵循优先排序的准则），一定存在能够非常抽象地思考的人，受理想城市设计的某些部分的启发，如今许多交通设施才得以建造。

"被认知到的图形"为"理解"提供了基础，接着每个人都按照自己的方式，把"被认知到的图形"进一步加工消化。希波的奥古斯丁（Augustinus）认为，图形的设想"并非原本的图形，而是存留在记忆深处的由感官接收到的图形（在记忆中），当我们回首往事，它们随时接受灵魂的呼唤"。[2]在上述的"理解"过程之后，则开始进行个人独自的转化吸收过程。

认知，是针对观察者的供给

吉布森（Gibson）[4]认为，对于观察者而言，"被认知到的世界"是由物体上特定的表面组成的。这些表面，给观察者"供应了产品"：柔软的草地会邀请人们躺到上面来休憩；陡峭的表面会使人停止前行；重叠和隐藏则会唤起人们的好奇心，邀请前来一探究竟。按照吉布森的标准，对于建筑师们来说，应该把这种处于物体和观察者之间的认知心理学上的交互作用，运用于房屋正立面的形态设计，从而清晰地表达一个建筑物的功能性内容。

对我们周围环境的观察和认知的种种不同的理论，都清楚地指出，城市营造思维必须具备一种三维空间性的见解。城市营造远远超越了纯粹的技术解决手段，而只有空间的美学品质才会触及人类意识的最深处。

正如歌德所言："人只能看到自己知道的事"。而对于某个城市、居住片区、规划空间在社会空间背景中的发展历史来说，了解越多，认知也就越深。因此，早在现状记录和分析的阶段就应查明首要的引导理念和前提条件，即实施以问题为导向的现状记录。

"每一瞬间都存在着比眼睛能看到的、耳朵能听见的极限更多的事物——总有背景让人去等待，或总有前程让人去探索实现。没有什么是独立的，所有的事物都伴随着事件发生的顺序，与它的背景环境产生关联；所有的事物又都带着对过往经历的回忆，发展成这一刻的自己。"

——凯文·林奇

图 5.1.2 贝桑松剧院（Theatre de Besancon），设计：克劳德·尼古拉斯·勒杜（Claude Nicolas Ledoux）[3]

图 5.1.3 城市营造思维需要三维空间性的见解

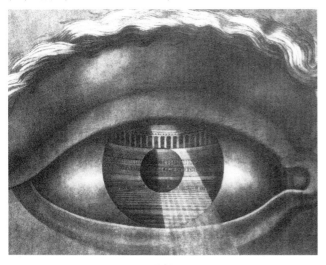

1　卡尔·雅斯培，著名德国哲学家和精神病学家。
2　希波的奥古斯丁，早期西方基督教的神学家、哲学家，这段话出自他的《忏悔录》。
3　克劳德·尼古拉斯·勒杜，法国建筑师和城市规划师。
4　吉布森，美国实验心理学家、知觉心理学家，创立了生态光学理论。

图 5.1.4 北威州，城市营造文化的州际倡议宣传活动：观察·体会
从 2008 年 8 月至 2010 年 10 月，一座 7m×7m×12m 大小的视觉站，轮流在北威州的各城市展出。 这座视觉站由建筑师 Andy Brauneis 设计。通过与负责通讯模块的 Nicolet te Baumeister 还有负责建筑结构规划的 Christian Schüller 的合作，建筑师给视觉站配上了十个巨型尺寸的彩色框架。这个木构建筑体，不由得会使人们想到盒式古董相机上的"皮腔"。它旨在引导公众的目光，去审视成功与失败、现状与未来。视觉站既是视觉辅助，又是会议场所。"视觉站"与"巨型框架"，为那些对该构筑物有兴趣的居民们提供了一种以游戏的方式，对构筑物所处的环境产生新看法的机会，从而让居民们主动地参加到和专业人士的对话中。

埋森

奥格斯堡

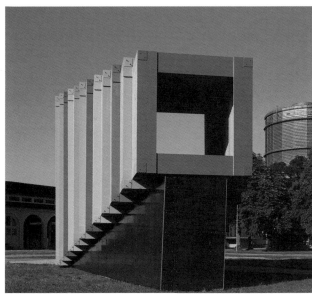

锡根

莱姆戈

5.2 对现状的记录和分析

通过干涉城市现状来推动发展，从而最大限度地满足未来的需求和需要，这种意图是每一项城市规划的、每一次城市设计过程中的基础。城市设计的重要前提在于，对规划空间存在的问题以及解决问题的可能性有着深入的了解，并对此展开激烈的讨论。对现状的记录和分析是城市规划的基础，也正因此，它成为了规划思考和规划概念的总体语境中的重要步骤。"记录、分析现状"的目的是了解掌握当地的特殊实际情况、出现的问题以及对策措施的重点，并深入挖掘、评估。

这就取决于所实施的措施是否"以问题为导向"。全面总结所有事项和所有考察标准，既不实际，也不值得为之奋斗；每个项目中那些对关键要素的限制，以及基于这些限制而对设计目标所产生的限制，才是"有用的"和"重要的"。对"现状的记录"和"紧接着的分析"，也才会更加有效率。因此，每次对现状的记录其本身也都需要被评估——以问题为导向的现状记录，必须具备"对项目非常负责的空间条件"、能够"引导设想"，并且以"特殊的问题设定"为指导。

"不断循环的一整套流程，即信息、分析、综合、评估，把项目具体细化到了下一个更深的层面。为了规划概念的最终实现，常常需要大量对过去已执行过的设计进程进行反馈。"

——迪特马尔·赖因博恩（Dietmar Reinborn）[1]

为了熟悉规划区并将现有状况与规划状况进行对比，在巡查基地时，可用在图纸材料上做标记、提取数据、勾勒草图，以及使用相机的方法来帮忙记录"城市营造和形态设计中的特别之处"。以规划、图纸、统计数据等形式对基础数据进行评估，也是不可缺少的。另外，整个社会的进程，比如人口改变，在记录现状的时候尽管并未被记载，但却关乎规划决策，因此也应该引起重视。

在完成了以问题为导向的现状记录后，下一步便是对收集到的信息进行分析。现状分析的过程其实就是对以下内容所进行的分析和讨论：建筑结构、空间结构，以及它们的用途、它们之间的交织关系、形态和品质以及随之产生的缺陷、机会、制约和该规划用地的特点。同时，从关联性中推导出的任务目标和任务重要性决定了分析方式和分析范围。于是，对于现状的分析（也就是对原始状况的

评估和鉴定）就这样开始了。在此分析中应能让人查清其中各种特殊问题之间的相互关联。

基于分析的结果，可以推导出各种各样的操作需求，并相应地设置目标。"分析"和基于此分析所产生的"目标"，以互为论据和推论的形式紧密地交织在一起，不断互相转换成对方的角色。

因为规划并非线性的过程，它在后期的工作阶段中必定会吸收新的信息，所以必须不断地分析设计中每个阶段的反馈，并提出新的目标。若遇到数据空缺，就很可能需要追加弥补了。外界的建议（来自专家、居民等）同样会拓展分析的广度，并让分析趋于完善。

规划任务极少一模一样，总是可以明显看出相互之间的区别。即使是同一块规划用地，也会因为项目的不同、任务设定的不同而千差万别。正因为规划任务和规划用地是如此的不同，分析也就当然都是各自独立的。尽管有诸多区别，但依旧出现了一些特定的分析方法和分析内容，可以在特定任务中频繁地加以应用。

图 5.2.1 德国工业集团（BDI）的"文化圈"设计竞赛 分析规划图，勒沃库森（Leverkusen）

"城市身份"的载体和用途结构

---

1 迪特马尔·赖因博恩，斯图加特大学城规教授，城市设计师，博士和城市景观设计师，著有《城市设计构思教程》。

图 5.2.2 分析与概念的图解，设计：RHA 建筑师和城市规划师事务所，奥伯豪森规划集团
雷姆沙伊德（Remscheid）市的内城区之现状记录

指向"城市身份的载体"的视线关系

开放空间和内城区居住片区的连接

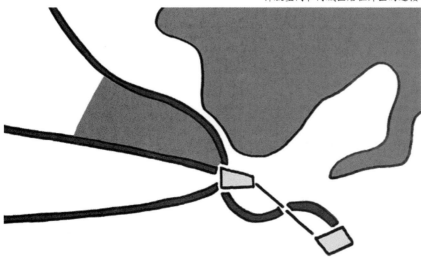

内城区的等高线高程结构

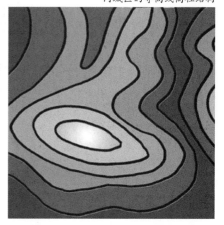

绿地结构和开放空间结构

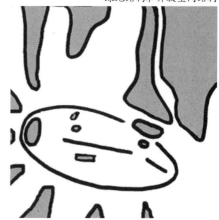

公共空间的连接

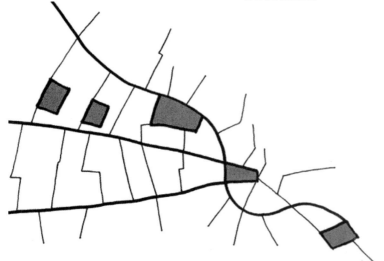

内城区的交通流线和内城区对外的出入交通流线

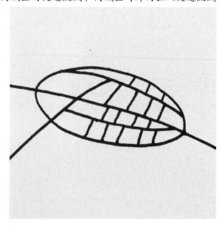

	判断标准和观点视角	来源出处和方法（可选的）
历史发展	规划空间的历史发展、历史上的用途和功能、建筑、结构肌理、文物保护、经济发展、人口变化、城市营造历史的编年史	有关居民区发展和城市发展的地图、历史地图资料、统计数据、历史城市发展概念、土地利用规划、区域发展规划、鉴定意见、历史照片、历史印迹如今的照片、文字、出版物、科研成果、文物保护清单、建筑档案、文档资料
自然条件	地形地貌元素、地面、保护性动物群和保护性景观、水体、气候	主题性地图、统计、鉴定意见、环境报告、景观规划、绿化规划
景观结构、绿地和开放空间	大空间：区域性的绿地系统和景观系统、城市绿地系统和景观系统、绿色走廊（绿带）、保护性、法规、特征、类型、用途 小空间：规划空间的绿地结构、公共绿地、私人绿地、公园设施、可达性、形态、密封性地面（硬质地面）所占比重、保护性、与城市或区域绿地系统的路网连接	区域性的、城市性的以及基地地块的图纸资料、发展概念、总体规划、照片、景观保护地图、鸟瞰图、绿地布置规划、景观规划
土地法规、规划法规	小型地块结构、所有权关系、地价基准（Bodenrichtwert）[1]、现行的建筑法规、控制性引导规划的做法	不动产（地籍）登记簿（Liegenschaftskataster）[2]、地价基准信息系统、控制性引导规划
用途和用途结构	用途：文化、休闲活动/体育、社会实践、教育、供给、居住、经济/工业/商业和手工业、交通 用途结构：用途形式、用途分配和重点、用途体系、历史用途[3]、中心结构、影响腹地（Einzugsbereich）[3]、结构网络、定性配置、定量配置、需求、规划	土地利用规划、休闲活动专用地图、主题性地图、施工现场巡检（Begehung）[4]，互联网
建设结构、类型学	布置形式、城市营造平面图、小型地块结构、街道走向、建筑朝向、房基线对齐、建筑密集度、容积率、基底面积率（建筑密度）、居住密度、建筑年代和建筑年龄、建筑物形态和现状、垂直高度的拓展、楼层类型、屋顶形状、视线关系、地标、辨认方向的标志	黑白图、照片、截面、透视草图、历史规划方案、鸟瞰图、基地勘察（Ortsbegehung）[5]
公共空间	类型、整体结构、交接、建筑文本、形态设计品质、配置、家具配套、植被、用户群、使用强度、冲突	黑白图、照片、剖面、透视草图、观察、问卷调查、基地巡视
入口空间和连接外部的道路流线、交通	等级层次、交通系统、交通形式、步行道、自行车车道、规划空间中跨区间和城市的连接、街道的等级化和功能、形态/外表、公共交通站点、栅栏、危险地段警告、道路走向标志	路线规划图、总体规划、自行车道登记簿、自行车专用地图、徒步旅行专用地图、允许携带自行车的近距离区域间轨道交通网、多样化的互联网接入口
环境	大气污染物排放、噪音污染、工业废料，涉嫌受工业废料污染的区域（Altlastenverdachtflächen Bodenbelastungen）[6]、土壤污染、历史用途	规划方案、工业废料登记地利用规划、主题性地图、照片、历史遗存
社会结构	年龄结构、社会结构、教育水平、社会空间分配、老年人、青年人、单亲家庭、家庭、移民 社会空间用途：聚会地点、游乐场、大型活动场所、公共活动室、逗留场所、用途冲突 更高层级的发展：人口结构变化、社会变迁、生活方式	统计数据、问卷调查、观察

图 5.2.3 对现状的记录和分析中的判断标准和观点视角

---

1 德国有专门的房地产地价评议委员会，负责评估标准价格。

2 原文 "Liegenschaftskataster" 是德国土地测量部门的文件，用于记载房地产的边界、所有权归属、等级、开发规划等信息。

3 原文 "Einzugsbereich"，也译作"势力圈"或简称"腹地"。德国中心地理论中首先提出的概念，指那些受贸易、服务、基础设施密度都显著增加的中心、或各级政治中心的影响力辐射的城市范围。

4 原文 "Begehung"，德国建设工程中，由业主或者开发商检查施工进度和澄清现场发生的问题。

5 原文 "Ortsbegehung"，和上文"用途和用途结构"中的"施工现场巡视"（Begehung）的德语词根相同，但意义不完全一样，这里指的是设计前期针对基地的勘察。这个词是针对基地的考察。

6 Altlastenverdachtflächen Bodenbelastungen：涉嫌受工业废料污染的区域，也可通俗地译为"毒地"，这个概念中国学术界之前很少涉及，但近几年媒体对它的关注越来越多，本身其实是工业化和城市化发展的必经阶段。这一概念和"棕地"（Brachfläche）不同，"棕地"带有的潜在的污染，必定是来自于原本作为工业用地的历史，而"毒地"污染的原因还有可能来自于地下水。

城市整体

开放空间和基础设施　　　　机动化个人交通——道路连接　　　　公共交通——道路连接

规划用地及其周边环境

开放空间　　　　　　　　　公共基础设施　　　　　　　地块的出入交通流线

细节研究

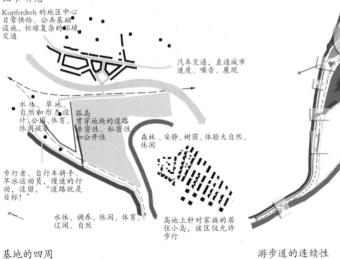
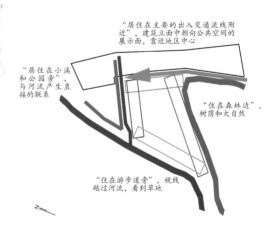

基地的四周　　　　　　　　游步道的连续性　　　　　　地段品质

图 5.2.4　对埃森市 Kupferdreh 区的分析观察层面

5.3 形态学分析

为了能在城市空间的规划中有所作为，以及能够参与到具体的设计中，因此非常有必要了解建筑结构与开放空间结构的内在逻辑和相互关系。对此，形态学分析或基地形态本身，提供了结构层面上的参考依据。

古希腊语"morphe"意指形态、形式、外貌；"Loge"源自古希腊语"lógos"，意指"学术研究、学科"。因此，形态学"Morphologie"也就是关于形态和形式的学科，一门研究形式变化的科学。应用到城市语境上，形态学就是"对外部形式所进行的形态设计"及"其造型之意象"所形成的共同作用。

从这个理解出发，形态学分析假设城市设计关系到延续、交接、结构更新。城市平面布局中的空间秩序和特定空间元素，是这块基地进一步发展的基本框架。在分析中，要按照城市结构"最基本的规律性"（由路网、面积和建筑结构所构成）进行研究。这种规律性是在城市漫长的发展历史中逐渐形成的。为什么今天某处的城市结构看起来是这个样子？"曾有过"或"现在还有"哪些发展、失败、稳固性、灵活性、连接性、自由性、持续性和变迁？这些都是形态学分析所应解答的问题。此外，建设结构和开放空间结构有着同等的重要性。这些经过上述分析从而在城市结构中清晰可读的形式，我们称之为"城市形态学"。

每个地方的城市结构，都留有地形学外部框架条件、特殊历史发展以及变迁过程所造成的特殊印迹。尽管城市中不同的组件单元，都各自经过了长期持续的变化，但某些结构特征还是被保留下来。它们具有一种稳定的特征，一种惯性，使它们的基本结构在发展的过程中，依旧能被识别。

格哈德·库德斯（Gerhard Curdes）[1]将形态学定义为："城市实体建筑结构的二维形态和三维形态。"通过观察城市结构的基本元素，人们可以发现，它们相互之间有着关联，同时又在不同尺度的层面上相互依赖、互相影响。克劳斯·洪伯特（Klaus Humpert）则描述了空间的四个层次，包括：

——区域和城市

——城市和城市平面

——城市分区

——小型地块结构

每个层次都含有一些元素以及结构准则，它们在更低一级的层次中依旧存在，并一一相互对应。

城市形态学是由这些元素与结构准则所发生的组合、分离以及重复而形成的。城市的结构体系包括道路网络、城市领域、小块地形和建筑物等这些清晰可见的形式，以及它们的生成逻辑。同时也存在一些特定的元素（如基础设施、水体、其他特定的城市构件）和属性（如品质、缺陷、稳固性、均质性等）。所有部分互相组合在一起，就形成了针对这块基地的城市设计的参考依据点。

在新时代的城市形态学创始者"意大利学派"的观察理解中（萨维里欧·穆拉托里 Saverio Muratori，1910—1973年）[2]，形态学的分析方法假设是，按照时间演进而在城市结构中相应出现的每一次发展，都建立在上一次发展的基础上。按照该体系，城市才得以出现。虽说城市的平面布局有其固有的历史来源，并能够通过对历史规划材料和城市历史平面的研究找出"发展路径"，但首要的着眼点其实并非在于"历史"，而在于"地形学上的基本布局"。不同尺度的防卫设施、贸易通道、城门结构与道路网络组织结构，以及历史性的重大事件、发明、新技术等，综合地解释了"城市的发展"，并对形成城市结构产生了重大的影响。

举例来说，一个单独的构件，比如一幢建筑，若改建，其对外界的干涉影响就会渗入到特定模式系统的外部框架里去（即某个特定的路网结构和小型地块结构）。这种结构体系对整体结构也会持久地施加影响，以至于又会反过来影响城市结构体系，造成建筑群一点一点地改变。

下面展示的例子，是基于历史进程相继排列的，多特蒙德内城区发展的系统步骤。

---

1 格哈德·库德斯，德国著名城市规划师、曾任亚琛工大城市设计和区域规划教授。
2 萨维里欧·穆拉托里，意大利建筑师、建筑学教授，城市形态学、建筑类型学的先驱之一。

图 5.3.1　多特蒙特内城区中公共空间的发展，1610—1986 年　　　　　图 5.3.2　多特蒙特内城区中建筑群和建设结构的发展，1610—1986 年

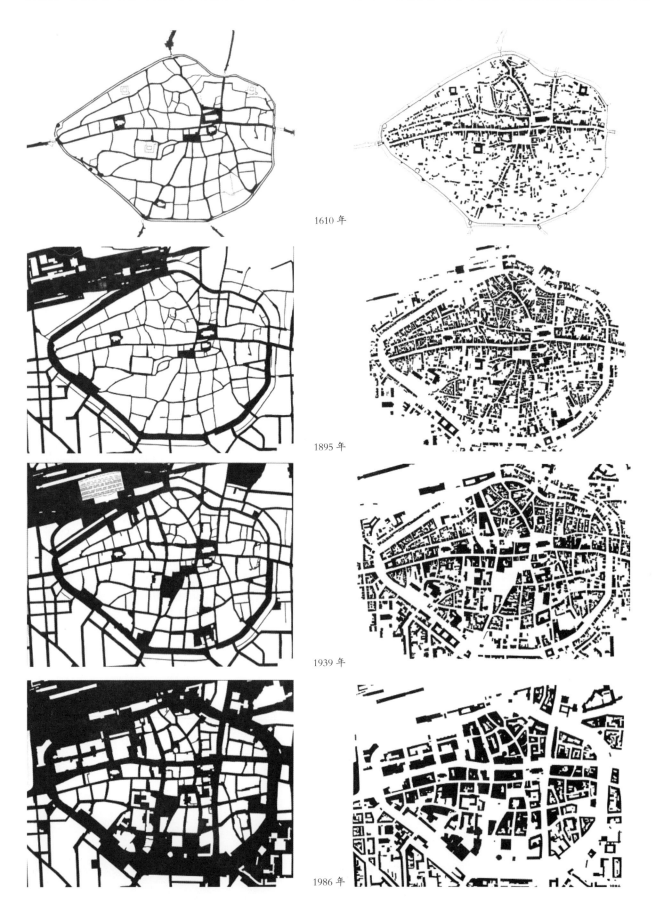

1610 年

1895 年

1939 年

1986 年

图 5.3.1　多特蒙特内城区中公共空间的发展，1610—1986 年　　　　　图 5.3.2　多特蒙特内城区中建筑群和建设结构的发展，1610—1986 年

5.4 主观分析

制作氛围图解

空间规划中的一项新的分析领域，是城市空间氛围的描述和图解制作。对此它强调的首先是对空间的审美感知、气氛以及感染力，也就是能让人情绪化的空间品质，以及它对人类的影响效果。城市空间、建筑物或景观的氛围，往往只不过是下意识的感知；制作氛围图解的目的，则是把这样的感知系统化，使其可供人读取和讨论；从而在更进一步的规划和设计的步骤中，让它能被导入和使用。有抱负的规划者们，必须对这种空间规划和设计的观点有敏锐的反应，因为制作特殊氛围的这种设计目标，在未来的会愈加重要。尤其是在城市之间的相互竞争中，富有感染力的空间品质、它们产生意义的方式和令人感动的方法，会获得越来越重要的地位。

总的来说，制作氛围图解的表现方式有这么几种不同形式和方法。

（1）文字

文字可以是对空间气氛和空间氛围品质的主观记载或文学性的描述，也可以是以访谈或问卷调查的形式，来记录空间对人的情绪影响。

"翻过六条河流和三座山川，那里有一座让人只见一次就难以忘怀的城市，她的名字叫左拉（Zora）。不过，这并非是因为她像其他重要的城市一般，能在人们心里留下什么异乎寻常的印象。左拉的特别之处，一点一滴地留在你的记忆中：它街道的次序、街道两侧的房屋、房屋上的门和窗……然而，这些本身并不是特别的漂亮或罕见。奥秘在于，当你的视线随着城市轮廓而起伏的时候，这种跟随的感受就像一段美妙的乐章，任何一个音符都不允许被修改或替换。非常熟悉左拉的人，在夜里无法入睡的时候，可以在想象中漫步街头，接二连三地回忆起黄铜钟、理发店门前的条纹遮帘、有四股喷泉的水池、天文学家们的玻璃塔、卖西瓜的小摊、隐士和雄狮的雕像、土耳其浴场、街角的咖啡店，还有通往港口的横街。这座城市，是无法从记忆中抹去的。就像一个架子或一套网格，大家可以把自己愿意回忆的事物，都装进上面的空格中。"

——伊塔罗·卡尔维诺（Italo Calvino）[1]

（2）速写

手绘速写（或水彩素描、漫画、昂贵的油画等）能用来认知空间的气氛和影响作用，并将它们可视化，是非常

合适、优秀的办法。图形化记录的前提是，尽可能准确的观察。

（3）意境地图

关于制作这种认知地图的起源，权威的说法是凯文·林奇。林奇在他的"城市意象"的研究中，对主观的空间理解以及相应的空间感知模式进行了研究。这种地图可以包含实际的结构元素（路、山、建筑等），而且也可以对感官品质或情绪影响进行空间性的表达。

（4）摄影，电影

在留档保存"空间氛围影响"的方法中，摄影和电影被运用得最为频繁，然而"声像解说"（即所谓的听觉拼图）正变得越来越重要，因为它让长期记录城市空间情绪成为可能。这种记录方法，其对空间情绪的干扰几乎能完全忽略不计。

图 5.4.1　意境地图

从多特蒙德的内城区前往多特蒙德工业大学的南校区的路上，沿途的空间和氛围的记录

1　伊塔罗·卡尔维诺是意大利著名记者、作家，被誉为20世纪最重要的意大利小说家之一，作品融合现实主义、超现实主义与后现代主义。上述的文字译自他的著作《看不见的城市》的德文版。

图 5.4.3 阿豪斯的步行区
夜晚和白天

图 5.4.2 氛围记录速写

图 5.4.4 古巴的哈瓦那海滨大道附近的氛围

图 5.4.5 氛围和气氛 "地图"

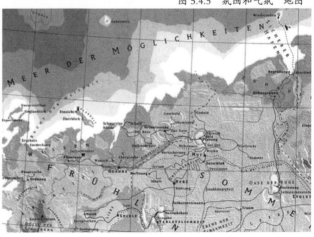

路线分析（"路程法"）

路线分析是 20 世纪 70 年代由让帕提托（Jean Petiteau）[1] 以"路程法"的名字开发出的一套分析方法，主要在法国城市中进行了尝试。作为一个最初由独立个人发起的建筑学分析和影响的方法，"路程分析"在这些年里发展成了对城市居住片区中"空间体验"和"社会关系"的大规模研究（Petiteau & Pasquier，2001，P74）。此分析方法的重点在于，研究人员和被测试者交换角色；研究人员把检测空间的任务转手给了非专业人员。

该分析法是一套分为三个阶段的过程，采用一套定性工具组合，对社会现象进行经验考察。

（1）第一阶段：提前访谈（"前期面试"）

研究人员（或也可以是设计师）与被测试者第一次建立联系（所谓的"前期面试"），应该让被测试者信任这个计划的目标和方法。同时，被测试者在谈话中获悉计划本身详细的意图和要求——对状态或情景进行考察。

（2）第二阶段：散步日（"路程之旅"）

该方法的核心元素由散步组成。散步日里，研究人员与被测试者相互交换角色。研究人员再一次简短地说明问题，之后仅担任"陪同人员"的角色，负责倾听。

被测试者是散步时的中心人物。由他来决定确切的路线。被测试者在散步途中仅需指出那些对他来说重要的事物，研究人员从被测试者的阐述中获得其第一手的主观性看法。通过录音和照相的方式，留下散步过程的记录。散步结束后，被测试者的阐述和照片记录将被叠加起来，生成一部"图片小说"。这种对场地和情景的探索展现了一种参与性的观察方式，看起来有条有理；但其实也只不过是一种"加入了对问题的陈述来作为补充"的叙事性访谈。

（3）第三阶段：结果对质（"对质"）

该分析方法的最后一步，以"图片小说"的形式让被测试者与结果进行对质。研究人员可以对含糊之处提出质疑，或者对散步途中提及的某些部分的事实情况进行深入研究。这种对质是非常重要的方法性步骤，用以避免可能出现的误解。

把观察任务委托给一个被测试者，接着分析这位被测试者所看到的事物——这种分析方法的概率取决于被测试者主观性的观察。多年的研究表明，在相应地做好准备并且谨慎实施的前提下，散步的形式可以成为"针对城市空间的敏感解读"中极具前景的工具手段。

图 5.4.6　路线分析

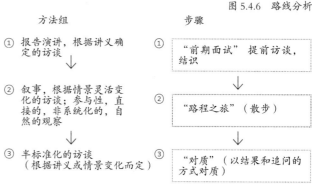

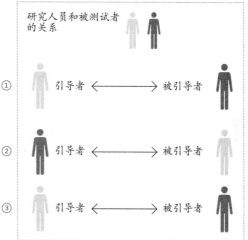

参考文献

1. 观察和认知

[1] Fechner G T. Vorschule der aesthetik[M]. Breitkopf & Härtel, 1876.

2. 对现状的记录和分析

[2] Curdes G. Stadtstrukturelles Entwerfen[M]. Kohlhammer, 1995.

[3] Humpert K. Einführung in den Städtebau[M]. Kohlhammer, 1997.

3. 形态学分析

[4] CURDES G. Stadtstruktur und Stadtgestaltung[M]. Stuttgart: Verlag W. Kohlhammer, 1993.

4. 主观分析

[5] Petiteau J Y, Pasquier E. La méthode des itinéraires: récits et parcours[J]. GROSJEAN Michèle, THIBAUD Jean-Paul, L'espace urbain en méthodes, Marseille, Parenthèses, coll. Eupalinos, série Architecture et urbanisme, 2001: 63-78.

[6] Grosjean M, Thibaud J P. L'espace urbain en méthodes[M]. Editions Parenthèses, 2001.

1　让·帕提托，法国建筑师、城市规划师。

6

城市设计

6.1 "层次法"及其设计步骤

与 Peter Empting，Präivi Kataikko，Ilka Mecklenbrauck，Lars Niemann，Jan Polivka，Angela Uttke 和 Mehdi Vazifedoost 共同编写

作为系统性工作步骤的"层次法"和由简·雅各布斯所描述的"对城市生活的复杂理解"，和城市设计有着紧密的关联。城市结构是作为多层次的组织而被人所认知的，由可辨认的组成部分、元素和层面共同构成。这种构成又可在单独的一个层面上被剖析，于是这种剖析就具有了辅助工具的作用：能帮助了解当地特有的规律性，以及在设计上形成确切的"单一层面"性的内容表达。

不同层面之间的关系是可以被揭示的，通过对单个层次的观察，可以认知规律性的、当地特有的排布和形态设计准则。对现有规则和规律的跟踪分析，可以对"新建部分"推理出依据和量身定做的特别准则。

层次法描述的是彼此层叠且相关的步骤，分类规律如下：

——按照"分析步骤顺序"和"设计步骤顺序"；

——按照主题和内容的层次和层面；

——按照"待观察的环境语境"的尺度层面。

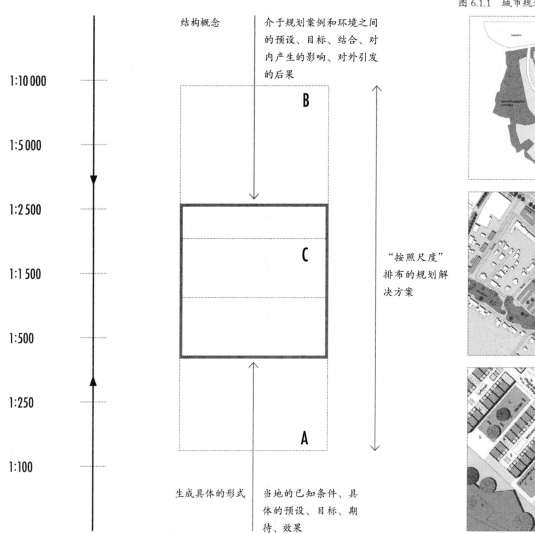

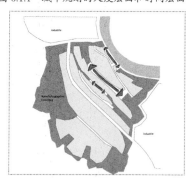

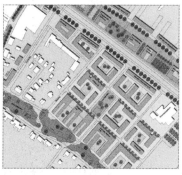

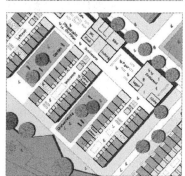

图 6.1.1 城市规划的尺度层面和时间层面

6.1.1 对现状的记录和分析

在现状的记录和分析方面，方法和尺度层面取决于规划区域及其相关的周边环境（参见第 5 章 "解读城市"）。现状的记录和分析，可以被汇编成不同的规划学表达方式或者图片集。

图 6.1.2 设计的层次，韦瑟灵市（Wesseling）空中俯瞰图

6.1.2 蓝图

在城市设计的框架体系下，蓝图被理解成空间目标富有画面感的演示（和纲领性的蓝图相反）。蓝图不需要标注比例尺度，它既可以展示 "当地" 等级的语境，也可以展示 "区域" 等级的语境。

空间蓝图

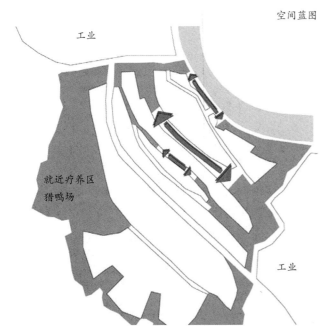

6.1.3 结构规划

结构规划在粗略的结构表现图的基础上，增加了规划空间的分区和组织的概念。它可以涉及不同的尺度层面，比如地区、城市或是居住片区。比例尺度的变化范围介于 1∶25000 和 1∶50000 之间。

结构规划

6.1.4 框架规划[1]

框架规划是为城区或居住片区的未来所预设的发展框架。基于空间性的共同作用，人们针对将被扩建的规划地区，制订了框架规划。框架规划将研究考虑 "规划地块与其周边环境的关联"，并将其通过绘制表达。比例尺度的变化范围介于 1∶5000 和 1∶2000 之间。

框架规划

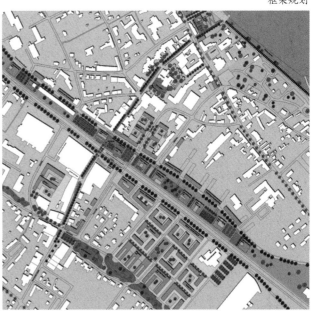

---

1 德国正式的法定规划工具有《土地利用规划》（FNP，即相当于我国的城市总体规划）、《建设规划》（Bauungsplan）和《城镇公共法规》（Satzung der Kommune）。框架规划是介于土地利用规划和建设规划之间的非正式工具，德国《建设法典》对于框架规划没有做出规定，框架规划也没有法规强制性。在德国，框架规划也被称之为 Masterplan，虽然从字面上可以翻译为 "总体规划"，但并不对应我国的 "城市总体规划"。

6.1.5 形态规划

形态规划图是把提案中的概念性内容转化成具体的"建设结构"和"开放空间结构",涉及"实际规划区域",并且描绘了规划中"功能、空间和设计"的规律性。根据规划区域的面积大小和表达深度,比例尺度的变化范围介于 1∶2000 和 1∶1000 之间。

6.1.6 城市营造的节点设计

城市营造的节点设计指的是对单个区域的阐述和深化。它展示了"子范围"在形态设计上有说服力的准则。通常情况下,城市营造的节点设计主要展现在公共空间的使用品质和设计品质,以及介于私人空间和公共空间之间的通道上。比例尺度的变化范围介于 1∶500 和 1∶200 之间。

关于更多设计方法的一句题外话是:确实存在各种方法,能提出与城市设计相似的步骤,但无论何种方法都会面对其独有的困难,其中有些部分还需要依照完全不同的概念进行操作。

形态规划

城市营造的节点设计,韦瑟灵市(Wesseling),莱茵河畔

城市营造的节点设计,韦瑟灵市政厅周边

城市营造的节点设计,韦瑟灵火车站周边

6.2 蓝图

在城市营造领域，由葛德·阿尔伯斯（Gerd Albers）所提出的"城市营造的蓝图"这一定义被一直沿用至今。"城市营造蓝图"的概念意味着"对复杂目标充满画面感的演示，为'单独的设计''规划构想'和'个人化的设计倾向'提供了一个共同的背景，以达成具有压倒性共识的'价值评判标准'，从而为全面地审视令人向往的空间秩序打好基础"。（乔恩·丢维，尼尔斯·古乔,1988）[1]

每个时代对城市规划的认知都反映在当时的城市营造蓝图中。"蓝图"这一概念在20世纪下半叶被引入到空间规划的术语里。在第二次世界大战后的重建时期，蓝图逐渐发展成为社会科学体系中被大量关注的一类现象。最初作为空间布置中可被实现的、同时又理想化的目标构想，它很快被集中应用到了城市营造中。特别是通过当时最有名的城市规划蓝图"分区和松散的城市"（Göderilz、Rainer、Hoffmann，1957）[2]，"建筑—空间"的转化被成功实现，从此蓝图有了极大的专业意义。

人们对于"蓝图"这一概念，特别是当它与项目和设计联系在一起的时候，产生了大量认知和讨论，但彼此之间分歧很大。对它的认知，包括从"对空间未来状况富有画面感的构想"到"对于如何处理问题的一套清晰的理论性目标构想"，对蓝图概念的统一理解并不存在。但依旧存在以下共识：顾名思义，"蓝图"所指的正是对未来状况充满画面感的、令人印象深刻的构想[3]。其中"图"这个字就清楚地说明：其理论性目标还不足以被实现。蓝图总是以主题为主导，符合实际且带有目标构想。

蓝图的任务

城市营造的构思概念产生于设计过程中。在此过程中不断尝试为已设任务寻找有说服力的解决方案。一旦找到解决方案，就要根据新的认识对其提出质疑。

> "城市设计并非一条以筹划开始，以实现结果的线性轨迹；而是对空间的方案进行开发、构思、放弃和替换的过程，原则上并无休止，是一项长期的区位考察。"
> ——埃里克·巴斯韦尔

在此过程化的方式中，蓝图恰好能以其独有的"图像功能"作为辅助手段。它是一种以越来越严密的构想为目标而来推进的、可调整的模板，本身并不教条僵化。在设计过程中，蓝图的任务是进一步深化指导方针，并给出问题的解决方案。指导方针和解决方案能提供引导、协调和激励，在这整个过程中，蓝图起到了路标的作用，但并不去确定最终的状态。同时，它又是可修改的，可对其内容性的方向进行审查、补充，并对修改后的内容持开放态度[4]。蓝图以惊人的方式精炼了内容，对空间上和内容上的"引导性思考之图解表达"，蓝图做出了重大贡献。

根据阿尔伯斯的阐述，空间上的蓝图表达了充满画面感的具体化目标。

对于蓝图的这种充满画面感的表现方式，我们期待着如下的内容呈现：

——蓝图应抽象地、大略地表达规划的基本特点；

——蓝图并非现实的忠实写照，而是通过借助单独个体的评判和观点，来对现实做评价；

——蓝图是长期的、想象中的景象；

——蓝图表现了一种共识，特别是单个规划层面和某些设计局部之间的互相协调统一。

因此，蓝图对设想中的未来做了基本上的关联，但并不在细节上做限定，为各个局部单独的表达和想象预留了空间。

蓝图具有整合功能

在跨学科合作的背景下，蓝图正好可以起到整合性的贡献作用。它将"抽象概念"与"和学科相关的设想"综合到了一幅共同的参考图中。

用蓝图来交流"规划方案"

相对于概念，图像不仅更容易让人记住，而且可以让人们基于图像进行更为轻松和通俗的交流。蓝图位于"想象和现实""原理和真实"的切入口。它的精确度足以让人对它进行讨论，并得出总体和细化的规划方案。越是复杂和越是理论化的规划，空间蓝图作为交流介质的功能，也就越重要。因此，在有众多参与者的协调过程和公开程序中，蓝图对交流想法和设立目标起着越来越重要的作用。

1 乔恩·丢维（Jörn Düwel）和尼尔斯·古乔（Niels Gutschow）于2005年出版了《20世纪德国的城市营造：想法、项目、参与》（Städtebau in Deutschland im 20. Jahrhundert. Ideen, Projekte, Akteure）。
2 参见本书第2.5节"现代主义的城市营造"。
3 蓝图（Leitbilder）原文字面意思是"引导性图片"。
4 开放态度，这里指允许出现各种可能。

在确定目标的过程中，早期阶段就可以起草一份能生成一整套成功流程的共识。用于实施的城市营造蓝图，将不再由管理者们闭门造车，而是将会被公开的处理与讨论。

"蓝图开启了通往情感的道路，从而让人热情地参与到城市营造的项目中。"

—— 德特勒夫·易普森（Detlev Ipsen）[1]

图6.2.1 丁斯拉肯市（Dinslaken）罗贝尔格镇（Lohberg）的地区发展，设计：Oberhausen 规划小组
主题性蓝图

 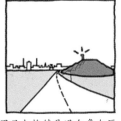  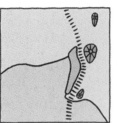 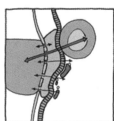

罗贝尔格镇作为从大城市到郊外的过渡区域

罗贝尔格镇是通向鲁尔区的莱茵河右岸之门

区域性蓝图
罗贝尔格煤矿区向埃姆歇河（Emscher）景观公园的"标志识别点"发展

煤矿区作为两块景区之间的阶梯露台

煤矿区作为两个居住区之间的连接链条

结构规划：通过"缝合"和"线型公园"，来连接两个风景区

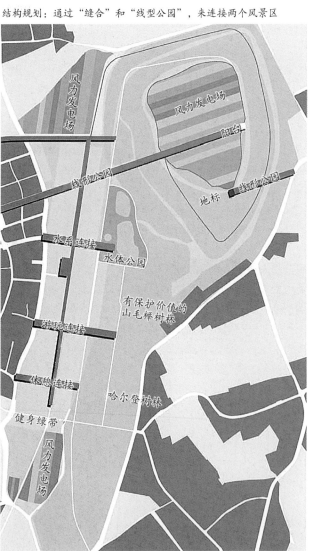

框架规划：新的建设与现存的结构相适应，连接起了不同的聚居区

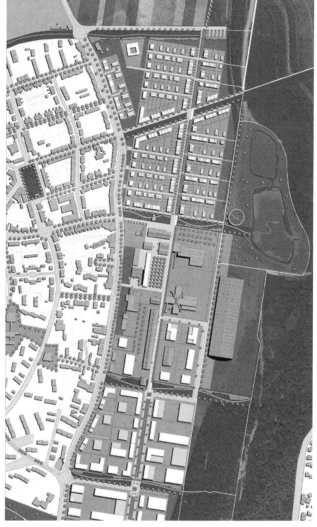

1　德特勒夫·易普森（Detlev Ipsen），德国社会学家。

蓝图的内容

只要能将内容突出地反映出来，一个理念、一段标题或者一句口号都可以作为"蓝图"。它当然也可以是真正意义上的一幅图像——以图标、草图或拼贴画的形式表现。

然而作为图像，一张纲领性的蓝图对引导设计的概念展示得较少，更多的是展示内容。更高层级的蓝图将单个的目标以主题化的手法表现出来。在纲领性蓝图的帮助下，目标可以被深入细化到实施方法以及贯彻落实的层面。鉴于主题本身的内容和目标的复杂性（例如在城市发展的概念框架下），必须以通俗易懂的形式对主题进行展示，所以对规划性的蓝图的设计是伴随着主题的设立而进行的。

空间性蓝图则在"抽象的理念"与"结构规划之内容性的、表现性的成果"之间进行协调。通过抽象提炼的形式，它突出地表现了规划的空间基本特征，但又并非是忠实的现实写照。空间性的蓝图体现了价值的准则。规划的立场是公开的，于是来自规划领域的各个单独任务与问题能被关注和解决。后期的规划建议和措施将用这个价值尺度去考量和验证。

图 6.2.2　卢森堡"北城"城区的发展[1]，设计：RHA 建筑师和城市规划师事务所
主题的蓝图

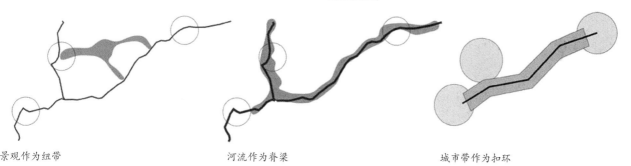

景观作为纽带　　　　　　　　河流作为脊梁　　　　　　　　城市带作为扣环

城市营造上的框架规划：河流作为新建设区的脊梁，把现有结构与新结构连接在一起

1　卢森堡的"北城"并非位于卢森堡北边，而是位于其中部。

图 6.2.3 杜塞尔多夫市的格雷斯海姆区（Düsseldorf Gerresheim）的
棕地开发[1] 草稿型蓝图

图 6.2.4 卢森堡的北城地区，纲领性蓝图

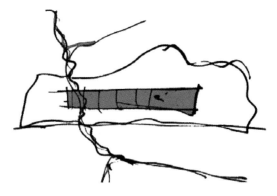

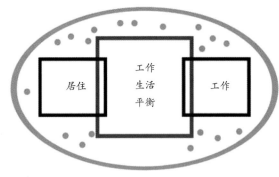

图 6.2.5 "罗马大道体验空间"，宽敞空间的构想蓝图

图 6.2.6 1962 年，多特蒙德"当代城市"展览会，框架规划蓝图
搭配主要出入交通流线的城市综合设施，以及设有"绿区"的齿轮状城区边缘

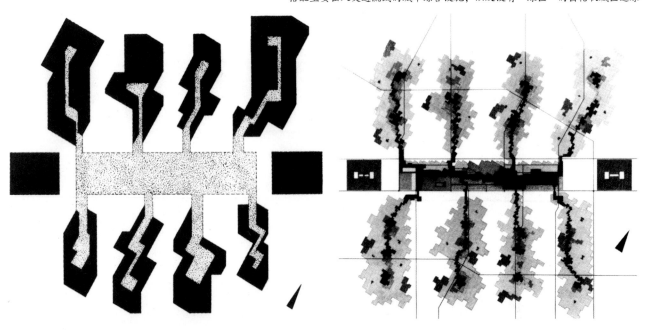

---

1 有关该项目在城市营造上的设计概念，可参见本书第 9.3 节"棕地开发"。

6.3　结构规划

结构规划包括了更高层级的结构（社区或城区的开放空间、景观空间、居住区和交通基础设施）的空间发展。由此，它迈入了"整个城市"（或甚至整个地方区域）的尺度层面，考虑的是城市主导的或区域性的城市规划主题。

结构规划的任务

一般来说，结构规划属于长期性的操作概念。它并不涉及具体的空间方案措施，而是针对空间上所形成的相互关系，来制定目标和规则。这些规则，即有目的性的空间观点和空间通道，不仅为进一步的深入细化提供了方面性的框架，而且也为城市管理和政策的决策者们指引了方向。于是，未来（和当前）的部分项目，在结构规划的帮助下，将进入一种已广泛存在的综合作用之中，具有空间性和主题性。结构规划的组成部分还能成为典型问题的解决方案。

结构规划的战略方式和比例尺度（1：50000，1：20000或1：10000）同时决定了规划项目中所追求的"非精确性"和"公共开放性"。它不仅是空间上的细节和具体深化的

直接出发点，还要能够对城市发展所需的进一步的行动领域和方法进行补充。如此一来，结构规划在它的意图上又重新贴近了"空间性蓝图"的构成，且明显不同于"土地利用规划"和"建筑法典"。

和框架规划一样，结构规划没有固定的编制方法。由于规划所针对的空间十分巨大，所以必须有相当多的参与者加入到与编制规划相关的信息发布活动和研讨会中来。对城镇来说，"合法的"以及"与内容相结合的"规划，均由委员会通过立法来产生。它又涉及城镇的"自我约束"。

结构规划的内容

通过对整座城市或一块地方区域的构成元素进行阐述来做分析，是空间性的结构规划的基础。
——城市/区域的哪些元素要如何整合到结构中？
——哪些元素是恒定持久的？哪些是在变化中的？
——哪些元素能在很大程度上展现出区域或城市整体形态的导向性和可读性？
——哪些既定的自然地形特征（河流系统、渠道、山脉、山坡）决定了区域或城市的形态设计？

图 6.3.1　德累斯顿内城区的发展，设计："佩西建筑师与规划师"事务所（pp a | s）黑尔德克、斯图加特
城市设计发展的首要目标，就是基于对高品质的建筑和城市历史平面布局的全盘考虑，
从现存状态中重新恢复内城区的都市性。力图实现分层级的密度和提升价值的公共空间和私人绿地的网络
开发策略的核心元素：表现手法（左图），核心元素：空间和居住片区（右图）

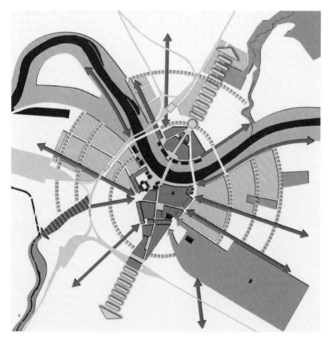

结构规划概念性地展示了"风景区和城市之间"或者"城市和区域之间"空间上的功能关系（既有需要长期继续保持的，也有需要长期打造直至形成的）。

结构规划的对象和内容就是根据规划动机而产生的各种因素的空间性发展，例如：

——城市内环和区域中心（内环和中心的现状，新中心的潜力，内环或购物中心的新布局）；

——区域间交通线路、城市里的主干道和通往城外的公路干线（对空间结构的强调突出/标注过渡、节点和全景）；

——河道和蓄水水库（价值提升，沿岸区域的发展和该区域出入交通流线）；

——景观空间和开放空间系统（对"与开放空间相关的系统"进行"创建"和"补充"）；

——垂直高度的拓展，以及地标（确立新高度，形成对垂直高度拓展的限定）；

——工业地区（整合用地、新型开发的潜力/重新定义的潜力）；

——个别重大项目：尺度规模巨大，跨地区性，地方区域性。

一体化的结构规划　将不同的"主题设定"集中到一份图纸集中或操作概念中（表现图比例尺1：50000、1：20000或1：10000），通过"深化的附加图纸"和概念草图，"一体化的结构规划"对那些"脉冲型"或"原型"的干涉地点和详细的说明文本做了补充。

首先，图纸的表现手法终究是平面化的。借助阴影线和箭头可以表现出联系和交接。"实施重点"和"措施力度"被"浓重、大块的箭头"醒目地圈出。建筑物的外形——除了对整体或单个项目有极其重大意义以外——将不做表达。

城市整体的结构规划　现在主要应用于大城市的蓝图阶段，将建设发展的原理以图纸、草图和文本等形式进行表述。下面是一些相关的案例：德累斯顿的"2007内城区规划蓝图""埃姆歇景观公园"和"汉堡城市形态发展策略"。

图 6.3.2　埃姆歇河景观公园之结构规划
埃姆歇河景观公园是 1989–1999 年埃姆歇河公园之国际建筑展（IBA）的核心旗舰项目，目的为展示新的城市文化景观。建筑展结束后，按照总体规划"ELP2010"，"区域性景观公园"这一基本构想被进一步开发了出来。
如图所见，有许多绿环和新连接。

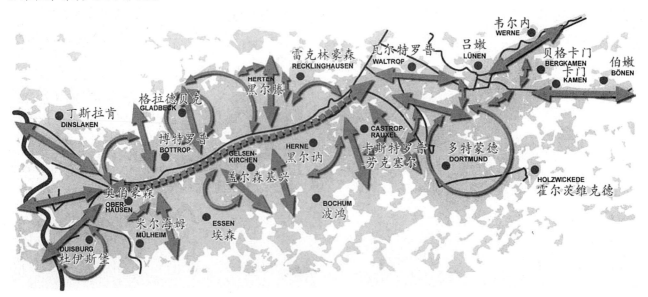

图 6.3.3　结构概念及城市营造的总体规划，港口城市，汉堡
设计：ASTOC 建筑师和规划师，科隆 /KCAP 建筑师 & 规划师，鹿特丹 / 汉堡有限公司
在昔日港口的地块基础上出现了一座城市性的地块：汉堡。鉴于大大小小的差异化体量和约束限制，港口水域提供了多样化的地段品质和特性。
这座海港新城和日益繁华的内城区一起，通过"城市营造结构"和"公共空间"取得了成功。

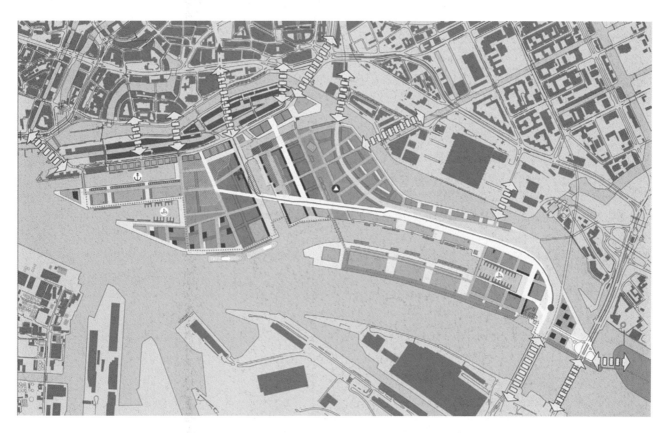

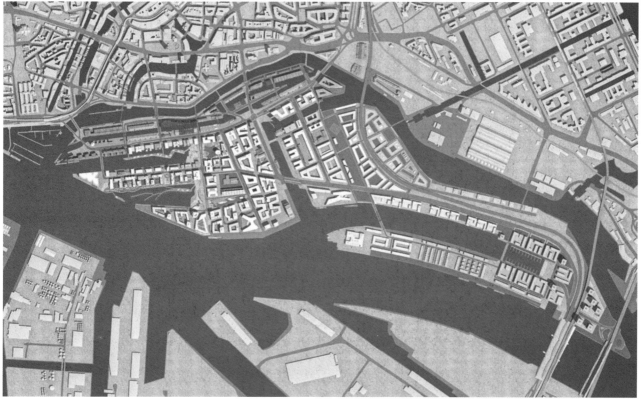

图 6.3.3　结构概念及城市营造的总体规划，港口城市，汉堡
设计：ASTOC 建筑师和规划师，科隆 /KCAP 建筑师 & 规划师，鹿特丹 / 汉堡有限公司

6.4 框架规划 / 总体规划

城市营造的框架规划和总体规划（Masterplan）[1]是非正式的规划工具。这意味着，它们没有法律的约束力，没有固定的制订方法。但它仍然是管理行为的指南。它们通常被用来表现城市的部分子空间和各种各样的内容。

框架规划的任务

作为介于大规模的城市整体规划（蓝图、结构规划、土地利用规划）和详细规划（形态规划、建设规划）之间的媒介，城市营造的框架规划被制订了出来。用于规划的比例尺度是 1 : 5000 或 1 : 2000。它为参与者（如城市管理部门）的行为、为具体的发展措施构建了一套指导框架。框架规划展示了发展潜力，展现了未来的发展前景。对于一片城区而言，它是城市营造意义上的规划，并且是一套清晰可读的空间性排布模板。对于那些建立在框架规划成果之上的规划而言，框架规划是它们的基础。

框架规划描绘了"空间"（或空间单元）和"城市营造的综合作用"之间的构成，搭建起了城市结构的各种联系，诠释了现状和规划的关系，例如城市营造上的价值提升、填充建筑间空地、新建、拆除等。由于框架规划常常整合了正式性规划，所以由最初的城市营造的框架规划还可以衍生出开放空间的规划或者交通情况等的成果。

因为框架规划不像城市建设指导规划那样，是在一个标准的规划方式下产生的，它没有经过市政或公众有约束力的投票过程，具有一定的灵活性。尽管它对城市的发展有指导作用，但框架规划并没有产生与之相关的法律性和内容性条款。公众参与和协商是管理的过程元素，在制订框架规划中经常使用，从而使结果尽可能地达成共识，这正是城镇广泛使用这一规划工具的原因。

针对城市中特定的子空间，人们制订了框架规划，并明确了城市空间未来发展的原则性论断——框架规划也能够包含"针对具体操作的选项"，或对"具体的实施措施、发展重点或时间进度"做出建议。

图 6.4.1 拜罗伊特市（Bayreuth）的哈内姆勒（Hohlmühle）居住片区，城市营造的框架规划，设计：RHA 建筑师和城市规划师事务所

---

1 Masterplan 虽然字面意思是"总体规划"，但本质是作为"土地利用规划"（FNP）和"建设规划"（Bauungsplan）之间的非正式规划工具，所以本书此处更倾向于讲解和 Masterplan 定义非常接近的概念："框架规划"（Rahmenplan）。

出入交通流线：街道、停车场和广场

开放空间：住区广场和公共区域

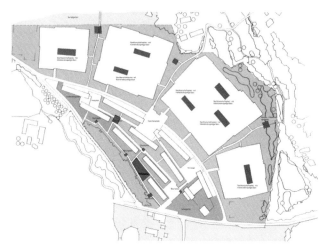

雨水：等高线轮廓，水流

绿地布置：树木和木本植被

分区：划分为小块用地，所有权关系

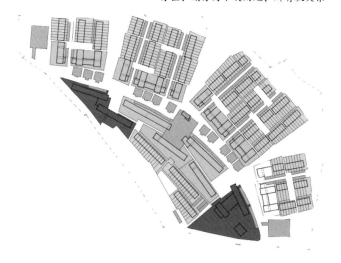

用途：南部 / 西南部，带有社会性基础设施的居住小区

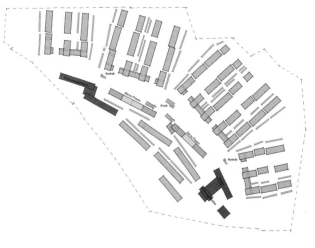

对框架规划来说，并不存在内容或表现形式上"强制性的和整体性的定义"。一般来说，它的重点在于高水准的"可读性"——即运用清晰明了的成果来表达相应的内容。所以，框架规划是介于管理部门与市民或城市的利益团体之间适宜的媒介工具。

框架规划的优势之一在于它的"信息传播"特性。得益于设计的自由度，针对市民、商人、商界或其他利益团体等人群专门制作了"通俗易懂"的规划——然而，这些群体与那些建设指导规划（如"规划图例法规"）的要求之间并无关联。

总体规划往往被用作为框架规划的同义词。两者呈现的内容是相似的，它们之间确实没有明显的概念界限。然而，规划实践揭示了：总体规划更具约束力，呈现的规划内容也更多、更具体。框架规划的内容呈现则保持在原则性的深度层面，并且更侧重诠释演绎上的灵活性。

框架规划的内容

制订框架规划可源于不同的诱因，且可以包含许多关键性的内容呈现。所呈现的各个内容的深度取决于规划用地的大小和对规划空间内容的讨论。此外，它还构建了自身和结构规划之间的交集。

跨城镇的框架规划

作用的地区包含有多个城镇，所有参与合作的城镇共同来确定相邻区域的土地利用。

城市总体框架规划

和传统的、正式的土地利用规划结合得很紧密。基于其灵活性和相对来说较短时间的表决过程，它常被用作指导行动的规划。

子空间型框架规划

主要在大城镇中发起，展现某些特定的城区或居住片区的前途愿景。

以项目为导向的框架规划

主要集中在城市的某一块子分区，它适用一个单独的重大城市营造计划，如棕地的改造和再利用，或城市扩张区域。

图 6.4.2 城市营造框架规划，在亚琛市的梅拉滕（Melaten）的亚琛工业大学校园，设计：RHA 建筑师和城市设计事务所，城市营造竞赛一等奖

图 6.4.3 设计：费迪南德·海德建筑事务所 城市营造竞赛二等奖

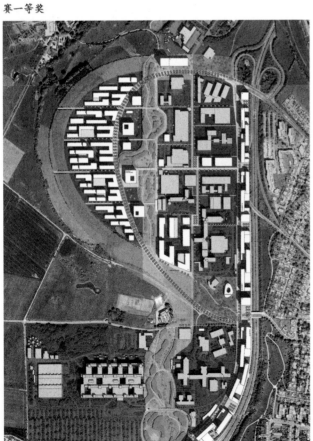
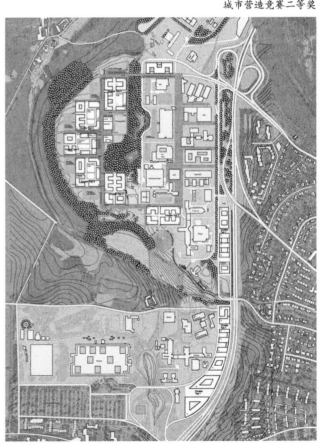

在绝大多数城市营造的框架规划中，建设结构、特性和用途，这三者处于核心地位。

内容可包括：

——指导性目标；

——现存建筑的地段和特性，以及新的建设肌理结构；

——填充建筑间空地；

——未来的用途；

——开放空间和景观发展愿景；

——现存建筑中的更新区域；

——带有空间性影响作用的基础设施；

——交通概念；

——迫切性，重点，实施阶段。

对框架规划内一些方面或主题的深入思考有助于整体概念的提升。比如，几个特别的用途观点就属于这类。

——建筑物的用途改变；

——拆除 / 部分拆除建筑物；

——重新规划商业用途；

——向外扩张的、干扰性的行业。

开放空间规划的方面：

——开放空间、绿地、和风景区的连接；

——提升绿地的价值 / 重新布局的措施；

——对居住片区层面和街区层面的干预措施；

——街区组团内部的绿化和打破封闭性；

——建立公共绿地和游乐区；

——种植行道树；

——对雨水概念设计的考量。

交通规划的方面：

——街道等级分化的表现；

——道路空间的形态设计；

——对静态交通[1] 的考量；

——对街道路网的拆除和扩建，如日常生活的和休闲用途的自行车路网以及公共交通路网。

图 6.4.4　城市营造的框架规划，慕尼黑的里姆博览城，设计：Valentien+Valentien 景观建筑师和规划事务所

紧密型—都市—绿地

1　静态交通指停放车辆相关的行为、空间。

6.5 形态规划

"形态规划"的概念定义是显而易见的。一方面，顾名思义它关乎"形态设计"；另一方面，它处理的是发生在未来"被影响的、新建的或变更的"事物。它可以是指城市和居住片区建筑上的变更，也可以是指增设全新的居住区和商业区。还有城市空间的小幅变化，如大道、小路和广场的形态设计，以及对开放空间的和绿地运动轴的改造翻新——其形态元素和植被也可能成为重点内容。

形态规划的任务

形态规划的内容和意义，首先在于表达规划的意图须尽可能的可信、通俗易懂，即不仅专业人士可以读懂，而且也要让市民容易理解。

形态规划是规划意图的搬运工。它必须使人能快速了解"空间状况是如何被改变得更好更积极的"。所有这些，仅仅通过二维平面的表达，来达到立体的即三维的可读性（通过特别的表达方式和方法），使观众能够容易地掌握和理解规划内容。对此，须顾及普通人的阅读习惯。

图 6.5.1 形态规划 2 号校区，海德堡，设计：RHA 建筑师和城市规划师事务所
海德堡市 Bahnstadt 城区的开发区借助 2 号校区，提供了针对研究机构和科学相关服务的空间

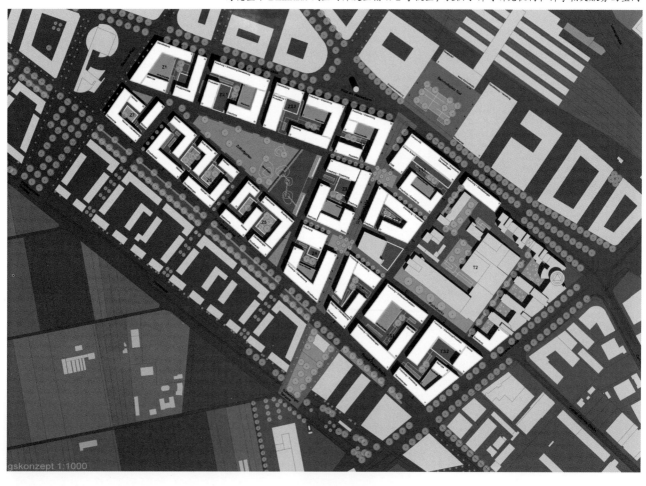

形态规划的内容

正如规划这件事本身存在众多的可能性，形态规划的内容也可以多种多样。重要的是，表达出主要建筑和次要建筑的体量和朝向，以及它们的出入交通流线体系、功能用途。不同用途可通过诸如不同颜色、结构、描述或类似的标记方式来表示。在空间营造中"垂直高度的拓展"也同样是规划设计的重要内容，比如建筑物、树木、灌木丛、墙壁、电线杆、小山丘、和沟渠等。通过运用各种不同的表现方法，立体效果亦随之出现。为进一步说明"会被使用到的建筑类型"，对屋顶形状的表述是很重要的，对不同的屋顶形式，可使用不同的排线法、颜色过渡和建筑结构等相关的表现手法。

除了"营造空间"性质的建设以外，不被用于建设的开放区域以及它的用途，也必须在形态规划中得到确定。这类地块的用途，可以通过对不同的、特别的颜色和（或）结构的选择得到清晰的表达。私人空间和公共空间的面积区别也应可视化，如植被的特别形式、规划地面的覆盖物；或者，当比例尺度可以清晰地展示细节的时候，也包括表达家具的使用。

图 6.5.2　深化的城市营造区域 2 号校园，海德堡，设计：RHA 建筑师和城市规划师事务所

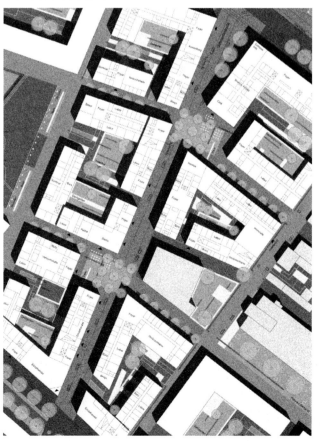

同理，交通区域的划分、用途和表层形态设计都将表示在形态规划中。诸如路面、自行车路线、步行道、静态交通区、混合交通区等，须通过借助不同的颜色（尽可能取自一个色系）、不同的结构和纹理来表示这些不同的功能区域。通过横截面上这些不同的要素，观众们很快可以看出"不同等级的交通区域"的层次分化。

沿街绿化、公共空间中保持间距的绿地和树木，也共同参与了交通区域的构建。由于从"重要的功能控制"直到"交通安全性"，形态规划都需要遵从，所以从这个角度来看，规划应展示出尽可能真实的画面。

即使公共交通线路在形态规划上的意义不大，也应至少标出站点。"可视化"不仅对识别交通空间的"实用性"非常重要，同时对于表现"从社区到公交站点之间的连接是充足的"这点也很关键。重点在于桥梁和隧道以及标出地下停车场都要标明进出口。

表现形式

根据规划的情况、内容或目标群体，有针对性地使用不同的表现形式是有可能，且有必要的。没有必要在形态规划中强迫性地使用彩色，用黑白甚至用灰度或者以半彩色的版本来表示都是可行的。彩色的表达方式当然更便于快速理解和掌握形态规划的内容，因为它更有可能传达出极其丰富的内容和信息。对此，选择颜色对"读者的理解深度"和"本身的可读性"就非常重要。

某些用途的色彩搭配显而易见。开放空间、绿色空间和植被等以不同色调的绿色表示，水体以蓝色表示。使用符合视觉习惯的色彩，本身就能说明很多问题。所以，规划本身的画面应该制作得更加自然，力求通过"尽可能准确逼真的画面"将形态规划呈现给受众。这个道理也适用于表现"垂直高度的拓展"。更高耸的元素应该被立体地凸显出来，相反地，更低矮的元素应保持低调。为了达到这样的空间效果，可合理采取如下做法：在形态规划中，以独立的高度视图来表现垂直高度上的拓展，从而对它进行单一层面的分析。

例如，自下而上的是：

——交通区域：街道、小路、广场；

——绿地、花园；

——灌木丛、树篱、围栏、配楼；

——树木和建筑物（按照和各自高度相符的顺序）。

另一种使形态规划具有立体感的方法是使用不同力度的线条。对于最高的元素（例如建筑物和树木），使用力度上最厚重的线条；对于较低的元素，越是随着高度的递减，使用线条力度越是小。若稀疏的线条并不和密集的线条直接相连，而是在 1 ～ 2 毫米处停下以此避开密集的线条，那么就能产生额外的立体感。

为了达到特别强的立体感和三维效果，可以采取"阴影技法"。建筑物、树木、灌木丛、电线杆、小山丘或类似的地面突起物，其高度决定了他们的阴影长度。阴影要使用深色，比如灰色或黑色来表示。还要注意，所有阴影都应保持统一的角度。

黑白形态规划图中用到阴影和纹理是不可避免的。就算是彩色形态规划图，当不太可能使用更多其他的颜色来展示更丰富的内容意义时，就要开始考虑阴影和纹理的手法。对于在平面表达中附加信息，"阴影和纹理"手法尤为合适。

特点和补充

只要条件允许，所有图纸和规划都应"上北下南"。但也有一些"规划分格窗""规划截面图"和"规划格式"，考虑到合理性和经济性，将图纸的截取区域旋转以便更好地用足纸张面积和排版格式。在这种情况下，必须将指北针置于特别醒目的位置。

在形态规划图中出现的标志、符号、线条、色彩、阴影和纹理，尽管看上去清晰可读，但依旧必须在符号说明／图例、插图说明中进行解释。若直接在规划图中"特点"所在的位置，标注上它的明确解释，而不再需要提前在一旁的插图说明中寻找，则规划图将更易于阅读。

图 6.5.3　形态规划，城市的居住片区，科隆的尼佩斯（Nippes）镇 Clouth 区
设计：scheuvens + wachten 事务所

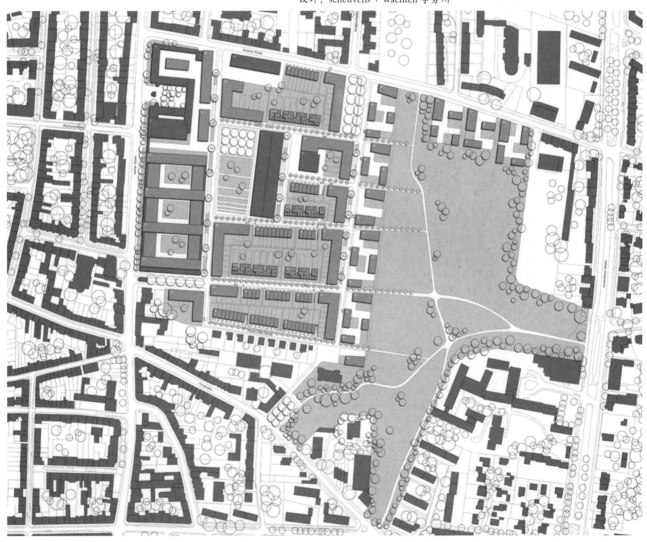

图 6.5.4 结构规划和形态规划，阿滕多尔恩（Attendorn），
设计：RHA 建筑师和城市规划师事务所

6.6　城市营造的节点设计

城市营造节点设计的内容

在形态规划的末期，需要在城市营造层面上，对一些被从特定的规划中挑选出来的"子区域"或者"设计视角"进行准确详细的阐述，并以开放空间的规划设计理念为目标进行深入的表现。对规划中这类"片段"深入详细的表述，就被称作"城市营造的节点设计"。例如：在这类详细规划中，用较大的比例尺度来表现重要的公共广场和街道空间，或者介于建筑物和开放空间之间的典型过渡区域，并联系到空间构成、空间分区、建筑类型、材质以及各个单独的设计元素的内容。城市营造的节点设计给了设计层面中的规划和形态设计更进一步的视角，是后续规划步骤（受批准的规划、详细性规划）的实现基础。它包括如下的多个事项。

对所选规划区域详细的总体论述

——比例尺　1：500-1：100

——建筑类型及其附属的开放空间；

——出入交通流线；

——公共和私人开放区域（空地）；

——细部大样图：广场铺地及其设计元素、装置、铺地材料和铺地形式、广场上的家具、照明、座椅等；

——表现图：建筑形体，并附带描述其屋顶形状；

——功能说明和用途说明；

——街道划分；

——表现图：公共区域和私有区域之间界限划分；

——细节表现图：高度之间的关系；

——植被。

图 6.6.1　城市营造的节点设计，维尔塞伦（Würselen）镇，设计：RHA 建筑师和城市设计师事务所
维尔塞伦卖场的形态设计

截面

　　——比例尺 1∶100 ~ 1∶20；

　　——规划空间（广场、街道）的比例等，以及建筑高
度、街道宽度或广场宽度；

　　——街道划分；

　　——表现规划的植被；

　　——尺度说明。

图 6.6.2　台阶化的居住建筑的截面，盖沃尔斯贝格（Gevelsberg）

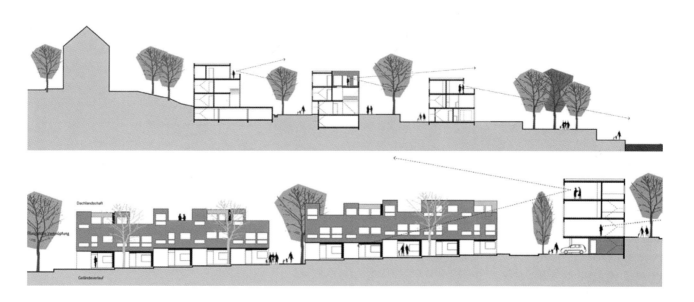

空间性的草图 / 透视表现

　　——表现空间比例和空间氛围。

图 6.6.3　空间草图，盖沃尔斯贝格的恩内珀（Enneppe）公园

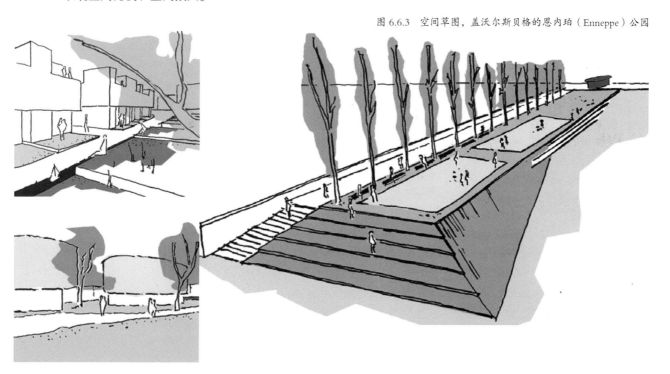

图 6.6.4　照片剪辑，设计：RHA 建筑师和城市规划师事务所
巴斯韦勒（Baesweiler）的卡尔·亚历山大（Carl Alexander）采石场，设计竞赛

节点设计

——比例尺 1 : 20 ~ 1 : 10;

——细部大样图：例如材质、颜色、植被或精心设计
的城市街道家具;

——差异化的材质说明图 / 材质拼贴图。

图 6.6.5　哥廷根的内城区设计，设计：汉诺威的 LAD+ 景观设计师
Diekmann
铺石路面细部和街道家具

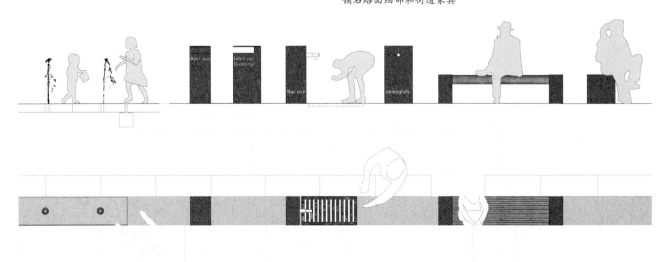

图 6.6.6　维尔塞伦（Würselen）的内城区设计，设计：RHA 建筑师和城市规划师事务所
铺石路面细部和街道家具

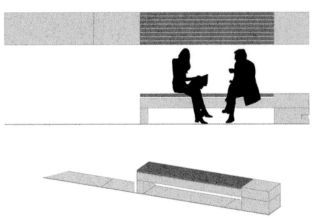

参考

——植被；

——开放空间设计；

——道路空间的划分和设计；

——照明；

——街道家具。

图 6.6.7　维尔塞伦，新设计的道路空间

图 6.6.8　阿豪斯（Ahaus），新设计的广场地面

6.7 验证

基于空间性解决方案的环境语境，城市设计中对其所进行的验证，存在着诸多不同的可能，涉及以下几个方面：

——现状和新建之间的交界处；

——选定的尺度等级和新建的密度；

——垂直高度上的拓展与它对环境语境的关联参照。

6.7.1 图底关系规划图

"图底关系规划图"也经常被称为"黑白图"，是一套能用来验证空间概念的好工具。城市设计被简化成两种表现方式，黑色表示的建筑物，以及留出的空白区域作为所谓"底"。黑白图将遵循同样的方法和形式，对已有的建筑和规划出来的建筑进行表达，且两者被合并放置到了同一张总图中。通过这种简化后的表现方式，以下的验证得以展开：已有的建筑和规划出来的建筑，相互之间是否存在交流？以何种方式相互交流？在这方面，图底关系规划图就能体现设计者意图：将新的建筑添加到环境语境中去（见第七章《城市形态设计与态度》）或有意地从现状中删除已有的建筑。

开放区域在概念设计中十分重要，它能使图底关系规划图颠倒，转换成逆反的表达方式。在这种方式中，空白区域用黑色来表示，建筑物则被表现成浅色的背景。

6.7.2 模型

通过"模型"（通常也可以是简单的工作模型），人们可以对尺度、密度，特别是"垂直高度上的拓展"进行验证。和图底关系规划图相似的是，根据模型不仅可以验证"从建筑现状出发，进一步的规律性发展"，而且还可验证新的"空间品质"。而且，这种表现方式还可以在空间的第三维元素[1]的基础上推论出以下事项的相关结论：光照质量、通风质量以及开放空间的作用影响等。

图 6.7.1　北威州的古梅尔斯巴赫（Gummersbach）的工作模型，设计：RHA 建筑师和城市规划师事务所

概念探索和验证

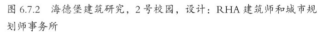

图 6.7.2　海德堡建筑研究，2 号校园，设计：RHA 建筑师和城市规划师事务所

黑白图（左图）和体量验证

1　参见本书的第 7.2 节"城市的多维元素"。

图 6.7.3　现状和规划的黑白图
将新结构插入到现状建筑中

（意大利）博洛尼亚一处市场（Mercato Bologna）：现状

博洛尼亚一处市场：规划

（德国）希尔德斯海姆，凤凰区（Hildesheim, Phönix）：现状

希尔德斯海姆市凤凰区：规划

（德国）盖沃尔斯贝格，恩内佩河公园（Gevelsberg,Ennepepark）：现状

盖沃尔斯贝格市恩内佩河公园：规划

6.7.3 "齐柏林飞艇"法

若决定实现一个城市营造的概念方案，但垂直高度上的拓展却可能干扰人们对"城市整体"甚至"跨区域"的认知，这时可以使用被称之为"齐柏林飞艇"的方法对概念方案进行验证。城市设计方案的实际高度拓展，可借助气球实地模拟出来。沿着选定的视觉轴线以摄影的方式对城市意象和景观意象造成的干涉进行保存，再结合空间效果做出评估。从而可以做出建议，对高点进行偏移，又或者撤回规划中的"垂直高度上的拓展"。

图 6.7.4 齐柏林飞艇法
亚琛的梅拉特（Melaten）校区，借助齐柏林飞艇／氦气球验证规划中的高度

从博杜安国王塔[1]向梅拉特方向看，记下齐柏林飞艇的地点和重要的地面标志物

---

1 位于比利时一侧。

6.8 附录：其他的城市营造设计手法

6.8.1 网络城市法

弗朗茨·奥斯瓦德（Franz Oswald）[1]和彼得·贝克尼（Peter Baccini）[2]发展出的一种学术工具——网络城市法，其目标是分析掌握城市和地方区域的系统属性，并将其用作模式塑造的基础（形态模式、服务供给和垃圾清理模式、社会组织和政治组织等模式，参见 Oswald，Baccini 2003，第 66 页）。"网络城市法"以跨学科工作为前提。这套方法和工具可用来分析形态设计的都市性系统，以及推进形态设计的方案。下文将对它们进行阐述。

网络城市法由环环相扣的五个设计步骤所构成：

设计步骤 1：首先要明确所谓的"观测视野范围"（即被观察的空间）和所谓的"项目视野范围"（即要被设计的城市系统）。对更大范围空间的观察是必要的，这种交互作用的本质在于向外界辐射规划项目自身的特色。

设计步骤 2：先采用形态学的标准进行初步分析，然后再根据生理学的标准做分析。形态学分析的作用是感受文化景观的物理学特性，并将其放置在历史语境中进行理解。借助形态学工具，掌握地块形状、当地所建建筑和其功能之间的相互关系。这种辨识方式也有助于以"大地自身的建筑学"（比如水体、森林、人类聚居地、农田、基础设施、棕地）来解释形态学上的特征。

图 6.8.2　大地自身的建筑学：形态学视图

图 6.8.1　观测视野和项目视野

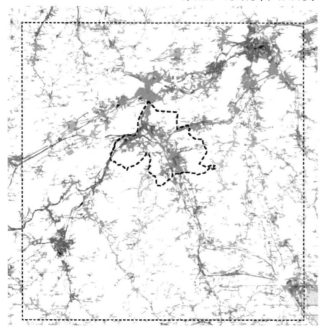

1　弗朗茨·奥斯瓦德（Franz Oswald），苏黎世联邦理工学院，建筑城规专业教授。
2　彼得·贝克尼（Peter Baccini），苏黎世联邦理工学院环境工程专业教授。

人们采用六种基本的形态学定义来记录和阐明已知的地貌：轮廓、场地、范围、结构、图形、等级。

借助生理学工具进行分析，是为了掌握"与城市系统（建筑和开放空间）相关的"重要实体资源的资产全貌，并定性和定量地描述这套分析的结果。

人口密度、工作岗位密度、服务行业密度、公共机构密度、工作者（交通流）、大学生（交通流）的指标显得尤为重要。

设计步骤 3：对城市特性做出基于五项质量标准的初步评估

——辨识性；

——多元性；

——灵活性；

——供给率；

——资源利用率。

辨识性是指空间和时间中的"导向标记"和"秩序标记"，在城市的集体生活中是必不可少的。城市系统给人们所传递的一份"独一无二的""使人们产生故乡般的归属感的"和"家庭般的庇护感"的形象。这份形象的传递所能达到的深度，成为一套重要的衡量标准。

多元性是指要实现城市系统中从运输到消费品的使用和生产的众多特定功能，存在有多种多样的可能性。

灵活性是指：系统能针对外部和内部的改变而做出反应的特性，从而适应不同的外部条件和需求，不会使系统整体处于危险之中。

供给率是指"区域的资源"和"他们所需求的区域总体资源"之间的比例关系。如果供给充足（水、粮食、能源），则表示该地块或该地域是高度自给自足的。

资源利用率是指资源使用量和其原始数量之间的关系，即资源消耗和它们所必需消耗的土地、能源和原材料之间的关系。若利用率高，则系统就牢固。

设计步骤 4：以多边参与的方式来确定发展目标，与"项目视野范围"相匹配。

设计步骤 5：最终出现的设计，实现了"改建过程"所预期达到的状态。

图 6.8.3　形态学概念插图

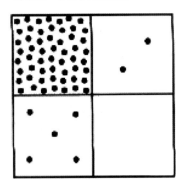
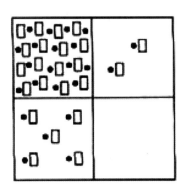

图 6.8.4　生理学指示图一览

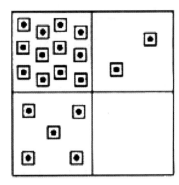
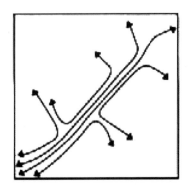
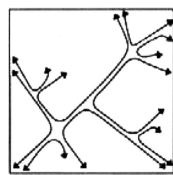

6.8.2 情景法

在空间规划中，情景法有助于对"未来可能实现的发展"进行设计、展示、讨论，它是对未来（更准确地说，是未来的可能性之一）的描述方法。同时它还展示了如何从当下既有的条件出发，有步骤、有逻辑地通过"事件的结果"来驱动地发展出"未来的状况"。从1970年起，针对截止到当时已失效的各种定量预测方法，情景作为对策，被运用到规划中。人们刨根问底地对这个方法进行探究（探索式预测、用模型模拟），才认识到在研究中使用定性方法的必要性。

放弃"采用数学的方法去总结现实的纷繁复杂，并以此出发做出预测"，取而代之的是，情景可以对复杂的"影响体系"直观地进行理解、加工，并指出必要的前提和提出解决方法。因此，对识别和描述"与系统相关的、复杂又写实的结构"来说，情景法比纯粹的量化预测路线更有意义。当然，也并不排除后期通过定量预测，对情景法做更进一步的补充。之所以说情景法首先是一种有论据支持的方法，是因为对介于现状和未来之间的联系，进行令人信服地推导和描述，本身就是和"创建情景"有关的目标追求。

与"定量预测法"不同，情景法的重要性在于：
——立体地、富有画面感的表现手法；
——富有品质，而不仅仅是量变和现实要素；
——发展的多样性和其相互转化的影响作用；
——未来的进化阶段中出现政治干预的可能性；
——拓展对未来的想象视野。

情景法的任务

除了对内容性的目标，即（可能性之一的）"未来"进行设计，情景法还追求关于"未来""操作手法""相互作用"和"影响效果"为主题的对话。因此，它属于一类"有条理的交流工具"（哈特穆特·E·阿拉斯）[1]。

情景无法描述未来的真实情况。人们更倾向于针对"可行的发展路径"所产生的表现（情景），对其所需要的前提条件进行掌握和领会，从而去探索"可行的发展路径"，以及在必要和可能的时候改变它们。与公开辩论中所发生的一样，自从情景法被应用于"空间规划"时起，它也就同时被应用在政治、经济和管理领域的专业辩论中了。因此可以说，情景在教学上具有很大的潜力。

情景法的内容

这个方法的前提是，未来源于当下。因此，它是由"现在"发展而来，且受"现在"的影响。

对"情景"的要求是：
——每个步骤都能合乎逻辑地让人理解；
——着眼于当前现实；
——措施及其应用须明确地强调；
——"可理解"并"值得信服"，不仅针对专业人士，且也考虑到非专业人士；
——可以使用叙事体或纪实风格；
——以图表作为强调性补充。

为了描绘内容性不同的目标构想，需要使用不同的情景类型。人们把情景分为"探索型"和"标准型"。探索型（又称为"反应型"）具有调查未来的功能。它是事件发展线和作用效果在未来时空的进一步延伸。探索型情景被归纳为下文的几种类型，且他们之间内容性区别很小、条理性区别也很模糊。

（1）现状型情景

现状型情景描绘了如果当前结构和条件不加改变地持续下去，未来将出现的状态。因此可以认为，它采用的是一种相当静态的观察方法。

（2）动向趋势型情景

动向趋势型情景从目前的发展状况出发，推断未来的状况；同时，对事情的进程设计了有可能出现的"从现在到未来的"有步骤性的"假想趋向"。然而并不像"现状型情景"那样仅仅基于现状做展望，动向趋势型情景是以动态性的发展为假设的前提。

（3）替代型情景

替代型情景类似于"动向趋势型情景"，描绘了项目将来有可能出现的发展，但从"最可能出现的未来"这一角度来看，方案又存在多个替代版本或异变的可能。采纳"变化中的外部条件"，如社会价值观的变迁，经济危机的出现等，会导致"未来"产生不同的发展趋向。通过替代型情景，人们可以看到哪一种发展会产生什么样的效果，又有哪些积极、消极或矛盾的观点将会出现。

（4）倾向趋势型情景

趋向趋势型情景从变化的外部条件出发，这方面和"替代型情景"类似。它的目标构想来自政治、经济和其他领域，并在推进过程中继续顾及上述领域。这样可以清晰地展示出特定"目标构想"的影响作用，并呈现出"对立"和"发展"。

若要制订"标准型情景"，有条理的步骤是从未来回到现在，设定一个想在未来奋斗实现的标准或目标。从这一设想导出必须实现的步骤，反向推理"从未来愿

1　哈特穆特·E·阿拉斯，德国波鸿鲁尔大学教授、德国政策顾问、德国城市与区域规划协会注册规划师，年轻时在美国，以建筑师的身份和密斯·凡德罗共事。

图 6.8.5　哈姆市（Hamm）的 Herringen 区，城市区域空间性的发展情景，设计：scheuvens + wachten 事务所
要么设计一座带有新住区和有识别度的绿地"岛屿"；要么把两种用地结合在一起，形成一条"飘带"

水道线

工业用地兼容性的扩建

聚居区地块整合

绿地形态设计

草坪，当地休息区，娱乐区

地块外围的绿化

分区连接

情景 A
绿色边缘

- 将聚居区进行完善：新的居住片区依附在原有的邻里街区旁。附近令人印象深刻的绿色走廊被完整地保留了下来
- 介于 Herringen 和 Herringer Heide 区之间的开放空间被设计成带有果园和休闲娱乐空间的形态
- 新建的道路穿过整个风景区，把聚居区附近的绿地和地块连接在一起。
- 小河边的网格成为景观形态设计中令人印象深刻的组成要素
- 北部的工业用地被有包容性地扩建了

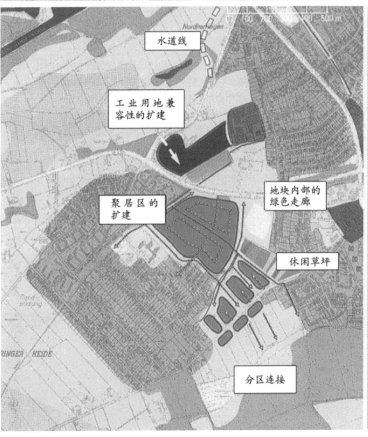

水道线

工业用地兼容性的扩建

聚居区的扩建

地块内部的绿色走廊

休闲草坪

分区连接

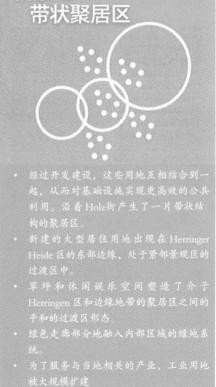

情景 B
带状聚居区

- 经过开发建设，这些用地互相结合到一起，从而对基础设施实现更高效的公共利用。沿着 Holz 街产生了一片带状结构的聚居区。
- 新建的大型居住用地出现在 Herringer Heide 区的东部边缘，处于紧邻景观区的过渡区中。
- 草坪和休闲娱乐空间塑造了介于 Herringen 区和边缘地带的聚居区之间的平和的过渡区形态。
- 绿色走廊部分地融入内部区域的绿地系统。
- 为了服务与当地相关的产业，工业用地被大规模扩建

景退回到当前"的发展过程。该情景从而具有了设计未来的功能。

情景对比

情景对比设计一幅未来的画面，并认定它就是未来的状况。然后将其发展历程倒推追溯回现在。通常把情景对比当作策略，用它来确定一些政治手段和工具手段，从而促进实现所追求的发展，或揭示如何提前消除干扰发展的因素。

对各个情景的选取和使用，取决于方法的目标构想。"探索型情景"计划先对现有的发展趋势进行说明，如有必要，也进行批评和及时采取必要的应对措施，这些是规划实践中常用的方法。若需要对意图、社会性的目标设定、基本的解决建议和未来展望进行表达，则使用"标准型情景"来描述。"标准型情景"更倾向于出现在"学术性的事物"之中。

制订和运用

对情景的运用遍及空间规划的所有领域和层面，也即存在于"一切需要进行沟通的场所"，包括在联邦、州和城镇的政治和管理层面。因此，它必须是易于让人理解的，不仅对学者（特别是规划领域的专家）而言，对非专业人士来说也更应如此（比如听证会上的公众等）。重要的是在对情景进行设计之前，事先确定受众是谁。

制订情景，遵循着一套结构化的步骤型方法：

（1）基础调查、现状记录、状况分析

第一步是尽可能全面和详细地获取专业知识，并着手提炼。首先是精确描述任务、定义问题；接着推导假设和设定目标，从而收集到必要的信息。

（2）对未来发展的猜想

确定目标后，要针对"朝向未来的发展"的假说构建论据。这是情景的第一轮粗略的设计基础。针对有可能出现的分歧点和替代性发展方向，在此阶段就得开始设计。它既有助于确定关键点，也有助于明确"可供推敲的范围"和其他"替代性方案"。由于粗略地领会了"朝向未来"的发展，它的说明变得更加精确，论据支持也更加充足。

（3）创建情景

"起步阶段"之后，开始"汇编情景"，也就是把多个替代性的文本和图像装配到一起。重要的是，情景之间可互相映照，即将原始状态和全新状态进行对比，并用情景结果对目标构想进行验证。作为成果，这种方法所得出的措施和建议，可作为信息和用于讨论。在整个加工阶段中，应使用多种不同的方法。在第一个阶段，可以采用文献、统计数据和资料评估作为获取信息的方法（如能咨询专家则大有帮助）。在发展阶段，如头脑风暴、规划游戏

或研讨会等确定目标的方法，则能够起到很大的帮助作用。在情景设计的最后阶段，在观念发展、文本和图像的转化实施方面，自身的创造力发挥着相当明显的作用。

在土地使用规划的重组起步阶段，哈姆市（Hamm）为城市每个行政区都制订了市区发展纲要。然后哈姆市把城区未来空间发展会议中的成果都做了记录。两个情景变体被放置在一起，诉说着有可能在黑林根（Herringen）区实现的两种发展"情景"。

新的居住片区可出现在毗邻学校地块的位置，相当于"岛屿"。开放空间可以被保留，作为介于众多地块之间、极具辨识性的"间隙"，且其价值也能得到显著提升。人们可以想象：地块成长到一起，形成"带状"，产生了更多居住单元，并将开放空间元素整合进了聚居区，从而补充了内部的绿地系统。而且，这两种情景变体都融入了"用以保护和发展与当地相关的产业"的道路用地，并且与规划中的水道线相连接。

图 6.8.6　Havixbeck 镇，Stift Tilbeck[1] 的发展
村庄，村庄组群，核心

空间情景：空间发展模型，从情景中引出
轴型，岛屿型，锚型

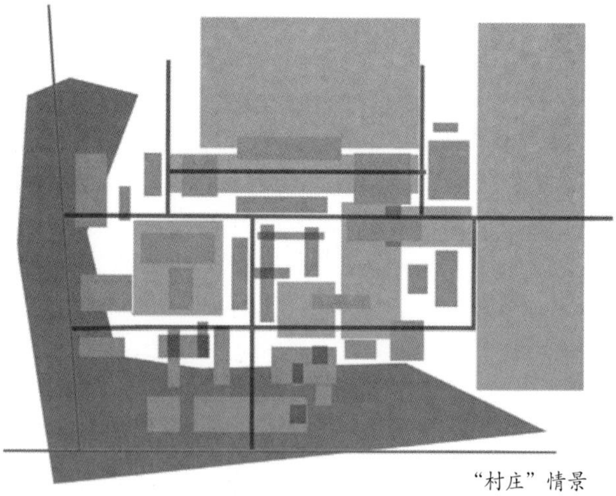

"村庄"情景

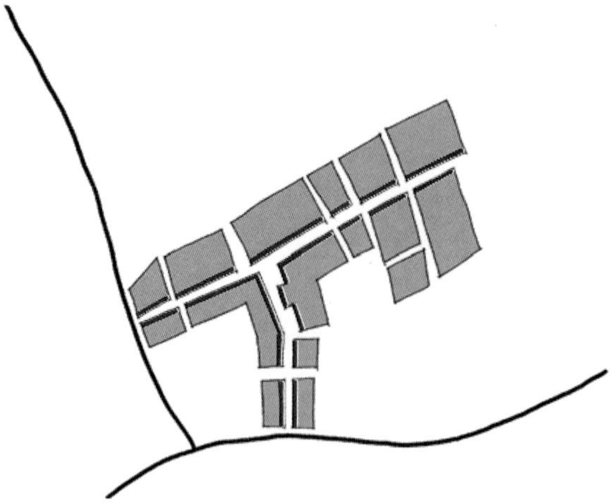

轴型

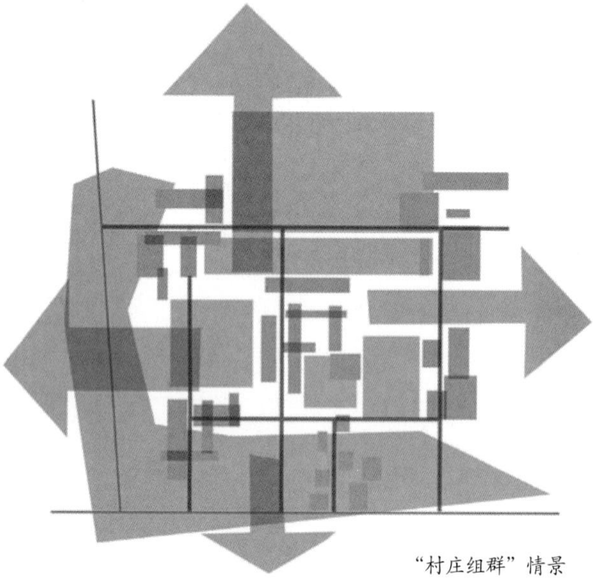

"村庄组群"情景

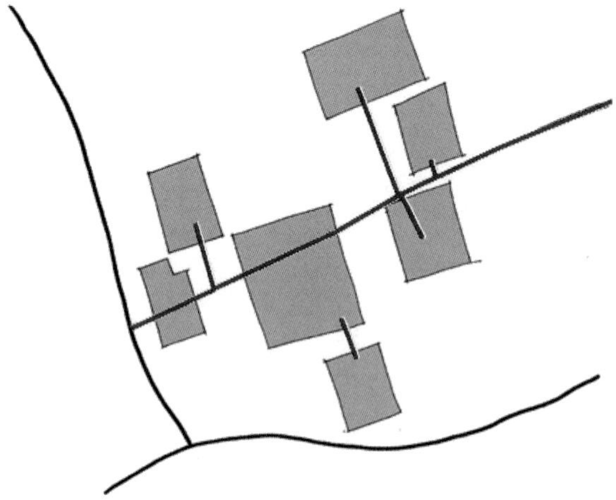

岛屿型

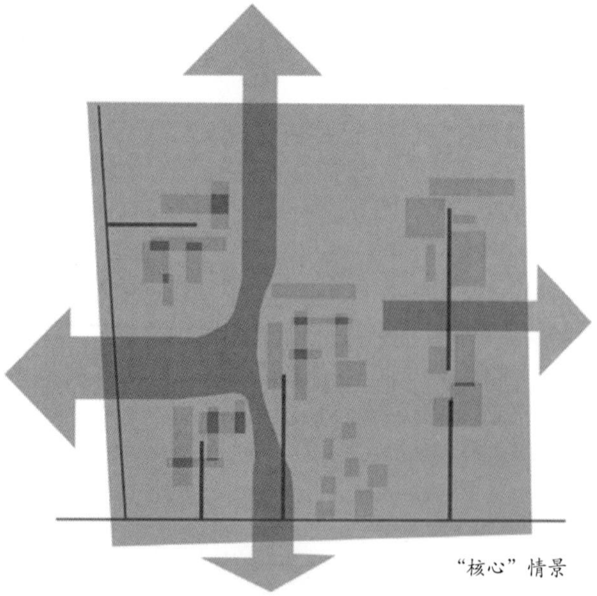

"核心"情景

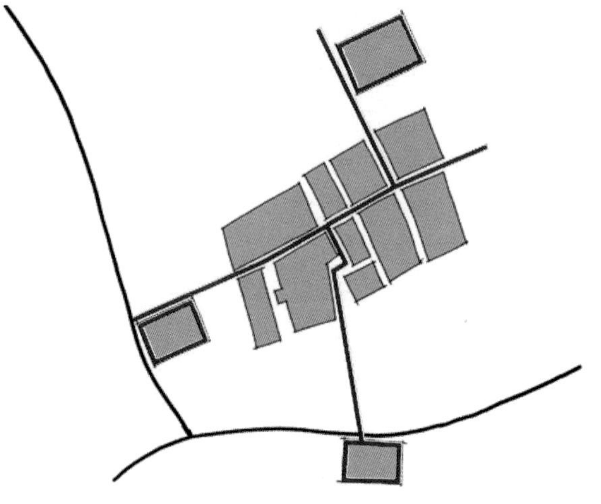

锚型

1　Stift Tilbeck 是一群建筑综合体，具有村庄一般的氛围，里面居住着患有不同程度的各种精神疾病的人，绝大部分是女性，也有少量的男性。

6.9 对规划和概念设计的解读

规划和概念必须易于解读。从引领设计的概念方案和内容详实、结构缜密的目标设定、一直深入到城市营造和形态设计的节点设计，只有当这些都被透彻地传达时，规划才算易于解读，且对非专业人士来说也是可透彻理解的。特别是对于由市民、专家和其他参与者共同参与的规划程序来说，将规划的蓝图和各个目标清晰地表述出来，极为重要。

根据如下范例可清楚地看到，如何做到在不同的比例尺度层面清晰地表达概念构想，以及对于"解读"来说哪些规划步骤内容的深化是必需的。

城市营造概念方案研究 北园

（1）门兴格拉德巴赫市

在昔日的艾尔郡兵营（Ayrshire Barracks）的北部地区，近几年来出现了门兴格拉德巴赫市（Mönchengladbach）北园，即环绕新足球场的体育用地和工业用地。该规划区原为居住用地，现在也同样成为产业园区的一部分。

门兴格拉德巴赫运动园区代表了北部园区的新面貌。它通过两条轴线进行划分，景观轴和城市轴这两条轴线相交于地块中心位置，交叉的轴线将体育公园划分成了以不同主题为重点的4个部分。

由于体育公园以前是驻军营地，周围交通要道环绕，因此它处于高度孤立的状态。所以除了采取新的内部布

置，体育公园周围的障碍也必须被解除，这样才能使它和周围更好地连接起来。既然运动主题作为主导，那么道路和用来运动的跑道，应该能够将这个地块"网络化地"连接起来。

作为规划中"已建成"的一部分，体育商务公园被分划进建设结构不同、用户结构不同的4个地块中。位于城

图 6.9.1　城市营造的概念研究[1]，门兴格拉德巴赫市
设计：RHA 建筑师和城市规划师事务所

道路连接网络化

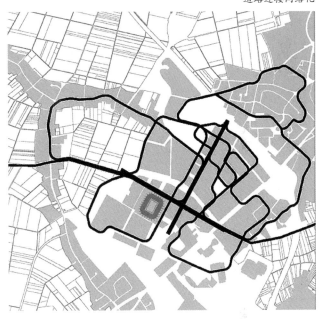

新布局

用途

1　该项目详细介绍，可参见本书第4.4节的图4.4.11。

绿地概念

小型地块

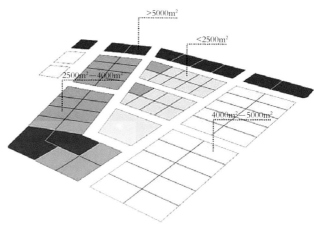

市轴北侧的高密度建筑群，延续了以金融中心为开端的结构，与毗邻的体育景观公园构成了明显的反差。同时，该地区并非封闭，而是通过面向开放空间的敞口实现了都市性和景观之间的对话。体育商务公园的核心特点是其"小体量、灵活的建筑"和"细分为小型地块的结构"。位于地块东部的指环状元素是体育商务公园的"装饰品"。镶嵌在绿地空间中错落有致，与朝向各不相同的众多建筑单体一起，共同构成了有代表性的企业园区和大公司办公楼。

从与之相邻的高速公路上看，位于社区入口南部的高楼是体育公园的地标性建筑，非常引人瞩目。

作为远眺和休息地点，"观景点"坐落在景观轴的北端，位于从"富有生机的步行林荫道"直到"休闲空间"的过渡区域之上。与它相对的另一极是位于城市轴线东北端的"城市阳台"。按照该城市设计概念，其"中心绿地"是"节庆草坪"，可被用于承办各种不同的活动。设有湖滨浴场的体育景观公园作为广阔的开放空间，与高密度建

形态设计之规划 [1]

平面布局组织 [2]

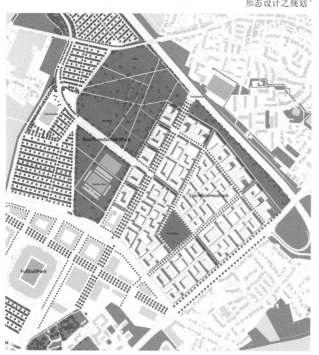

1　详图请参见本书第 4.4 节的配图 4.4.11。
2　详图请参见本书第 4.4 节的配图 4.4.11。

筑的体育商务公园构成了鲜明对比。

城市营造的节点设计显示了所追求的灵活的建筑结构，以及其企图满足的不同功能。将风景区融合到新建社区里的这一主题显示了公共空间高品质的形态设计。

（2）梅尔施火车站社区："绿区"

卢森堡梅尔施新"绿区"的城市设计，基于下列引导思想和目标：

——面向未来的、可持续发展的居住片区，与梅尔施镇的发展相结合；

——由建筑和景观相互紧密咬合而成，设计符合场地的尺度大小；

——对生成"宽广空间型"的城市发展，起到了推动的作用。

尤其值得关注的是，曾经封闭的阿茨特伯根区（Alzettebogen）和具有高品质城市空间的梅尔施区——两者在城市营造上的整合进程意义非凡，不仅对社会性需求而言，且对旅游业需求来说也是如此。

基于"追寻印迹"的框架体系，可以锁定那些对基地地块以及对梅尔施镇有意义的元素和城市结构。对现状深入的讨论研究，则可以在地块中的具体位置层面，确定建筑性的空间解决方案以及开放空间概念。在社区广场边上

蓝图

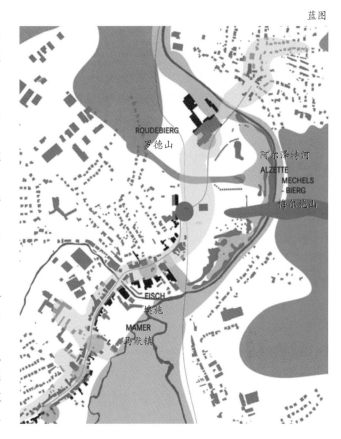

图 6.9.2　梅尔施火车站社区，设计：RHA 建筑师和城市规划师事务所

印迹

网络化连接

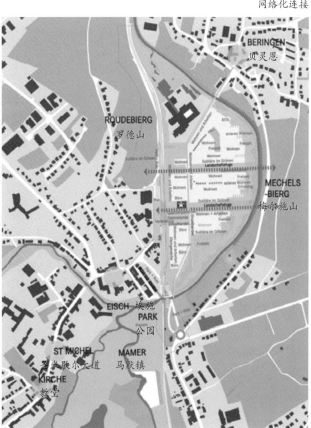

结构规划

Strukturplan 1:2000

现存的那幢被称之为"接待大厅"的建筑，则凭借对"（城市）身份"的承载功能，可随后融入新的（城市）体系中。

当地"木本植物"的"地区结构和地理形态"的现状，在很大程度上决定了开放空间的设计概念。

适宜的密度和适当的混合用途，互不相同的建筑类型，公共性质、社区性质和私人性质的开放空间，它们互相结合所产生的综合作用，应该能够令一个地区拥有高水准的生活品质。

这一城市设计项目，概念上基于建筑物对太阳能的利用原则。特别是朝向风景区过渡的区域，建筑物都面向南方。在整片地块中，居住区出现了不同的居住类型、不同的能源利用优化方式。两种不同风格的景观体系，将"居住区"分开，并通过河岸互相连接。与此同时，它们把"河流和丘陵"对接在一起，并以此来构建当地的"导向性"和"城市身份"。草地空间的出现，提供了拜访逗留和休闲娱乐的可能性。富有魅力的花卉与草坪，两者交织在一起。

出入交通流线考虑到了所有交通参与者的需求：坐落在"绿区"和梅尔施之间的梅尔施火车站是汽车公共交通、轨道公共交通以及私人机动交通三者的交接口，通过新建的中央地下通道，该汽车站直接对接到了火车站广场的北端。

城市营造的概念方案，局部截图

空中摄影

　　在社区内的混合用途的设计构想以及与之相关的不同用途的近距离小道，都在城市营造的详图中有所体现。

鸟瞰图

城市营造的节点设计

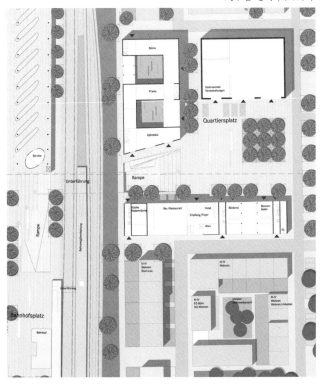

参考文献

1. "层次法"及其设计步骤

[1]　Albers G, Wékel J. Stadtplanung: eine illustrierte Einführung[M]. Primus-Verlag, 2008.

[2]　Düwel J, Gutschow N. Städtebau in Deutschland im 20. Jahrhundert: Ideen, Projekte, Akteure[M]. Teubner, 2005.

2. 蓝图

3. 结构规划

4. 框架规划/总体规划（Masterplan）

5. 形态规划

6. 城市营造的节点设计

7. 验证

8. 附录：其他的城市营造设计手法

[3]　Mobilität und Kommunikation in den agglomerationen von heute und morgen: Szenarien und Handlungswege: mögliche Zukünfte der Stadt: stadt, Mobilität und Kommunikation im Jahre 2020-Konsequenzen für Politik und Verwaltung[M]. Ernst & Sohn, 1994.

[4]　Baccini P, Oswald F. Netzstadt: Einführung zum Stadtentwerfen[J]. Basel et al.: Birkhäuser, 2003.

9. 对规划和概念设计的解读

7

城市形态设计与态度

7.1 城市形态和城市意象

7.1.1 城市形态

城市形态是城市营造的核心议题。它既包括物质的、有形的形态，也包括非物质的形态，例如"氛围"或"多样性"。

"合乎逻辑的是，无论是物质形态还是非物质形态，它们都属于城市环境的构成要素，也就是分别对应物理现象、经济或者社会条件……城市形态所处的层面是一个封闭性的连续统一体，由边界来定义……人类一直有意识或者无意识地与该连续统一体处于一种交互作用的关系。"

——米歇尔·特瑞普（Michael Trieb）[1]

作为城市中的居民，人们的活动囿于某些特定的道路[2]，因此对城市形态的认知只能停留在一小部分的空间。每个观察者都能将感知到的城市空间保存为他心中的画面，也就是所谓的"城市面貌"。这种城市中的环境对我们所产生的作用，远远超过了自然环境的总和（数学意义上）。这个形象被城市形态赋予了一定的结构，并被城市面貌的主观层面所过滤。由此所产生的城市意象，是个体与环境之间交互作用的成果。

真实世界，是由具体现实通过持续不断的交互作用而出现的产物。所以对观察者来说，真实世界只是空间存在的表象。城市形态和城市面貌相互发生作用，并且从21世纪开始，又补充添加了媒体这个感知层面。这就扩展并重新定义了"城市意象"的感知层面。

7.1.2 城市意象

在人们的讨论中，城市如今越来越多地以"意象"的形式出现。在人们感知城市的过程中，无论是外在的还是内在的，有形的城市形态都起着非常重要的作用。通过"意象"，人们可以更好地理解"现实"。在这一点上，单一的意象本身不能说明任何问题，只有当它们组合成一个整体的时候，意象才能具有展示的意义。

凯文·林奇的"城市意象"[3]理念

根据凯文·林奇的研究，一座城市或者一个区域的意象是由五种典型的元素构成的，它们各自对应五种形式，

分别是道路、边界、区域、节点和标志物。这些元素描述了所在的城市语境，而且也描述了风景地貌或整个城市语境中的某个片段。

道路描述了在城市语境下的移动路线。对此，凯文·林奇指的是街道、步行道、公路、水路、地铁线或者有轨电车线。观察者通过这些道路移动的这种行为，可以是习惯性的、偶尔的，或也可能是很罕见的。道路是观察者们最重要的观察空间，并起到连接其他元素的作用。从道路出发，城市空间可以被感知。道路取决于其"可辨识性"（窄处、宽处、造型设计、交通性质、绿化情况、位置、通透性）、"连续性"（长度和走向）和"方向性"。但实现道路结构上的分化，并非仅仅基于空间几何尺寸。通过交通设施中的向导系统，道路的走向（即人们最初能感知到的城市空间）是可以被操控的，对游客和不熟悉周围环境的人来说尤其如此。

区域可看作是二维层面上的分区。从这个角度来看，观察者将城市划分为不同的区块，这些区块可以从内部或从外部通过独有的特征被辨别出来。按照凯文·林奇的观点，区域的典型特征是连续，并具有某种统一的特性，例如地形地貌、社会结构、主导性的用途，又或是城市营造的特征和形态设计的特征。

边界构成了区域的轮廓（该轮廓并不被观察者用作为道路）。边界可被诠释为"划分空间"的元素。林奇认为，边界更多的是一种外侧的界定标记和坐标轴，如突变的地形、海岸、铁路线、墙壁、高速公路或者建设区之边缘。边界既可以是将区域划分开的、不可逾越的界限，也可以是类似具有连接作用的缝线，从而使两侧区域之间进行活跃地交流。

节点是路网中的连接点或者区域的中心。节点由此可谓是城市的战略性要点，包括使用频率很高的中心地点、目的地和出发地、道路交叉点或者有特定用途的密集区中的汇集点。许多节点都有双重用途——同时作为连接节点和集中节点。从概念上来说，节点只是城市意象中的一个点。但实质上，节点可能是个大广场；从全球尺度上来说，甚至可以是整个城市。在连接节点上，人们经常必须要作出决定（例如交叉路口），或者在这里停留比较长的时间（例如广场）。这些地点通过节点和体验之间的直接连接，构成了特别强烈的意象。

标志物是视觉参考基点，具有引人瞩目的表现形式。

1　米歇尔·特瑞普，德国斯图加特大学建筑与城市规划系教授，著有《城市设计——理论与实践》，是"城市设计"理论在欧洲发展初期的重要理论奠基人。
2　由于城市的规模远远超越了个体的活动范围，所以基本上居民都只用到了城市整体道路系统的很小一部分。
3　凯文·林奇的著作《城市意象》，总共有前后两个中译版本，分别是《城市印象》和《城市意象》。译者在此处选择较新的、流传更广的、已经被我国大多数建筑专业院校所采纳的翻译版本——"意象"。另外，由于中国学界经常谈及的专业概念，如意象、形象、印象、画面等，有相当一部分在各自的出处原文中都是同一个词，英文的 image 或德语的 Bild。本书为了不影响中文阅读习惯，只好根据不同的语境做出不同的选择。不过在必要的时候，会特别标示出相关学术概念的原文用词。

图 7.1.1　波士顿中重要元素的规划草稿，作者：凯文·林奇

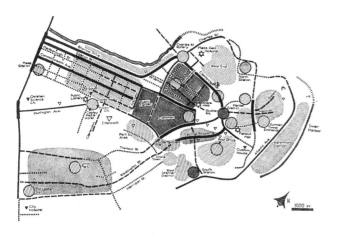

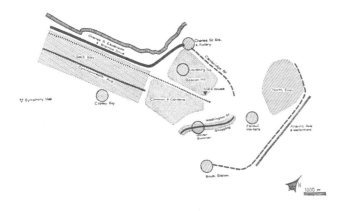

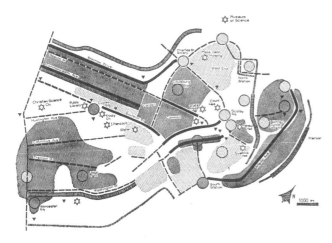

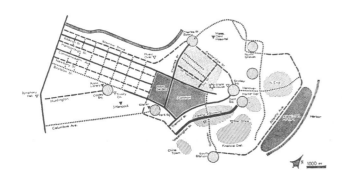

其中包括简单的对象如建筑物、标牌、百货商店或者山丘。它们依据某种"有特殊针对性的排除过程"，从周围环境的语境中被筛选出来。标志物把城市空间划分成不同的层面。这些层面既能以宏观空间为导向，也能以微观空间为导向，从而支撑起了一套"导向型网络"。基本上，标志物会高于周围其他较小的构筑物，从而使标志物起到"辐射状"的影响作用。塔形建筑、金色的圆形屋顶以及山体皆属于此类。地域性的标志物只能从特定的地点被人看到，例如标牌和海报、商场外立面或者树木（El Khafif, 2009）。

根据观察者视角的不同，某个既定的自然性事实的意象，亦有可能发生变化。一条快车道对于驾驶者来说是道路，而对于步行者来说的是边界。

凯文·林奇进一步揭示出，只有一个很容易被记住的、能够清晰地保留在居民记忆中的城市意象，才能够生成一种城市身份；这种身份辨识度又反过来显示了此处居民的身份。"观念中的意象"是否容易被记住，需要包含三大要素：身份、结构和意蕴。这三个要素是相互联系的。不过，林奇是通过分析把它们互相区分开，再单独进行观察。在这里，"身份"是指一个场所可以清楚地被人识别出来。"场所"由于外表富有个性特征，从周围环境语境中被分离出来，进而被人辨别。观察者必须有能力与这个场所建立空间性的和结构性的联系，这种联系又涉及"意蕴"。现有的"结构"（也就是物理空间），通过"意蕴"即其可识别性、意义和对内容的诠释，形成了场所的"身份"。不过，林奇认为"意蕴"是非常主观的，涉及观察者的社会地位和个人经历。因此，他觉得意蕴并不是规划中的重点。

"将来的工作中，最重要的任务或许是要理解和认识到"城市情景"是由各种元素之间的交互作用、整体结构以及时间进程而构成的、广泛且复杂的一种形态。从本质上而言，对城市的感知是对极大尺度的对象的一种时间性的体验。若要将环境感知为有机的整体，那么对于各个部分在其紧邻的周边环境中的理解领会仅仅只是开头的第一步。找到庞大的相互关联之理解和处理的途径，或至少解决时间进程以及所呈现结构的问题，就变得尤其重要。"

——凯文·林奇

米歇尔·特瑞普对城市意象的理解

10 年后的 1977 年，米歇尔·特瑞普基于林奇的思想体系，出版了著作《城市设计——理论和实践》。在他的研究著作中，特瑞普尝试对已有的空间感知理论进行归纳整理，并在这个过程中深化了对于空间感知的心理学认知，促成了这些结论落实到城市规划的具体实践中。

在其著作的框架中，很多观点都相当超前，如对感知阶段的划分、"意象"的形成过程以及该过程可能引发的

213

影响。在特瑞普的研究中，空间（他在此处采用了"环境"这个词）其实并非简简单单就能被人们感知到。在人们感知空间的过程中，空间历经多个不同的层面所发生的转化才最终被人类以印象的形式保存在脑海里，形成了记忆。特瑞普将这一概念定义为"环境的体验阶段"，并将其细分为"现有的""有效的"和"体验到的环境"。

因此，城市规划的工作领域，首先是"现有的环境"。从"现有的环境"中，人们只感知到一部分片段，然后将该"有效的环境"转变为自己"体验到的环境"。在这个过程中，观察者自身所特有的一些"参数"，例如记忆、联想和价值观都会成为具有非常重要的作用的变量。接着，"体验到的环境"在人的脑海中拼接成一个"Image"（意象、印象），该观点与林奇的论述一致。意象一方面是取决于观察者的感知能力和价值观，另一方面则依赖"现有的环境"和"有效的环境"提前在脑海中形成的模板因素。

"体验到的环境是一个过程性的产物，这个过程是作为基于观察者和现有的环境的交互作用而被引发的。它取决于现有环境的社会经济结构及其空间表现形式，例如有的观察者一方面作为个体，另一方面同时作为某个团体中的一员，这种叠加身份就会影响到对环境的体验。"

——米歇尔·特瑞普

于是，"现有的"城市环境就这样综合地描述了所有可被计算的参数。它是由物理空间的和数学空间所决定的，而这两种空间又分别可以细分为拓扑空间和度量（metrisch）[1]空间。此外，对"现有的环境"来说，它只能被一个无所不知的观察者感知到。"有效的"城市环境其实包含这样的意味，即人对空间的感知是有限的。当某个行人穿过城市空间时，他只能从自身的观察角度来感知城市空间，而这一观察角度所展示的仅仅是实际中"现有的环境"的一个片段。

"体验到的"城市环境包括了"个人评价"这一概念，可以等同于林奇的城市空间感知理论。它是由个人从外部世界中提取而产生的一般性的精神意象。不过，特瑞普强调了综合作用这个观点，以及活动空间、回应空间的重要意义。

在城市设计时，无论是从其用途和意义还是从城市面貌等方面，对聚合在一起从而构成城市意象的这些"组成元素"都应该予以规划。基于城市意象的组成元素，城市居民们才能"体验到"城市环境，因此对组成元素的规划整合是整个城市形态设计过程中最重要的阶段之一。对于它们进行有意识的规划的前提是，在采取相应的干涉措施之前，要预先对各个场所进行仔细的分析调研。

7.2 城市的多维元素

7.2.1 设计品质

对城市营造品质的判定，并非仅仅根据某些单独的形象特征。维特鲁威在他"建筑艺术基础"的研究文献中，已对品质的需求做出了总结。他指出，元素应按照明确的目的排列在一起，从而组成相应的整体。尽管对城市设计的细节要求，在基本理念上并没有改变，但随着时间的流逝，还是发生了许多单独层面上的变化。

高品质的城市营造将各个不同的方面和要求结合到一起，包括功能性的使用价值、社会责任、生态适应性和经济适应性、对于文化的理解和美观的造型。根据设计和规划任务，对于各个要求的注重程度也有所不同。突出城市中不会令人混淆的个性、促进生气勃勃的氛围或者提高一个社区的美观程度，等等，其实归根到底都是为了最终能提高当地居民的生活品质。据此，应对"处于不同层面上的城市营造的品质"进行讨论，并在设计过程中力争达到：

——目标构筑物的品质（房屋、建筑学设计）；

——城市结构上的品质（建筑物和空间语境之间的对话）；

——功能性的品质（用途和作用方式）；

——开放空间的品质（公共空间和风景地貌）；

——生态环境的品质（可持续性，与自然的呼应）；

——出入交通流线的品质（交通道路以及建筑上的其他出入流线）；

——社会文化的品质（当地社会文化的继承发展）；

——经济上的品质（重视节约的经济性和后续开支）；

——过程性的品质（讲究进度和程序性的文化）。

根据城市规划任务的不同，这里所示的各个层面以不同的方式相互交织在一起，从而必须将它们联系起来观察。只有通过这些不同层面上所进行的剖析，人们才能认识到城市营造的这些品质，并将其融入设计过程中，并用来检验其成果。

7.2.2 城市的多维元素

与城市规划相反，城市设计引入了具体的、与空间相关的多维元素。但是，城市设计远远不止于空间的第三维元素。下列各维元素在城市设计时相互交织在一起，深刻地影响着城市形态和城市意象。

第一维元素：结构层面

城市设计的第一维元素首先指的是基本模型所表现出

---

1 原文"metrisch"也可译作"距离函数"。

图 7.2.1 城市的各维元素，以纽约曼哈顿为例

第一维元素

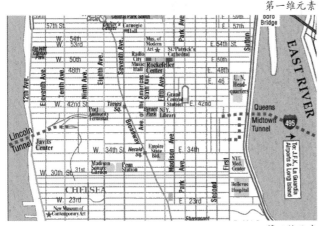

第二维元素

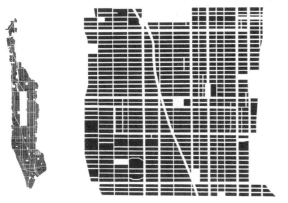

第三维元素

第四维元素

的结构。该结构既可以是棋盘状的，但也可以是更富有差异性的几何模式和有机模式，它们担当了下一阶段的城市设计工作的基础。

第二维元素：平面尺度的扩张

城市营造的第二维元素引入了平面尺度扩张概念。这种结构性的表述，引入了"盖有建筑的区域"和"空闲的区域"这两种平面布局类型。不规律和有规律的城市结构都可以构成这种"第二维元素"；间隙和断裂亦能够产生相应的张力。这点在曼哈顿平面布局的"图底关系"中展现得非常清晰。

第三维元素：垂直高度上的拓展

第三维元素为二维结构赋予了一个垂直向量，使建筑模式在纵深尺度和长度尺度扩张的同时，在垂直高度上也得到了拓展。在"近距离作用"方面，它影响到人们对"可感知到的城市空间"的体验；在"远距离作用"方面，它深刻地影响了"城市剪影"。第三维元素可与结构的第二维元素保持协调统一，但有时也可以有自己突出的表达，比如曼哈顿的天际线。

第四维元素：形态和氛围

形态的表达，既可以通过建筑物外立面的造型、尺度比例、材质，也可通过"屋顶景观"，即城市的第五个外立面来实现。它从来都不是"中性"的，而是始终对观察者或体验者施加"主观性"的影响。建筑的形态，以及其所辐射出的又被观察者主动感知到的作用影响，就是城市设计的第四维元素。鉴于不同的观察者个体之间参差不齐的接受能力和敏感度，建筑造型及其散发的活力、产生的氛围效果因人而异，对有些人来说积极，对有些人来说消极。

根据城市设计所面临的不同场所和不同设计任务，这四维元素复杂地相互交织在一起。

7.3 城市的等级层次和集体记忆

前文所描述的城市是无法归结为一个"单一的"基本结构或基本理念的。相反，城市恰恰是由大量各具特色的局部所构成。

意大利建筑师和城市规划师阿尔多·罗西（Aldo Rossi）就将城市体系分为"主要元素"和"次要元素"，并承认这两者扮演的角色不同。如教堂、市政厅、大学等，在"创建城市的身份"方面具有核心作用，是可以在城市中被特别强调的主要元素，至于次要元素，即住宅和日常建筑，则应融合进城市形态之中。

"从纯粹功能性的角度，人们可以将这种主要元素视为某种'团体对团体'的固定活动，或可以看作城市营造意义上某种实体，其行为被精确地限定，比如作为上演不平凡事件的舞台或作为彰显城市整体历史的建筑作品。这种元素就是城市历史与理念的标志。"

——阿尔多·罗西

阿尔多·罗西还在城市的价值意义中引入了另一重要概念，即"集体记忆"。

正如"记忆是事件与地点串联而来，而城市中的集体记忆也来自于建筑和风景地貌。在此意义上，记忆就成为贯穿错综复杂的整体城市结构的主线。"

——阿尔多·罗西

城市元素的等级层次是与"集体记忆"紧密联系在一起的。由于其庞大的体量尺度、异乎寻常的高度，也可能由于其功能作用，突出的城市元素占有十分重要的地位，格外深刻地印在所有人（无论是居民还是游客）的记忆中。一座从城市的整体形象中脱颖而出的教堂塔尖标示了城市的一处特殊场所，但同时也强调了其特定的用途。

教堂作为主要元素，是组成"城市意象"的重要元素。当我们回首往事，会发现它同时也是我们记忆中最重要的一部分。相反，一幢服务业用途的、位于城市入口区域的高层建筑，尽管强调了城市的入口空间，并且据此在空间上的意义非常重要，但它的用途依旧算不上"特殊"。

根据这些对城市结构的分析性思考，对于城市设计，可以得出以下认识：

——根据空间层次和意义等级程度，对建筑和城市结构差异化的处理，对某个城市元素在城市的整体环境语境中的地段价值而言，是非常重要的。（参见第4章"城市的构件"）；

——选择引人注目的地段和采取超乎寻常的高度，其合理性取决于该建筑的层次等级；

——在探讨已建成的城市时，应该特别去注意那些从城市的整体环境语境中脱颖而出的城市元素，因为它们在过去很大程度上决定了城市的记忆。

图 7.3.1 建筑性等级层次，多特蒙德
在城市剪影中，"主要元素"相对于"次要元素"占据的位置更为突出

图 7.3.2 城市元素的等级层次，林岛（Lindau），博登湖（Bodensee）
在山峦的全景前方，教堂塔楼在城市的等级层次中占据统治地位

7.4　对于现状的态度

作为社会发展和经济发展的发动机，城市要成为一个既走现代化进程，同时又维护传统的场所。在这个充满活力的领域里，为那些不断增长的、停滞不前的和逐渐萎缩的城市和小区，人们寻找着空间性的解决之道。对于城市设计而言，在进一步扩张城市结构时，哪些参数和法则会发挥作用？哪些城市结构是值得保留的？哪些是规划中为了有助于实现更有说服力的解决方案，而被新的结构替换掉的？在各种不同的情况下，设计者应采取什么样的态度？

7.4.1　常量和变量

城市结构的变化过程，发展得时快时慢。有的区域基本上一直维持原状，而另一些区域则始终发生着巨大的变化。在城市发展的任何阶段，甚至在同一个城市自身内部，针对已建成的区域都出现了各种不同处理方法相互交织的现象，要么维持原有城市结构，要么继续发展现有城市结构，要么用新的城市结构将旧的替代掉。

对已建成的城市的处理方法的区分，可以归纳为如下不同的两大类：

——常量（特色建筑、作为识别性载体的历史老城等）必须得到保留和受到保护。对于现有城市结构进行扎实的分析，是采取具有可行性的干预手段的前提条件，是论证城市结构能否适应未来发展需求的必要条件。

——变量（荒弃的场所、棕地、无人区等）必须进一步开发和重予以规划。在这些新的区域里，可以开发出一种新颖的、更注重自身的空间品质。特别需要注意的是它们与周围环境语境之间的"连接点"或"融合区"。

常量和变量的综合作用并无事先设定的规律可循，每次都必须重新定义。它们之间互相转化的交互作用使城市结构产生了多样性和生命力。

> "建筑学和城市，这两者的'扩建'是未来主要的任务之一：我们的城市必须被集中化、改建、改进得足以经受住我们社会目前正在经历的人口结构的、气候的和思想的变迁……从历史文化遗产适应性保护到公开地抗议老建筑，都是可行的选项。"
> ——安德烈亚斯·邓克

"变量"比"常量"更占据主导地位的阶段

变量比常量占据更多优势的一个生动例子，就是在城市发展之不同阶段中的"汽车和交通"现象。汽车在很大程度上决定了城市形态和城市体系。尤其是在机动性领域，技术上的成就彻底地改变了人们的生活方式，虽然并不总朝着有利的方向前进。技术上的进步起初唤起了人们巨大的希望，就如 1885 年汽车交通首次发挥巨大作用的历史性场景所展示的那样。

> "马匹从道路交通中的消失将会产生积极的影响。街道上的噪音将大幅减少。由于机动车的速度快，人们不必再担心会出现交通堵塞。每个人都将顺利地、不停顿地在路上前进。尤其是交通事故的数量将决定性地减少，因为汽车比马车要容易操控得多。"
> ——英国宣传手册《没有马匹的时代！》

大约 40 年后，这些对于技术成就的评估，就被勒·柯布西耶写入了他的统计性研究和《关于汽车在城市发展过程中的作用》的预测报告。柯布西耶预测，若对城市的进一步发展和改建不适宜汽车的使用，那么城市将会"窒息而亡"。这就构成了他所设计的，由同名汽车品牌赞助的伏瓦生规划（Plan Voisin）的基本思路，他想以此用一个符合汽车需求的新城市来取代陈旧的巴黎市中心。

20 世纪 50 年代起，一种以汽车需求为导向的城市营造蓝图终于对现有的城市结构的处理方式产生了巨大的影响，尤其是在很多城市的内城区——当初进行新的交通道路的设计和建造时，人们对于内城区具有保留价值的城市结构并没有进行过任何值得称道的周全考虑。

7.4.2　前置—后置—融入

城市设计需要人们拿出适合城市语境的解决方案。在如何处理现有的城市结构的方面，这正是一个巨大的挑战。对此，事先制定好的范本并不存在，具体每种情况都需要适合其自身的独特解决方案。为了使一套解决方案能够具有"说服力"，对现有的城市结构进行深入研究是必不可少的。根据不同的研究结果，人们对于现有的城市结构会产生不同的态度，这些态度又会反映在城市设计方案中。设计方案可以将新的城市结构置于现有城市结构之下[1]，也可以让新的城市结构成为决定性的城市元素[2]。但是，城市设计方案也可以给新的城市结构赋予其独立性，且同时并不影响现有的城市结构和品质[3]。

前置

前置新的城市结构，就是让新的建筑物居于醒目位置，

1　类似绘图软件中的"图层后置"操作。
2　类似绘图软件中的"图层前置"操作。
3　类似绘图软件中的"图层合并"操作。

却并不重视该场所已有的形态设计标准。该手法的核心在于突出表达新建筑的独立性。然而，只有当现有的城市结构毫无品质，且新的城市结构肯定能够产生品质时，这种前置法才算是"无可非议"的。

后置

如果对于新的城市结构采取后置的态度，则相对于现有的城市结构和建筑设计，新的城市结构须退居次要位置。不过，当新的城市结构根本无法再度被辨识，或者对那些"依旧可以按原方式重造"的 20 世纪建筑进行"原样重建"的时候，则要批判性地看待后置法。

融入

将新的城市结构融合到现有的环境中，一个首要的前提就是尊重现有的城市结构。这种融合不排除使用新的材料或者通过重新诠释现有的建筑物和建筑类型的方式。将原有的和新的城市结构显著地可视化，可以展现出现有的城市结构和城市品质的发展价值。

前置、后置或融入——人们并不需要总是把其中某种原则坚持到底，或者对于某个具体的设计项目在城市结构、空间和造型的多维元素上混合采取上述几种态度。具体的现状，以及人们对于现有城市结构及其历史清晰明确的研究，才是每个判断的决定性依据。

在某个城市里、在某场所的周边，人们总能或多或少地发现一些可被识别的，其相关时间点可被追溯的历史层面。"历史"主要是对一瞬间的记录，随时会被新的历史阶段改变，以及被补充得更为丰富。同样，"传统"对于其所诞生的任何时刻来说，始终都既是一种积淀又是一种创造。当然这并不意味着传统不存在。传统是具有自己独特价值的文化产物，这一点非常明确。

图 7.4.1　大帝疗养浴场，亚琛，设计：Kasper + Klever 设计事务所
在城市的第三维元素（垂直高度上的扩展）上，该建筑综合体在 Büchel 街边的部分以"后置"的态度，通过 V 字形剪影让出了眺望教堂景色的视线，在庭院那一侧则以"融入"的姿态设置了山墙结构。在城市的第四维元素（形态和氛围）中，该建筑综合体在不同的立面中增加了"前置"的姿态。材质和细节中的印痕一起把"现状"有意识地卸去了。

在亚琛市对"大帝疗养浴场"有规划性的处理项目展示出相对于"场地"的态度可以是多层次性的，并且在历史的进程中可以进行改变。在城市的历史语境中，该建筑基地受到了三角形广场的深刻影响——该三角形广场来自于罗马式和中世纪式的重叠建设。那些超过数个世纪之久的城市第二维元素（平面尺度的扩张），则被该项目"大帝疗养浴场"以"前置"的态度忽略掉了，因为该建筑综合体挤进了三角形的中庭里。

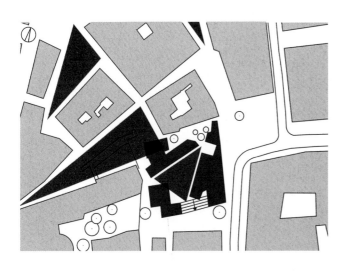

参考文献

1. 城市形态和城市意象

[1] Lynch K. Das Bild der Stadt (The Image of the City) [J]. 1965.

[2] Schirmacher E. Stadtvorstellungen: die Gestalt der mittelalterlichen Städte-Erhaltung und planendes Handeln[M]. Artemis-Verlag, 1988.

[3] Trieb M. Stadtgestaltung: theorie und praxis[M]. Birkhäuser, 1974.

2. 城市的多维元素

[4] Krause K J. Enzyklopädie der Stadtbaukultur[J]. Dortmund.(unveröffentlicht), 2006.

[5] Von Meiss P. Vom Objekt zum Raum zum Ort[J]. Basel, Berlin, Boston, 1994.

3. 城市的层次等级和集体记

[6] Rossi A. Die Architektur der Stadt: Skizzen zu einer grundlegenden Theorie des Urbanen[M]. Bertelsmann Fachverlag, 1975.

4. 对于现状的态度

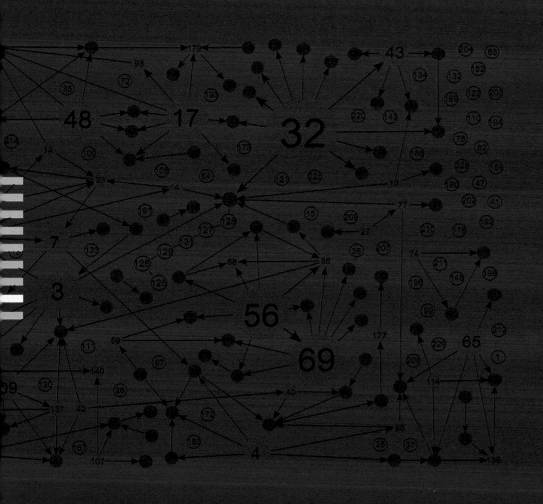

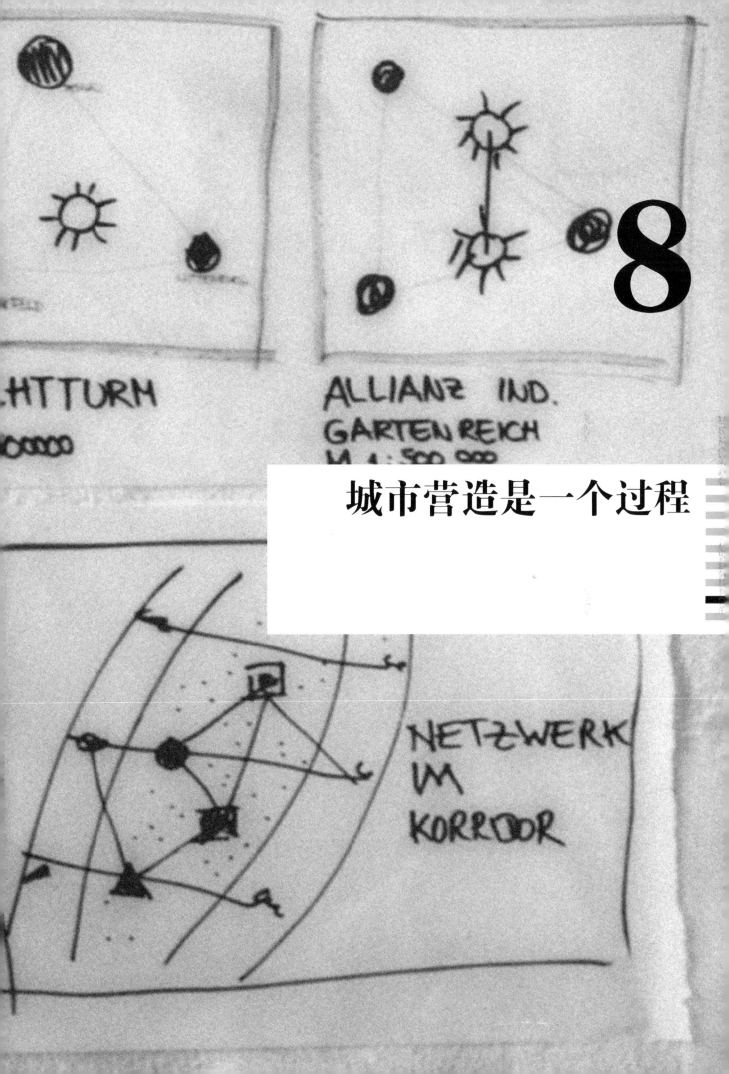

8

城市营造是一个过程

8.1 实现以过程为导向的城市营造

"城市营造需要经过设计"，这意味着在城市和社区的演变过程变得越来越复杂的时代，除了将空间作为产物进行研究之外，把空间作为一个过程进行研究也越来越重要。

城市由各种不同的成分组成，并不仅仅包括已建设好的城市结构和公共空间；其实在很大程度上，城市是由社会网络结构和使用者共同组成的，归根到底是由人所决定的，即人作为参与者来制定、理解和落实设计方案，又或者通过自身的行动影响城市空间。因此，城市营造的理念必须：

——提供一套坚实的框架，即使在框架条件发生改变的情况下也能始终有效；

——确保为各方的参与过程提供形态设计上的推敲余地，且不丢失根本性的设计理念；

——为后续的沟通策略奠定深厚牢固的基础，从而使设计理念获得多数参与者广泛的认同。

"任何形式都是过程在一瞬间凝固的景象。也就是说，一幅作品是正在发生的变化中所经过的中途站，而不是僵化的终点站。"

——埃尔·利西茨基（El Lissitzky）[1]

城市设计越来越频繁地与那些"针对特定时期的规划和设计"联系在一起，如针对某些时段、某些实施阶段，但是也包括针对"发展暂停期"，即在这段时期内如有必要，城市空间可用于其他功能和用途。

8.1.1 过渡用途

在城市规划的正式周期中，"过渡用途"至今还不曾被预设过。与此同时，无论是作为开放空间用途还是作为建筑用途，无论是作为临时性建构还是作为激活城市地块的措施，"过渡用途"不仅仅在德国东部，而且在德国西部很长时间以来都已经成为一种常见的现象。随着内城区的棕地利用的经济压力逐渐减弱，这些棕地和闲置建筑成了不受欢迎的"空缺"，变成了在城市体系中不被使用的，或使用不足的城市空间。由于"缺少私人需求""未来发展方向不明"或"城镇政府执行力不强"，这些城市空间的再利用也就往往无法实现。于是在此等待阶段中，尝试性的过程很容易开展（即使没有同时去筹划长期性的愿景）。

"过渡用途"指的是 "虽然地块沦为棕地，或者建筑物遭到弃置，但并不会永远这样保持下去"的那些用途。如何安排和理解过渡用途，取决于能否满足以下两个主要的框架条件。

（1）过渡用途有时间限制。对于限制方式和持续时间，无论是"合同性质的签订"还是"以人的忍受度为限"，都不存在既定规范。该过渡用途甚至有可能是非法的。

（2）过渡用途不符合业主对长期经济收入的期望。该条件主要是指业主对利润原本的期望，因为大多数情况下，经济收益在展开过渡用途的时期会被放弃。

8.1.2 时期和阶段

能在短期内整体性地建成的城市设计方案和工程项目，只能说寥寥无几。大多数情况下，它们的实施过程都有步骤性地分为时间上逐渐推移的"时期"或"阶段"。该实施过程必定要求，城市设计的进度规划和结构编排必须细分到许多清晰可读的轮廓。然后，这些轮廓可以为步骤性的建成过程奠定基础。建成过程的每一步都应规划为：在一个阶段结束之后不会出现支离破碎的结构，而是会产生一个过渡状态，其具有与"可能实现的最终状态"相同的品质，即所谓的"临时性最终状态"。

编排设计：硬件——软件——品牌商品力——组织营业力

为了生成一种符合人们期望的都市性状态，须通过硬件（已建成的物理空间）、软件（用途、活动）、组织经营力（政策）和品牌营销力（生产印象、构建形象）这些

图 8.1.1 滕珀尔霍夫（Tempelhof）过程，柏林滕珀尔霍夫场地，竞赛

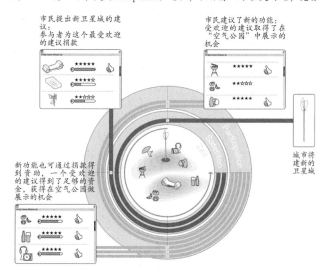

---

1 埃尔·利西茨基（El Lissitzky），1890－1941年，苏联先锋派艺术家、设计师、摄影师、印刷家、辩论家和建筑师。

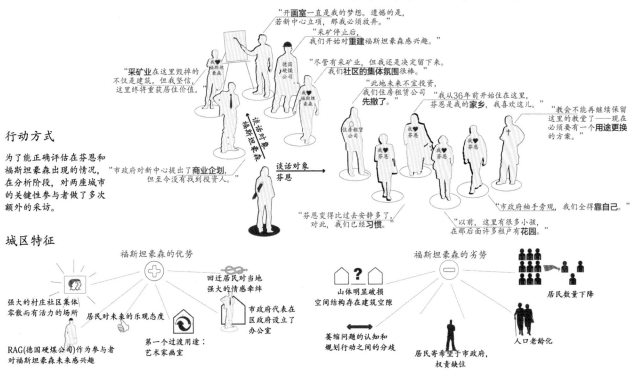

图 8.1.2 参与和"建筑空隙管理",2010 年 LEG 竞赛奖

"采矿业在这里毁坏的不仅仅是建筑。但是我坚信,这里将重获居住价值。"

"采矿停止后,我们开始对重建福斯坦豪森感兴趣。"

"开画室一直是我的梦想。遗憾的是,若新中心立项,那我必须放弃。"

"采矿停止后,我们开始对重建福斯坦豪森感兴趣。"

"采矿业在这里毁掉的不仅是建筑。但我坚信,这里终将重获居住价值。"

"尽管有采矿业,但我还是决定留下来。我们社区的集体氛围很棒。"

"此地未来不宜投资,我们住房租赁公司先撤了。"

"我从36年前开始住在这里,芬恩是我的家乡,我喜欢这儿。"

"教会不能再继续保留这里的教堂了——现在必须要有一个用途更换的方案。"

"市政府对新中心提出了商业企划,但至今没有找到投资人。"

谈话对象 福斯坦豪森

谈话对象 芬恩

"芬恩变得比过去安静多了,对此,我们已经习惯。"

"市政府袖手旁观,我们全得靠自己。"

"以前,这里有很多小孩,在那后面许多租户有花园。"

行动方式

为了能正确评估在芬恩和福斯坦豪森出现的情况,在分析阶段,对两座城市的关键性参与者做了多次额外的采访。

城区特征

福斯坦豪森的优势

强大的村庄社区集体
零散而有活力的场所

居民对未来的乐观态度

回迁居民对当地强大的情感牵绊

市政府代表在区政府设立了办公室

RAG(德国硬煤公司)作为参与者对福斯坦豪森未来感兴趣

第一个过渡用途:艺术家画室

福斯坦豪森的劣势

山体明显破损
空间结构存在建筑空隙

萎缩问题的认知和规划行动之间的分歧

居民寄希望于市政府,权责缺位

居民数量下降

人口老龄化

"建筑空隙的管理"

福斯坦豪森(Fürstenhausen)的参与者和居民盼望当地能被"重建"。对新的市民之家和新的住宅进行了积极的规划——其中对增长的憧憬仍然存在。但对福斯坦豪森而言,未来是:改变思想!福斯坦豪森将不再增长,而是相反。现阶段应该这么看:别煽动起错误的愿望,改变思想,放手去干,如何实现?福斯坦豪森的第一步,是对采矿关停后定居区留下的空隙进行积极的"管理"。"RAG 德国硬煤公司"做为积极参与者,要与城市和居民一起填补"空隙",并使当地保持稳定。尽可能地将空隙按照如下策略导向新的用途,或至少用最小的代价和成本,来产生最大的效应,向一片绿地转型。

管理"建筑空隙"的时间流程

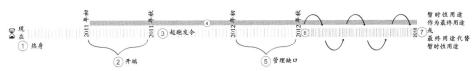

① 热身 ② 开端 ③ 起跑发令 ④ 陪同 ⑤ 管理缺口 ⑥ ⑦

现在

2011 年初 2011 年秋 2012 年初 2012 年秋 2013 年初

暂时性用途作为最终用途

或最终用途代替暂时性用途

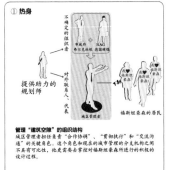

① 热身

提供助力的规划师

管理"建筑空隙"的组织结构

城区管理者担任负责"合作协调"、"贯彻执行"和"交流沟通"的关键角色。这个角色和现在的城市管理的众多机构之间不具有可比性,他更需要去把控对福斯坦豪森所进行的积极的设计过程。

② 开端

"建筑空隙"的"维护工具箱"

如果居民没有自己的想法,这些研讨会的参与者就被要求使用一个"工具箱",从而对空隙进行管理。这个工具盒内装有人们所需的所有工具,可用来装培混合灌木丛进行维护。大面积维护的植被盛放的混合灌木丛,从春天到秋天。

"建筑空隙"的特征
信息魔方显示:"这里得做什么";并替"城市改建汽车"发布"行车计划"。

城市改造办公车
一间移动的城市改造办公室,到各个缺口处参观走坊一次,邀请当地人来参加研讨会,让周围参与的居民和相关者、整备有空隙和它们的用途概况的居民汇总是必要的,内含所有空隙和它们的用途概况,基于出口问题的创意,并且找到当地使用用途的赞助方。

分阶段逐步填满不同的建筑空隙

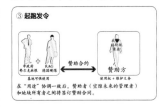

③ 起跑发令

赞助合约

赞助方

在"用途"协调一致后,赞助者(空隙未来的管理者)和地块所有者的同意将签订赞助合同。

④ 陪同

在整个过程中,城区管理者是积极的协调者和联系人。另外,"城市改造办公车"作为萨布吕背街的流动的办公室,可作为聚会点,并在一个季度的漫游之后在萨布吕背街的一个新中心落定下来。

⑤ 建筑空隙的管理——有可能出现的用途举例

菜园   烧烤园   儿童运动场   大面积维护的绿地

⑥ 由市政府进行干预,是可选的备案

当没找到足够的、有地块用途创意的赞助者的时候,政府保留自己担任赞助者角色的权力,以及开辟宽阔的绿地。

⑦ "过渡用途"做为"最终用途"或"最终用途"代替"过渡用途"

管理空隙的策略,原则上可以进行开放式发展。尽可能不要锁定空隙在未来的用途。若一个用途在空隙管理的框架下没有被替换,那它就可以作为"最终用途",被接受保留下来。

不同空间层次的合并与叠加。这种编排法的基础在于：须把空间理解为这四种空间层面所构成的"矩阵"。Mona El Khafif[1] 提出了"城市剧本"这一概念，将"时间"因素纳入了空间营造的过程和节奏中（El Khafif 2009）。"城市剧本"操纵着空间的各维度之间的互相作用。与此同时，品牌营销力能以激活软件的方式去激活空间的"用途转化"，组织经营力则可以驱动参与者之间的交流网。通过上述的"过程维度"，这种"城市剧本"从而远远超越了传统的城市营造工具（比如"总体规划"等），把对

城市营造的理解扩大为空间产品和空间舞台剧，"城市剧本"这一理念同时也总是依赖于各个场所自身所特有的一些条件。

"用私人生活和公众生活填满这座城市的市民们，掌握着最终话语权。他们先赋予地城市以其面貌。人性化的城市营造因谦虚而出众，它为市民们提供了为城市之形态做贡献的机会。"

——汉斯·鲍尔·巴特（Hans Paul Bahrdt）[2]

图 8.1.3　过程设计，杜塞尔多夫的格雷斯海姆（Gerresheim）区，设计：RHA 建筑师和城市规划师事务所

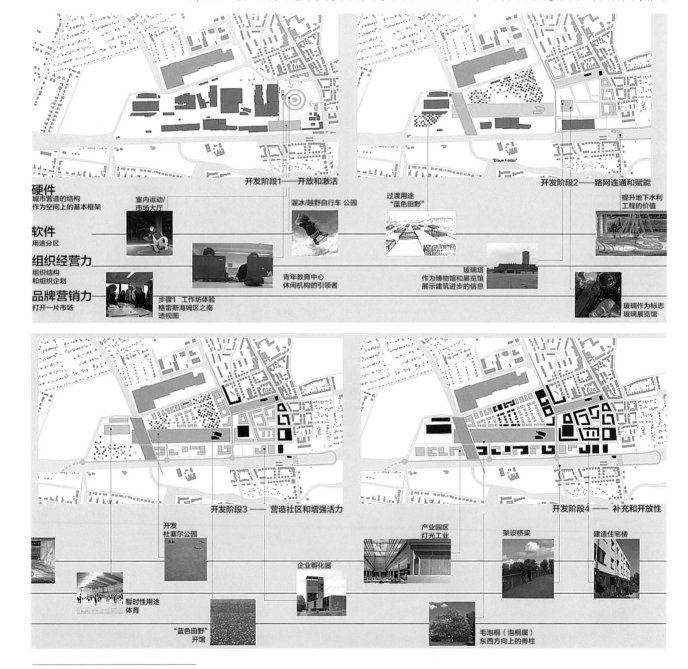

1　Mona El Khafif，本书作者莱歇尔教授曾经辅导过的博士生，今为加拿大滑铁卢大学城规学院教授。

2　汉斯·鲍尔·巴特（1918-1994 年），德国社会学家。

8.2 参与

8.2.1 参与方式和参与人员

在规划实践中，参与人员之间的结合变得越来越重要。城市设计之所以能被高品质地付诸实施，其前提条件不仅是城市前景本身具有说服力，而且还需要得到决策者和当地民众的共同认可。因此，让不同群体参与到规划的不同阶段是非常有必要的城市营造方法。

正式和非正式的方法

原则上将参与规划的方法分为正式的和非正式的。在"建设指导规划"（Bauleitplanung）的框架中，有一个正式的、以法律的形式规定下来的参与程序，这是其他方法所不具有的。市民、协会和其他机构来提出他们的异议和想法，并在进一步的规划过程中进行调整。

非正式的参与方法则通常没有法律规定的方法步骤，当对有关主题和面临的决策进行激烈讨论变得非常有意义时，可以让市民参与到规划的过程中来。公开研讨会、规划研讨会或市民论坛通常不太可能形成具体的规划，而是针对主题进行调整、聚焦于问题点及就规划做最终沟通。

研讨会方法（Charrette）[1]

近几年来，"研讨会方法"开始得到大家的关注。自 1990 年美国就使用了这个方法，而德国还属于新方法，但也已被成功运用，并按照当地条件得到了进一步的发展。

"研讨会方法"是一个公共的规划方法。通过这种方法，市民直接参与城市发展和城市营造的复杂问题的设计过程。城市决策者、建筑公司、城市规划者、企业主、景观建筑师、建筑师、交通规划师等和感兴趣的市民在跨学科的方法下制定城市的未来或具体的城市内部规划。

"城市营造是一个谈判的过程。"
—— 基斯·克里斯蒂安（Kees Christiaanse）[2]

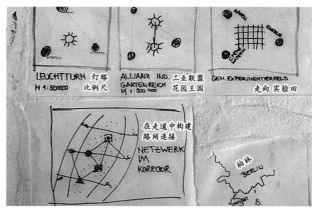

图 8.2.1　学生研讨会，Ferropolis，Gräfenheinichen，2003 年
任务：对"钢铁之城"[3] 的新建筑选址制定城市设计的"密码"，比如水资源利用

---

1 Charrette 源于法语，原意是"手推车"，是 19 世纪末巴黎高等美术学院用来收集建筑学学生的设计作业的运输工具。学生们往往在截稿期前的几分钟才能交稿，为了及时交上模型和图纸，甚至会自己跳进这个手推车里面，所以看到 charrette 就非常紧张的情形就这么出名了。后来这个词特指在较为集中的时间里集合多个学科的专业人士、当地相关的居民及社会团体共同讨论规划设计工作的一种公众参与方式。
2 基斯·克里斯蒂安，荷兰著名建筑师、城市规划师，曾与库哈斯共事。
3 钢铁之城是 Ferropolis 市的别称。

8.2.2 开源型规划

在软件开发及知识和信息的交流中，完全开放、可免费访问的产品开发过程已渐渐变得不可或缺，Linux、Mozilla、Wikipedia 就是突出的例子。"开源"意味着公开程序或操作系统的源代码，从而出现了对于"制定程序或操作系统所使用的程序语言"进行干预的可能性。"开放源代码"则意味着以往"仅受控于制造商的系统"彻底开放。

另一方面，开源技术过程已经应用在信息技术领域之外的其他专业和规划领域，并在持续扩散着，城市规划领域也同样如此。这意味着规划机构（镇、市、区域）[1] 得先交出决定权，并放开城市营造过程中每个参与者的干预权。城市空间不再事先决定，而是通过不同利益群体的参与从而像产品般被对待，且这种产品能不断地被更进一步地推敲。开放性的平台允许出现不同的观点和模式，且能

图 8.2.2　开源研讨工作坊，科隆－艾伦菲尔德（Ehrenfeld），2009 年
任务：艾伦菲尔德镇发展新思路，在规划中实验开源的可能性，探寻现实空间中使用这种方法的界线在哪里

卓有成效地利用它们。建立"以过程为导向、不断更新的"城市规划并不意味着"该以全面解除对规划的管控为目标"，大多数情况下，它其实是 "基于对任务另外的认知和解决办法"的一种"推移"。

Königs, Heinemann 和 Schmidt 在 2000 年就已基于《多元化的城市——战略》对"开源原则"做了介绍：可以把城市理解为开放性的系统，包括那些通过"广泛的可访问性"以及"持续的更新"而让自身变为与"城市需求"以及"城市规划的要求"相符合的规划工具。本质上，"多元化城市规划"可以被描述为开源项目，一个网状连接的、可自由访问的规划平台构成了其基础。这种城市营造的过程并不是通过蓝图规划所激发、在时间空间方面提前预设的计划，而是通过直接性的、不断持续更新输入的信息加以规范。城市空间被当作一个产品对待，通过有资格能力的不同利益群体的参与，而一直不断地被改善。城市的实际本质（驱动力、专业化）能够积极地融入规划的过程。"危机"和"趋同现象"将被有创造性地搭配整合，规划过程从而将经历持续的质询和监管。潜在的不利局面可被直接利用。规划者会成为规划过程的组织者，而不再是一直以来的方案制定者。

开放性的设计过程始于信息的收集，这些信息可分为冷信息和热信息。首先，冷信息是统计数据、对地图资料和对文献的评估；热信息则始终包含讨论功能，例如照片、印象、观点或访谈。然后，项目启动。对空间进行定义的一套规划的建议将被展示出来。做到这一步的条件是放弃该规划的所有权利。对信息的披露，须遵循"版权"准则。放弃规划决策权，可使力量得到解放，以及同时让人更有动力在规划过程中和其他人一起对规划做出贡献和帮助。项目启动后，开始描述过程，随着对已有构想的调整、复制、引用、重新布局、扩展或者消除，原始的构想会得到进一步发展。每个人都可随时介入项目实时状态的发展中去。

通过互动的城市规划模式和参与性模式，对城市规划中的开源准则进行试验——以昔日的驻军基地施瓦巴赫（Schwabach）市的设计为例。该模式由两个相互联系的规划工具组成：在当地设立一个可自由组合的城市街区的桌面模型和一个互动的网站。这两个现实层面的工具可以引入当地和全球的、针对该地区发展的思路和建议。

逐渐展开的设计过程起初并不进行有意的管理，其出发点是规划模式中的"完全开放"和"自由访问"。它将对下列事项展开探索：在大范围撤销更高层级所下达的预设规划和蓝图的情况下，能否产生一个稳定的、合作的结构。在开始的波动之后出现了一个相对有序的讨论结构，

1　德国的行政区划和中国不同，可以类比成县、市、省。

再经额外调和后，甚至会形成产生一致性的趋势。该模式的这种透明度极大地提升了参与者们互相之间的合作意愿。不过，过多人员同意妥协也表明存在"中庸的设计水平"这一风险。但值得肯定的是，经证实，由自由协商产生的基本框架（并非经协调出来的）在后期阶段会表现得非常坚实。

在操作系统方面，对计算机用户来说，一个开源系统的结果应能被相当准确地描述。这需要同类的利益群体，使用者和开发者在开发初期是同一批人。然而，将该原理转用到城市营造的规划方法上，则会碰到复杂得多的行为关系。因为相对于系统的优化以及对城市熟悉的理解来说，在城市营造方面，开源系统更加关乎"对城市发展的不同目标所抱有的憧憬"。不过开源的方法依旧可以作为基点发挥作用，因为它非常成功地利用了交流网，强有力地推进了透明性并连接了众多的作者群体。

图 8.2.3　过程之墙
这面墙展示了构思发展的线路图，以及展示了"作为科隆—艾伦菲尔德的一次工作坊研讨会成果"的规划思路[1]

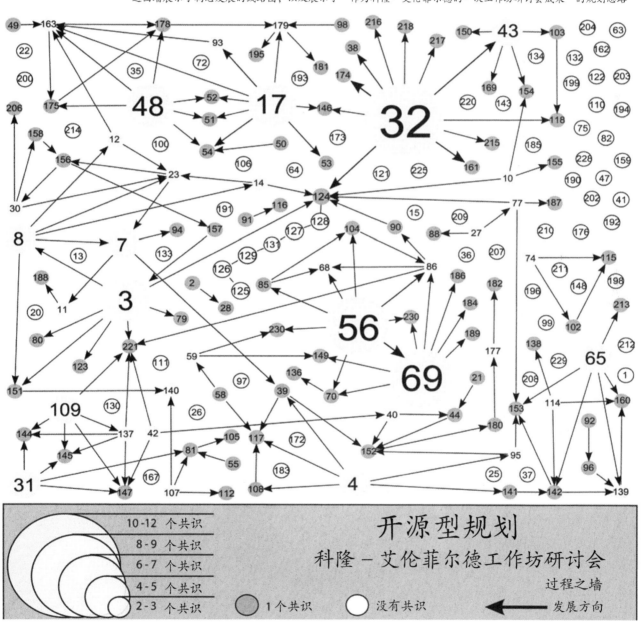

1　数字代表"讨论密度"。讨论密度＝参与者人数 ÷ 规划思路数量。灰色的小圈表示所有人都达成一致；白色的小圈表示没有一致的结果。灰色小圈和白色大圈都表示有会议共识，但区别在于是否有多个箭头——对外的箭头数量表示会议之成果的数量。

8.3 “形象和品牌”战略

弗兰克·鲁斯特（Frank Roost）[1]

由于城市之间对企业、游客和居民的越演越烈的争夺竞赛，对于城镇来说，使用策略使自己具有鲜明特色变得越来越重要，它包括城市意象系统的持续发展，甚至包括给城市或单个居住片区发展一种“品牌”。这个过程和一些有点相互矛盾的目标相联系，即加大内城区转向现代化服务区域的改建，满足潜在的游客和投资者的公共需求，另一方面还要独一无二且不可改变。城镇的这个行为过程具有企业的部分性质：城市或地区常常像商品一样地被市场化，尽管它们比消费品复杂许多。然而，对城市来说，对内是建立城市个性和建立合法性的策略、对外则是进行市场营销运动，这种改善城市形象（城市意象[2]）、建立城市品牌的活动已成为城镇的重要任务，城市规划也同样需要具有这样的特征。

定义概念

英语“image”的概念是从拉丁词语图像“imago”派生出来，它表示的不仅是狭义的图像概念，而且还指内心的想法，即由某人所做的画面。但这两个层面是密切相连的，涉及“城市形象”也是如此。凯文·林奇使用了“Image of the city”（城市意象）的概念，说明了建设结构具有可读性的重要性，并从而推导出了一种能给使用者提供“导向性”和“认知可能性”的城市形态设计策略。

然而，在城市规划中经常使用的形象概念还有其第二个根源，即城市的市场化背景。这种对市中心、旅游目的地，或者商业区使用有针对性的营销策略进行形象宣传的做法，自1980年以来在德国开始传播，起源于英国和美国的规划界。因此，这种方法带有那些最早被英美的广告从业人士用于消费品市场的宣传词汇和途径的烙印。在这方面，“城市营销”和“城市形象”一起成为城市对外营销的一种策略（Helbrecht，2006），但对内的目标却是实现城市个性的建立。因此在这个意义上，成功的城市形象并非艺术品，而是结构的变化机会，从内在的潜力发展而来，并且展示出目前正在持续进行。

这个应用的最新发展是对“品牌化”的关注，它同样来源于英国和美国市场。这个概念由英语词汇“品牌”派生出“标志”。它主要是在私有经济中，企业竭力树立自己的品牌，以表达和竞争对手相比的独特之处，同时尽量争取潜在客户对公司名称或品牌名称的积极联系，从而产生竞争优势。与之相类似，人们可以把地区形象的系统性发展称作“地方品牌规划”（Place Branding）（Stöber，2006），它可以关系到一条商业街、或一片社区或一整座城市。

8.3.1 形象在城市产品中的新角色

伴随着城市政策的节庆化，规划中的形象和品牌化战略发挥越来越重要的作用（Häußermann & Siebel，1993）：自1990年起，大型项目总会被精心深入的策划，并常常和大事件相关联实施。因为事件比传统的城市规划更适合媒体运作，从优美的城市设计到城市政治方面的种种共识，通过媒体，这些复杂的规划目标可以被更容易地传达，从而使它们都可以在这个过程中得以实现。大规模的城市发展措施与奥运会及世博会的结合，正是节庆化的一种典型形式。在展示国家和城市的机会方面，这样的大事件已成为传统。但自1990年起，它更频繁地被承办活动的城市当作城市建筑结构重组的序曲，通过与基础设施和住宅项目的结合，来服务于城市改建，与巴塞罗那和里斯本的做法一致。

在该策略成功的基础上，现在许多乡镇一开始就利用轰动效应推广他们的大型项目。以这种方式推出的建筑都不再和单个事件相捆绑，而是通过建筑自身的公共效应和富有形象的魅力一起发挥作用。他们常常使用一个造型突出的单体建筑，作为所谓的“旗舰”（flagship）起到“高举旗帜”的领航作用，来传达“转型”讯息和象征新的形

图 8.3.1　形象的产品，作者：卡尔·甘瑟（Karl Ganser）[3]

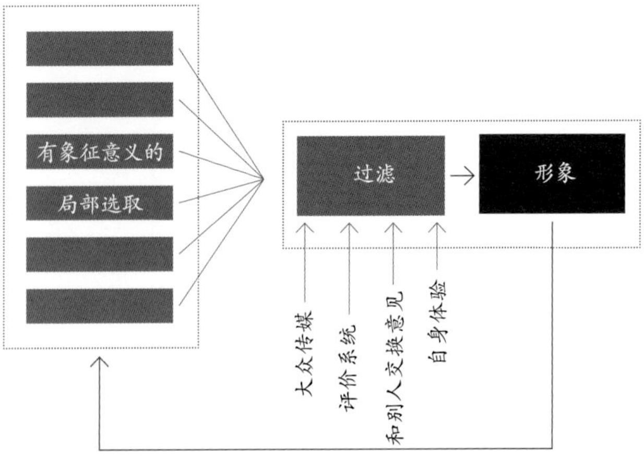

1　弗兰克·鲁斯特，卡塞尔大学城市和区域规划系教授。

2　虽然《城市意象》这本书英文原题就是“The Image of the City”，但本章这里的image指从广告业引申而来的关于形象宣传的专业用语，所以译者更倾向于直接翻译成“形象”以便读者从广告业的角度去理解本章的内容。当然本质上“城市形象”和“城市意象”根本就是一回事。

3　卡尔·甘瑟，慕尼黑工大地理学博士，德国地理学家和城市规划师。

象，特别是对新建或改建的社区和城市，把整体作为"旅游目的地"进行宣传。在这方面，新与旧结合得很有特点。另一方面，在城市形象的进一步发展中，这种结合作为"革新"和"传统"所登场的舞台还能发挥更大的作用（Bodenschatz，2005）。

除了公共建筑和公私合营建筑之外，由私有经济资助、使用的建筑物，也可以起到旗舰项目的作用。同时，业务遍及全球的大型品牌企业集团利用蓬勃发展的城市旅游业，在大城市的市中心建立所谓的"品牌中心"，用来作为他们宣传自己产品的舞台。这类设施（如柏林的索尼中心）对集团公司来说就是三维的立体广告。以同样的方式，就像大型项目作为"城市形象旗舰"一样，品牌中心对于投资方企业集团来说，也是对公司"品牌形象"有广告效果的"旗舰"。投资者的营销策略和城镇的发展策略融合为一个城市产品系统。在该系统中，形象之间互相的提升是最突出的任务（Roost，2008）。

鉴于"形象"的进一步发展潜力，不仅适用于整个城市或繁华的市中心，而且单个的住宅片区也同样制定了全面的品牌化和形象发展的战略。品牌的建设技巧，甚至被用于城市贫民区或大型居住区的形象建设。例如，鹿特丹采取了一种所谓的邻里品牌策略，帮助"有巨大翻新需求"和"形象欠佳"的居住区来"构建新形象"和"重新定位"。于是，大型城镇住房公司使用这些"通过市场研究所获得的知识"，来更好地理解其客户的需求（这些客户主要属于社会弱势群体）。在这方面，不仅需要根据收入和社会地位来划分人群，还需要根据生活方式、消费意愿和住房需求进行人群划分，以便更好地了解该聚居区长期性的特征，并把居民们的愿景协调谈妥。

8.3.2　形象载体和现有的建筑形象

在以形象为导向的规划形式上，对形象和建筑空间形态设计所进行的"共同表决"扮演了特别重要的角色，因为视觉元素是形象传递的一种核心元素。在这方面，特别具有象征意义的个别建筑拥有"作为可被再度识别的形象载体"的重大意义，是属于一个地区或城市的可视化形象的浓缩精华。一些城市的重建项目都属于该类别，在这些项目中，（重新）展现建筑遗产是首要任务。这些措施范围很广，包括对现有的历史性城市空间进行"价值提升"，和对损毁的重点建筑（如柏林和布伦瑞克的城堡）以及整个城市居住片区（如德累斯顿的 Neumarkt 区）进行"原样重建"。对于留有旧工业深刻烙印的地区（如鲁尔区），则主要采取更新策略来重建以及用后工业景观的方法来全新展示。处理手法包括从美学上的"形态更新"直到"转型为博物馆"。

上述手法常常会借助欧洲城市的传统潜力，但除此以

外，以现代建筑的"象征之力"为目标的城市产品也发挥着作用。于是，一座城市的"天际线"就成为城市经济力量和国际掌控力的表现形式。还有一些所谓的旗舰项目，即由国际知名的明星建筑师设计建成的、对城市发展的推动有较高预期的建筑，也同样野心勃勃，比如提高对游客的吸引力、对新社区起广告作用，或伴随着城市结构的调整，对"应该向服务业场所转型"的"大都会"城市形象起支持作用。

这类以形象为导向的项目形式中又存在不同的模式，标志性的文化建筑营造得最为广泛。由于"去工业化"和国家资助金额减少，该模式自 20 世纪 80 年代中期以来在英国开始发展，并紧紧地和城市市场营销的新理念结合在一起。早期，大多数以公司合作方式创办的实例主要属于博物馆类的项目，以流行文化的广泛传播为目标，例如布拉德福德（Bradford）的电影博物馆或谢菲尔德（Sheffield）的音乐博物馆。值得注意的是格拉斯哥（Glasgow）的"建筑与设计之城"运动，是建筑和形态设计的课题领域的早期案例样式。大约同时期的法国，首先在巴黎，里昂和里尔启动了"大项目"，虽然有明显的从国家力量到中央政府的积极参与，但转换城市形象的目的同样坚定，甚至更强烈地反映出项目强大的社会性功能：在这一过程中达到城市政治上的、规划上的和审美上的共识。同时，作为巨型尺度和卓越杰出的建筑性标志，它们为下一阶段"由明星建筑师设计的重大项目"树立了建筑艺术领域和城市营造领域的标准。

图 8.3.2　古根海姆博物馆，西班牙毕尔巴鄂（Bilbao），设计：弗兰克·盖里

此后，相当多的城市开始着手建立，或者重新推广文化设施机构的国际知名度范围，从而提高了地区在世界范围内做为旅游目的地的魅力。对此，城区整体上也以这一功能为导向，城市的文化特征作为地区的软实力（比如伦敦泰特现代美术馆的新建和法兰克福的河岸博物馆区）[1]，或城市形象的现代化转型（维也纳博物馆区）。最受欢迎的转型项目是那些由明星建筑师所设计的众多滨水文化建筑项目。作为"港口旧工业园区的形象"的载体，它们常常转换为新的"工作和居住"所在地，并详尽地展示出如何推动城市"从工业向服务业"转型，例如：曼彻斯特北部的帝国战争博物馆改建成了索尔福德（Salford）码头的灯塔；或者例如意大利热那亚（Genua）的斯菲拉（Sfera）那样，奏响了庞特·帕拉迪（Ponte Parodi）市的内城区海港改建的序曲。

先驱者中最著名的案例是位于毕尔巴鄂的古根海姆博物馆。因此，这种"以形象为导向"的项目所预期的二次效应，被称为"毕尔巴鄂效应"，这一说法甚至被吸收进了德语，成了专门词汇。尽管弗兰克·盖里设计的壮观的博物馆建筑在该项目的策略框架中起了核心作用，但使得古根海姆博物馆的成功首先具备了可行性：城市营造性和规划性框架条件也同样值得赞赏，古根海姆博物馆正是"阿班多尔巴拿（Abandoibarra）新建居住社区整体项目"规划的一部分。这一项目主要目的是要将往昔的一座船厂改建成沿着聂维雍河（Nervión）走向的一大片高档居住区

和服务区。建筑师西萨·佩里（César Pelli）对该社区做了城市总体规划，规划里包含了多个高层建筑、一座新的海滨公园以及直接在岸边设立一座博物馆建筑。为了发挥古根海姆建筑的大型城市空间效应，必须准备大量的前期工作。此外还需铺设一条铁路和修建一座桥梁。"毕尔巴鄂效应"不仅仅基于一幢卓越的、奇异的独栋式建筑的成功，更是全面性的规划策略的成果。这种全面性的规划策略让这类工程项目受益，特别是为这个花费庞大的建筑创造了形态设计上和经济上进行推敲的余地。

考虑周全的城市规划的处理手法和日益重要的形态设计的象征维度的结合，为实践提出了的新任务，超出了建筑设计和城市营造之间相互作用的传统问题。因此需开始留意，哪些受众会对这种富有象征力的规划项目感兴趣？不仅要注意用户的社会性身份，也要注意不同目标群体（消费者、游客、租户、投资者等）的区域来源（当地—区域—跨区域—国际）。它包含这些问题：在全球竞争中，该项目对外发挥作用的范围有多大？又或者，在长期持续的"城市郊区化"的背景下，该项目能在多大程度上对支离破碎的特大都市区域起到城市身份的创建者的作用？同时还必须注意媒体的扩散机制，它涉及新型都市性，以及对这种新型都市性的预期，即通过优秀的单体建筑、城市空间，或者道路关系和视线关系来营造"已建成的意象"。它也包括这样的问题，欧洲传统的都市性元素所长期具有的重要意义，如何醒目地在新场景中继续成为参照点？对此需

图 8.3.3　芝加哥的天际线，从陆地看和从海上看

1　泰特现代艺术馆的建筑物前身是坐落于泰晤士河的河畔发电站。发电站 1981 年关闭，1995 年举办赫尔佐格和德梅隆赢得设计竞赛提出更新设计，2000 年改建成博物馆重新开放。

要关注的是，当文化性和建筑性的城市产品，在考虑到精神上的再度识别性和媒体上的再度创造性的情况下被设计出来的时候，新媒体对于它们会造成什么样的影响？

通过上述的方式，形象和品牌战略补充了城市营造的概念设计和规划方案。从这点来说，标志设计和广告宣传活动对"城市发展"和"城市营造"的意义，已远远超越简单的市场营销方案。因此，品牌化和形象塑造，在未来的潜力远远超越了对于城市整体而言受人期待的"毕尔巴鄂效应"——毕竟这难以复制。更重要的是多做衡量，从建筑文化遗产的（重新）展现到某块单一的城区的形态重塑，形象塑造之技巧这一单独的元素，从最广义的角度来看，究竟能被应用到多少不同的规划中去。

参考文献

1. 实现以过程为导向的城市营造
[1] El Khafif M. Inszenierter Urbanismus: Stadtraum für Kunst, Kultur und Konsum im Zeitalter der Erlebnisgesellschaft[M]. VDM, Müller, 2009.

2. 参与
[2] Divercity[G]//KÖNIGS U, HEINEMANN C, SCHMIDT C. Strategischer Raum-Urbanität im 21. Jahrhundert. Frankfurt am Main: IFG Ulm, 2000.

3. "形象和品牌"战略
[3] Bodenschatz H, Altrock U, Konter E, et al. Renaissance der Mitte: Zentrumsumbau in London und Berlin[J]. Berlin. Verlagshaus Braun, 2005.

[4] Häußermann H, Siebel W. Die Politik der Festivalisierung und die Festivalisierung der Politik[M]//Festivalisierung der Stadtpolitik. VS Verlag für Sozialwissenschaften, 1993: 7–31.

[5] Helbrecht I. Stadtmarketing und die Stadt als Ereignis - Zur strukturellen Bedeutung symbolischer Politik[J]. Birk, F. - Grabow, B. - Hollbach-Grömig, B. Stadtmarketing - Status quo und Perspektiven. Berlin: Difu-Beiträge zur Stadtforschung, 2006, 42: 263–278.

[6] Roost F. Branding Center: über den Einfluss globaler Markenkonzerne auf die Innenstädte[M]. Springer-Verlag, 2008.

[7] Stöber B. Von „brandneuen "Städten und regionen - place Branding und die rolle der visuellen Medien[J]. Social Geography, 2007, 2(1): 47–61.

9

精选专题集

9.1 太阳能利用型和高效节能型的城市营造

外部条件

专家们预言，在未来的一百年里，由于人口增长和能源消耗，全球持续升温将高达 1.4℃～5.8℃。即使保守估计"未来十年温度仅上升 2℃"，欧洲也必须对未来将出现更多的热浪、长时间的干旱和极端的降雨、强季风以及洪水等灾害进行考虑。这些威胁性的极端气候，需要在城市营造中寻找新的答案和化解措施，比如强化对可再生能源的利用，以及使城市结构适应改变了的外部条件，即须高效地利用资源。这也意味着，城市营造必须避免对环境产生负面影响，以及避免启用一切现存的、事关重大的自然资源。以下两种措施，将在城市营造中得到应用：

——减少二氧化碳排放的策略；

——调整型策略，使城市结构适应气候变化。

回顾

人造环境和自然环境之间的关系，在所有文化中都历史悠久。例如，维特鲁威[1]建议：选择正四方位的有利朝向，可获得自然照明。19 世纪，由于工业化的城市高度密集化，这种不健康的生活条件引发了对"健康绿色"的呼吁，对此有一个例子是埃比尼泽·霍华德（Ebenezer Howard）提出了"田园城市"。另外也有些城市扩张方案在考虑让城市拥有更多的绿色，比如伊尔德方索·塞尔达（Ildefonso Cerdas）的巴塞罗那城市扩张规划（参见本书第二章第 2.2.1 节，伊尔德方索·塞尔达）。考虑的重中之重就是"卫生"，这也引发了处理自然环境的新手法。与此同时，在对自然资源进行保护和节约的前提条件下，"自然"被看作可以帮助人们获得生理健康和心理健康的一种资本。从这个意义出发，19 世纪中期出现了由莫里茨·史莱伯医生（D.G.M. Schreber）倡导和传播的"花园运动"，这在当时还是一个极具革命性的想法。[2]

20 世纪 20 年代，住房改革运动试图通过严格的功能区分和合理的布置安排，来解决大规模的居住建筑的问题。这也是为了满足全体市民对通风权、采光权、日照权的需求。阳光、自然通风、绿地被视为人类健康生活条件的基础要素。这种愿望在西南朝向的行列式建筑形式中，找到了它最持久的表达方式。

《雅典宪章》（1933 年）进一步发展了这个思想，制订出一套包括生活区、居住、工作、教育、休闲和娱乐等所有方面的新城市理念。它从工作者的需求出发，推崇功能分区的城市，例如即使是高层建筑，也须配套更多可供人使用的开放绿地。

第二次世界大战结束后，"保障能源供给的安全"这一新课题开始在建筑学和城市规划中变得越来越重要。20 世纪 50 年代和 60 年代初，伴随着和平利用核能源，人

图 9.1.1　提姆加德（Timgad）模式，阿尔及利亚

图 9.1.2　法兰克福西部住宅，设计：恩斯特·梅（Ernst May），1929-1931 年

1　维特鲁威（Vitruv），古罗马著名作家、建筑师和工程师。

2　"花园运动"起初的目标在于增强城市儿童的身体健康而修建绿地和游乐场，属于教育理念；后来则发展成了"都市园艺"风靡德国各地的"史莱伯花园"现象。史莱伯医生同时也是莱比锡大学的教授，除了倡导"花园运动"以外，还以发明各种整形和矫正身体姿势的机械设备而闻名世界。他的次子是一名法官和法学博士，出版的自传《一个神经症患者的丰功伟绩》（*Denkwürdigkeiten eines Nervenkranken*）被佛洛伊德所引用，因而成为了精神病学史上被引用次数最多的病例之一。"Präsident Daniel Paul Schreber"亦被译为"薛伯庭长病例"。

们首次开始认真地探索最终可代替化石能源储备的新型能源。重点是使用现代科技，对太阳能、风能、地热能其他形式的可再生能源进行研究。那是一个"技术乐观主义"的时代，大部分人都认为"现代科学手段能解决一切问题"。例如福勒[1]主张在曼哈顿建个穹顶，为城市整体创造怡人的气候条件。与此同时，首个批评报道也开始出现——它来自于"罗马俱乐部"（由重要的科学家、政治家和经济领袖所组成的联合团体）——这篇报道让回应上升到了国际性的高度。《增长的极限》这篇报道以德语的形式发表于 1972 年，对世界当时的状况做了全面的记录。

20 世纪 70 年代出现的石油危机，推动了"进一步研究非化石能源和可再生能源的供应"的浪潮。摆脱对遥远国家石油的依赖，以及对石油储备枯竭的忧虑，是其最重要的动机。虽然还没有它直接影响城市规划的记载，但它确实催生了对地球危机有所感受的社会意识。大致在同一时期，保罗·索莱里（Paolo Soleri）[2]开创了"生态建筑"这一概念："Arcology"（建筑 + 生态），并且在亚利桑那州的阿科桑蒂（Arcosanti）建造了配有太阳能设施的无车社区。

1986 年切尔诺贝利发生了核泄漏事故，以及最新关于生态的预判也开始变得负面（特别是由于 20 世纪 90 年代初的地球变暖），为此第一届"世界环境峰会"1992 年在里约热内卢所举办。峰会提出了"可持续性"这一概念。可持续发展既保持了一般的生活品质，以及保证了获取自然资源的持续性，又避免了对环境造成持久的伤害。峰会聚焦二氧化碳对地球气候的危害性，提出危害现已达到了一个新局面，不得不对此采取行动了。

当前关于"面向未来的城市营造蓝图"的讨论都力求实现"复合型方案"，即技术成果结合生态、社会、空间等各个方面，达到协调一致。这要求跨学科的综合解决手段。原则上，这项战略在于对用地进行区别处理，包括"现状区""新建区"，或已建成的新社区和新城区的"扩建区"。

节能型的整体概念方案，不仅须考虑到"城市营造方面的视角观点"和"建筑方面的组织准则"，还要对"节能要求"有所思考，并使两者达到适度的平衡。

图 9.1.4　"绿地的帮助"园艺和景观文化作品封面的早期版本，1952 年 7 月、1956 年

图 9.1.3　美国亚利桑那州的阿科桑蒂，无车社区，设计：保罗·索莱里（Paolo Soleri）

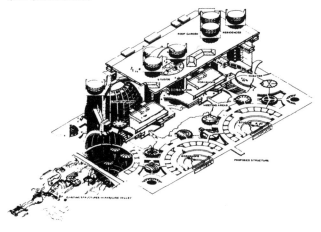

图 9.1.5　大地上的穹顶，设计：福勒（Fuller），蒙特利尔世博会 1967 年

1　巴克敏斯特·福勒，著名的美国未来主义概念建筑家。
2　保罗·索莱里，意大利裔美国建筑师、城市规划设计师，如今被尊为"世界生态建筑之父"。他曾是赖特的学生，但反对赖特的"广亩城市"理念。在他看来这会造成城市无序扩张，破坏传统邻里关系，且远距离交通会消耗过多的能源。索莱里提出了"城市内爆"理论，即城市高密度，而农村则低密度维持原貌。

图 9.1.6　建筑现状的保护案例，罗斯托克（Rostock）教堂塔楼

图 9.1.7　技术性现代化的案例，太阳能居民楼，罗斯托克的维图斯（Vitus Rostock）

图 9.1.8　提升价值的装修案例，艾德豪森（Aidhausen）

现存建筑中的太阳能城市营造

城市中的现有建筑，基于其各自所处的环境语境，为太阳能技术改造翻新设置了各种各样的前提。原则上，在现存建筑上执行的太阳能技术设备改造，应尽量符合原本建筑的形态，且可能的改造范围，由建筑的造型品质决定。

越具有历史的、建筑设计以及城市营造品质方面价值的现存建筑，在扩充装置太阳能设备时，越应该小心谨慎。原则上在这方面，太阳能的利用和文物保护的重要性，两者互相之间并不排斥。现存建筑的建筑品质和城市营造的品质越低，翻新和改造太阳能设备的措施的发挥空间也就越大。

随后可通过有差别的策略，对它们进行如下区分。

（1）现存建筑的养护

若该建筑属于"有特别保存价值"的建筑文化遗产的一部分，甚至本身就是保护性历史建筑，那么能源措施对建筑或区域的外观产生的影响，应该尽可能地小。例如，可采取内保温和集成光伏发电系统或用其他可再生热源如地热来替代。谨慎使用该措施的前提条件，是对该建筑进行深入的分析和预备细致周密的能源措施方案。

（2）技术性现代化

老旧的现状建筑应进行现代化改建或修缮翻新，以及通过新的建筑元素（如阳台、新窗、立面外保温和太阳能元件设备）加以补充。它的外观也将因此而改变，改变的程度取决于各自的措施类型和处理方法。同时还要注意，即使在这种情况下，也依旧应该创作出在城市营造语境中优秀的建筑设计。

（3）提升价值的翻新

若从城市规划的观点或基于建筑作品本身的状态原因，发现现状存在问题，则可采取一种更激烈的干涉措施，即"拆除"和"重修规划"。若有必要，并不局限于该建筑物，"拆除"和"重新规划"也可以包括其所处的城市营造情景。提升价值的翻新，可以有意识地令城市空间关系和建筑物个性特点的外在形象，发生改变和更新。

能源方面的价值提升和翻新改造该选择什么样的方式进行，取决于现存的城市营造的情景和建筑物本身的状态。对形态上的、城市营造的介入敏感度的认真分析，是制定令人满意的翻新策略的重要前提。

新建区的太阳能城市规划

最优化地利用太阳能的这一目标，也牵涉到建筑物对于四正方位（东南西北）朝向的地段问题，本质上依旧是朝向太阳与否的问题。自 1920 年优化居住建筑以来，客厅和阳台的朝向设置被要求为：向南、向西南或者向西，且保持开放。要点在于下班后的时间能够享受到阳光。建筑体就这样地瞄准了这些方向，平面布置则发生了相应的

划分。卧室，以及在大多数情况下也包括儿童室，都位于东面甚至北面。建筑物的这种朝向，对平面布局组织产生了清晰的影响。

太阳能利用型城市营造中，建筑形体的朝向

建筑的内部分区本身也是对能量平衡的一种积极支持。朝南布置建筑的朝向使建筑形体向南开放成为可能，并且也让建筑进一步向北封闭。这就是被动式太阳能利用的一大成果。

能源缓冲区，比如阳光房（Wintergarten）[1]作为室内外之间的不加热的房间，有助于建立一个良好的能量平衡。特别是在多层建筑中有着杰出的案例，纯粹的坐北朝南与分区的平面，两者产生了令人满意的结合。

对于朝南的取向来说，采用城市营造的"行列式"的布局类型是最合适的，这种布局常常并不取决于基地周围的环境语境，只对准所追求的四正方位朝向。这种布局模式有其优点，但同时也存在几个缺点。

——单一朝向，北房间的进深也许非常浅，因而属于"非经济型"建筑；占地会更大；

——该布局形式不太可能产生都市品质，更多的会产生"反城市"的品质；几乎没有以"交流"和"社区"为中心。

不过，建筑形体和平面布局就算是朝西和朝东，也并非就"不利"，住宅的所有房间在一天中都有被阳光照射到的时候。从早到晚的日照时间的总和，除了冬季以外，东西朝向的建筑是更有利的；而且，"东西朝向"的住宅中日照时间的总和，能弥补照射强度的不足。通过对太阳能技术的应用，"东－西"这两个朝向的能源平衡也会进一步改善。

东西向和南北向这两种朝向的建筑体，基于对太阳能利用需求的重视而互相结合，创造出了丰富多样的"工具包"，能够进一步发展城市空间和提高都市品质。

屋顶形式对太阳能效率的影响

对太阳能技术的利用效率，取决于总辐射（Globalstrahlung）[2]，总辐射又取决于各自的地理区位。除了建筑朝向系统类型以外，太阳能的生产效率还取决于太阳能元件的装置角度。

原则上区分如下：

——通过光伏元件获取电能（主动式太阳能利用）；

——由太阳能收集装置产生热水（被动式太阳能利用）。

太阳能元件具有多种多样的造型可能性，而且通过进一步的发展，元件的尺寸也在持续地扩大。太阳能元件可区分为屋顶和墙壁的"集成系统"和不相关联的"镶嵌系统"。人们可以有节制地添加这些技术元件作为补充，但也可以干脆有意识地去展现这些元件，在建筑形态上打造出一种高新科技感。主动型和被动型太阳能利用部件，也可以相互合理地结合在一起使用。

在平屋顶上，人们可随意设置光伏模块或者光能收集器面板。从理论上来看，在所有斜坡屋顶的形式中，单侧斜面式还是最实际的，因为它为房屋提供了光能转化率和用地面积之间绝佳的关系。但把屋顶这样弄倾斜，从而让居住空间获得尽可能多的阳光的手法，虽然也很常见，只不过这样产生的倾斜[3]，对太阳能元件来说却是不利的。

图 9.1.9　亚琛埃森的青年居住片区，竞赛二等奖，设计：RHA 建筑师和城市规划师事务所

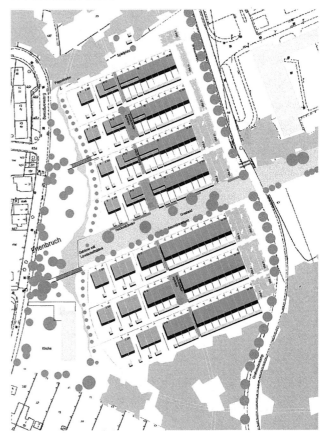

---

1 阳光房（Wintergarten）是一种附着在建筑物之外搭建的玻璃房，起源于英国，18 世纪开始风靡欧洲，对于北半球地区来说一般朝南设置，被动地利用冬天的太阳能形成恒温房的效果。原本字面意思是"冬季花园"，但译者相信采取意译的方式能让读者更直观的把握到建筑本身的形象画面。
2 气候学专业术语，指水平地表所接收到的太阳直接辐射和天空辐射之和。
3 单坡屋顶中，南边的墙高了以后窗户可以开得更大，但造成屋顶南侧高北侧低。

一幢"配上 30° 角倾斜的双坡屋顶"的朝南建筑，其实并不像乍看那样好。在占地面积上，它仅使用了总面积的58%。而对于东西朝向的双坡屋顶来说，由于方向不利，它只有 70%~87% 的面积使用率来转化光能；但可使用的基地面积是之前的 2 倍。从太阳能设备产品成本的角度考虑，人们对屋顶的质疑会变得越来越多。

总之可以确定的是，屋顶的方向和形式也和建筑的形体类似，在太阳能利用方面存在多种多样的可能性，能促进城市空间和形态品质的进一步发展。

　　"未来的生态城市是密集的、高度复杂的城市，道路减少、用途混合，面积不再扩张，供给和废物清理都能被合理地安排。"

——霍伊瑟曼 & 希博 1996（Häußermann & Siebel, 1996）[2]

城市营造的综合方法

　　"日光城"林茨 – 皮希林（Linz-Pichling）实施了整套综合方法。基于该计划，1995 年林茨市就已经尝试将可持续建筑互相之间各种不同的观点连接起来：

——扩大对太阳能的利用范围；

——在新建区混合利用；

——注意社会因素。

　　"技术上符合功能要求"的太阳能技术和社会需求之间的结合，非常值得关注。一方面可以在单独的太阳能住宅中独立地实现这种结合，另一方面则可以在都市性的邻里之间的互相关联中进行尝试。"冬天得到最大程度的阳光照射"和"最大程度地减少背阴"，实现这些愿望需要考虑邻里语境中的重要因素，并以某种特定的建设密度、多样性以及用途的混合为实现途径。然而对于不同类型和不同地理朝向的建筑物群来说，这种混合本来就必须做到。

图 9.1.10　"日光城"林茨 – 皮希林（Linz-Pichling），奥地利

1　德国城市学家、社会学家霍伊瑟曼（Hartmut Häußermann）以及德国教育家、社会学家希博（Walter Siebel）在 1987 年联合发表了"新都市主义"（Neue Urbanität），首次提出"内城区的复兴"。

林茨·皮希林的"控制性引导规划"细分了多个紧凑的用途混合型邻里街区。每个街区的中心广场设有公交站点，步行可很方便地到达，从而导致私家车失去了吸引力。这样不仅节约了能源，也对社会互动有益，加强了邻里间的联系交往。该项目是整体性地运用"一体化整合的能源结构规划"和"基础设施结构规划"的成果。

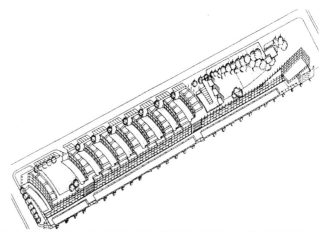

图 9.1.11 Brünner 街 /Empergasse，维也纳
设计团队工作小组成员 Marin Treberspurg，Georg Reinberg，Erich Raith
尽管建筑的密集度很高（容积率 GFZ 为 1.8），但是建筑物通过布置都能得到采光。这是更高层次的生态理念和全面的城市营造与建筑技术的措施所要求的：对能源有利的形式和建筑朝向、通过保温和热回收来减少热量损失、被动式太阳能利用、使用节能型的加热系统。

9.2 拆除和改建

外部条件

关于空间性的萎缩进程和重建进程的讨论，近几年来变得越来越热烈。空间语境中的"萎缩"概念首先指的是人口和经济活动的丧失。随着人口数量的降低和经济活动的减少，城市和地方区域也在很多方面逐渐衰落和崩塌。空间语境中的萎缩并非全新的概念，城市发展的许多阶段都曾出现过萎缩。然而，自1990年以来，这种萎缩趋势却表现出了新的维度元素。

——"增长主义"，即认为"增长阶段"和"萎缩阶段"两者所构成的变化交替，依旧还是有止境的。但当下的"萎缩进程"却无论怎么看，距离结束都遥遥无期，且还在不断强化；

——这样的萎缩过程并非属于常见的城市郊区化、农村人口外流、人口从乡村迁出；它不仅发生在郊区，而且也同样发生在市中心；

——"人口对空间重新分配的过程"已被"整体性的空间萎缩"取而代之。

"萎缩"这一新维度不可能不对城市设计产生影响。可以把"萎缩"理解成一个转型过程，将导致城市营造的蓝图发生内容性的改变。萎缩的"潜力"，存在于"对结构的适应"和"为新的发展所创造出来的有利条件"之中。可以把"拥有很多可支配性的用地"看作为赢取了"可供形态设计的空间"。受萎缩过程的深刻影响而呈现的具体空间形态，在很大程度上决定了"人们对现场的感知"及"该感知所导致的介入方式"。

"城市在哪里萎缩，哪里就会出现空置。萎缩和空置破坏了我们对都市的印象，但有时我们故意地去寻访它们……空闲的时光是悠闲或无聊的，渴望或期待的；空置的空间就意味着荒凉，不过或许也意味着这块地方属于我了。"

——高尔德·佩西肯（Goerd Peschken）[1]

城市营造中对保留空间的操作

作为保留空间需要把地块划分等级，包括重要的建筑、空间和功能（大多位于核心地区）。它可以是重要的历史建筑结构，也可以是具有跨地区的供给功能，又或是设有城市基础设施的"优势地段"。保留空间应尽可能少地出现空置，以便实现其所处的"活力空间"的自身任务。通过保留有意义的空间联系和具有空间特征的结构，可以保留该地区或居住区的辨识度。

转型空间

转型空间指的是基地里"处于空置状态且同时丧失功能"的地块。转型空间不应是居民对场所或居住区产生主要辨识度的核心地区，但在有些案例中，转型空间可以提供路网的发展可能性，是连接到公共的和私人的开放空间。在许多方面，可通过"拆迁"和"再利用"来提高居住品质。转型空间中的规划目标是通过创建开放空间或一点一滴地推进新建项目，从而促进那些被判断成"空置"或"衰落"状态的空间出现"价值提升"以及"全新开发"。

拆除空间

拆除空间是指大面积的空置空间，通常位于建成区的边缘。它们对整片地区或者整座城市来说并不该拥有"重大功能"或城市营造方面的"重大意义"。另外，它不该

图 9.2.1　现状中的局部拆除和再利用 LEG 竞赛奖，2010 年

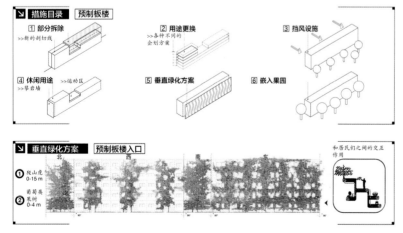

1　高尔德·佩西肯，德国建筑历史学家。

紧邻"技术性的基础设施走廊",因为伴随着拆除过程,"供给管道线路"依旧须保证能长期执行任务。

在建筑性和功能性的品质和重要程度都较低的地区,"拆除"的目标在于提高聚居区结构的"紧凑性"和"高效性"、节约基础建设成本。通过拆除,可在邻里街区中形成有品质的开放空间,从而消除空间上的冲突矛盾。

留待观察的空间

由于相对来说目前还不怎么需要人采取行动,这种只

留待观察的空间看起来相当不错。空置和功能丧失的情况尚且不多。尽管当前状况还没有显出尖锐的问题,但当它与转型地区或者拆除空间相邻时,且对于那些地区采取的发展措施会形成的结果,人们还不能全面地评估的时候,把它标示为"留待观察的空间"就会很有意义。另外,当要求建筑结构和住宅区与人口发展,比如与老龄化社会相适应的时候,留待观察的空间也能发挥积极的作用。

图 9.2.2　位于艾德豪森的活动区

拆除空间

转型空间

保留空间

未来将要拆除的空间

图 9.2.3　科隆布赫海姆路（Buchheimer Weg）居住区，设计：ASTOC 建筑师和规划事务所
"布赫海姆路／格雷文（Greven）街道"位于科隆东部边缘，距离市中心 6 公里。它是 20
世纪 50 年代建设的居住区的一部分，如今占据了 Ostheim 城区的五分之一，其行列式建筑
和公共性开放空间类型，都属于典型的第二次世界大战战后德国城市营造（左图）。

目前居住结构的品质源自 20 世纪 50 年代，将被概念性地继承下去。在城市营造的方案上，
现存建筑将逐渐被体量更大的行列式建筑所取代，它们在设计图上的平面形式，都带有一个
微小的转折角度。通过对新建筑的转角形体进行空间性的安排布置，形成了介于建筑体之间
庭院般的区域，在这些区域中还设有入口和对外交通流线，以及其他的聚会节点。同时它还
具有"流动的"开放空间，将居住区的各个单独的部分互相连接在一起。仅仅通过两种单一
的建筑形体，结合不同的朝向和位置设计，就为室外空间和居住本身创造了多姿多彩、多种
多样的品质和体验。

242

图 9.2.4　"城市萎缩"之特训，LEG 竞赛一等奖，2010 年

概念方案

"城市萎缩"特训营

改变思想！

去传播！

对居住在弗尔克林根的我们来说，"萎缩"意味着什么？
这座城市对此有哪些可行的应对方法？

弗尔克林根市政府　其他参与方　外来的专家

重要的不仅仅是这个认识，更重要的是找到应对的办法！
萎缩也可以是一个机遇！

当地居民：福斯坦豪森、芬恩　外来的专家　弗尔克林根市政府

概念方案

为福斯坦豪森 实施 针刺疗法
→ 建筑空隙的管理
→ 激活新的城市中心

集中！稳定芬恩区的城市核心
→ 行动区域（城市核心区）
→ 行动区域（教堂 和 周边环境）

分析弗尔克林根市的"福斯坦豪森"城区以及"芬恩"城区的"城市空间"

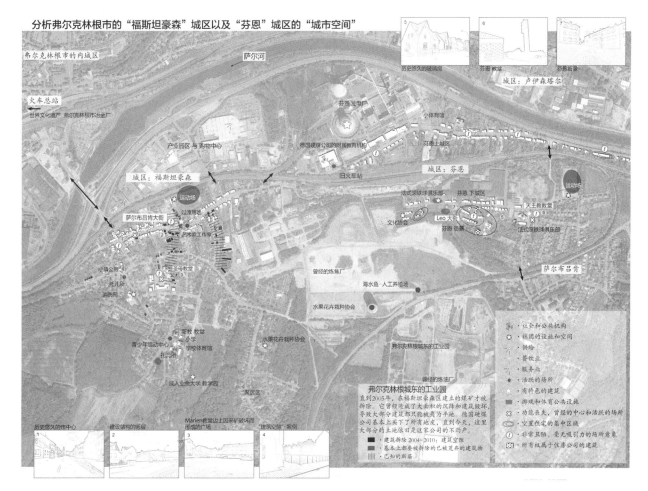

9.3 棕地[1]开发

外部条件

联邦统计局的统计显示，德国每天新增约 104 公顷（参见"威斯巴登联邦统计局"的数据，统计的日期区间：2005-2008 年）用来作为居住和交通的开发用地。2010 年的时候，尽管总量上依然非常巨大，但这类用地面积需求开始有了微小的下降。同时，许多原本的经营用途、军事用途或者交通用途的地块，由于经济和社会的变迁丧失了功能，被闲置的情况也开始出现。

这类结构转型首先出现于 20 世纪 60 年代西欧的矿业领域，"加工业"紧随其后。这种工业变革引发了一连串的后果，特别是在煤炭和钢铁工业，但也有比如纺织业这样的领域里，许多工厂都陷入了瘫痪。那些被闲置的地块中，很多都处于紧挨城市的区位。东西德统一之后，东德的工业结构也以类似的方式发生过改变。从此，"棕地"这一主题就开始出现，用来表示那些往昔曾一度繁荣的工业城市。

这些"棕地"展现出了一股巨大的"内城区"地段潜力，可以缓解城市对未开发地块的巨大需求，有助于城市当下和未来的发展。对这些地块的重新利用，可以抵制"城市蔓延（无序扩张）"的进程，同时也为城市营造方面的重新布局和价值提升提供了机会。对许多城镇来说，复兴"利用不够充分的或沦为棕地的地块"，成了其中一项重要的规划任务。对此出现的问题是：如何把这些地块融入"城市"这一有机体中——需要具备哪些能力？需要应对哪些前提？

"棕地"这一概念，从 20 世纪 80 年代起就开始受到关注和讨论。概念确立时有一项重要标准，就是"地块功能丧失"或"用途被强烈限制"。人们所说的棕地，指由于地段、在城市营造层面上的外部条件，或因一度被污染而导致"它的再利用的可能性而受到制约"的用地。除了工业性棕地外，军事基地的转换和不再需要的铁路用地也都是城市发展的焦点问题。

从城市规划的角度来看，德语"转换用地"这一用词，专指的是迄今为止受军事目的所征用的地块。军事用途被放弃之后，用地应该被导向民用。当"棕地"这个词本身仍然聚焦在"已遭抛弃的用途"这一点上的时候，"转换用地"则已把该愿景落实到了词条字眼上的改变。

由于德国铁路有限公司的转型所引发的"技术现代化"，铁路基础设施和特别是绝大部分铁路货运改为公路货运，导致长期来看，已不再需要往日那些对铁路企业的运转来说必不可少的用地。鉴于这类铁路设施多位于市中心，因此它们成为发展内城区的重要潜力。邮政机构的情形与之相类似，程度甚至可能更加严重。

任务

曾经的产业园区用途、军事或交通用途的用地，大多至今都还非常封闭，当它们丧失了功能沦为棕地之后，城市的结构会首先出现"断裂"。大多数情况下，棕地大小不一（相互之间的面积差异确实很大），但在城市体系中它们全都孤立无援。它们必须和城市一体化，这种融入又往往伴随着周边相邻的社区中的"大幅改建"。

问题会出现在很多方面，比如建设权缺位、翻新成本高昂、利润不足或缺乏城市营造视角上值得期待的使用需求。就连决定"现存建筑的用途"，也往往很棘手。还要面临频发的"工业废料污染问题"。若要恢复地块的活力，需要格外地下功夫。

当然，这些内城区用地也有许多天然优势。这些区域常常位于"顶级地段"，相当于城市的"里脊肉"。另外通常来看，现存的基础设施和入口道路流线也可在新用途上直接使用，让实现"棕地再利用"变得更容易。

城市营造实践

虽然存在上文所述的种种限制和问题，但"棕地再利用"本身还是很有意义的，主要存在以下几个原因：

——从生态角度看，开放区域（空地）消耗过高，一直无法改变。而重新利用内城区中这些潜力地块，则可避免这种问题。"激活棕地"这种城市营造上的措施手段，对内城区发展建设切实有效；

——激活棕地的经济意义是能够提供工作岗位——这点在产业园区性质的那种"再利用"上表现得尤为明显，使用现存的供给和排污基础设施，可节约巨大的成本；

——从社会角度看，棕地往往会对周边产生负面的影响辐射。棕地暗藏着会危害整个城市的负面形象因素。那么如果再度启用棕地，则可以反过来遏制"人口流失"进程和"社会性衰弱"进程。

---

1 棕地，指被废弃的、但还可以重复使用的工业或产业用地。

图 9.3.1　杜塞尔多夫市的格雷斯海姆区（Düsseldorf Gerresheim），设计：RHA 建筑师和城市规划事务所
城市设计和用途分区

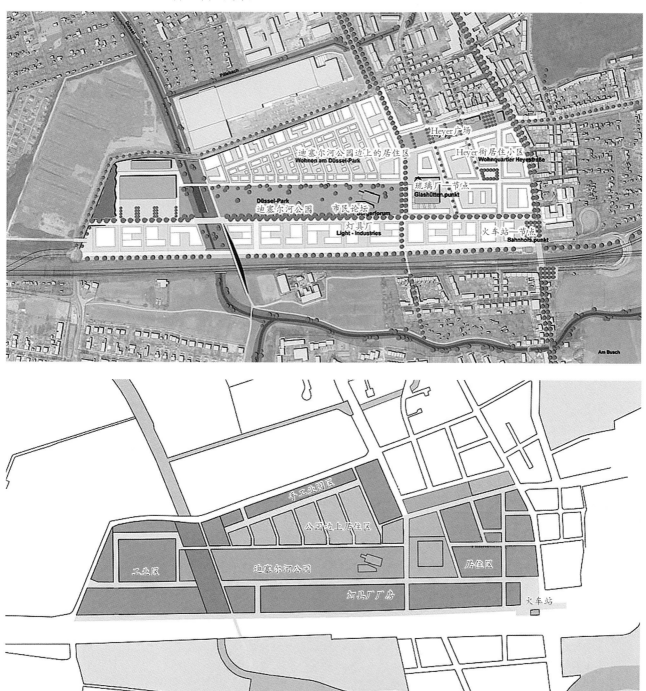

表 9.3.1　城市营造方案与用途方案：棕地的项目类别

项目类别	城市营造方案	用途方案
内城区东侧 阿滕多尔恩（Attendorn）	独立	独立
内城区韦瑟灵（Wesseling）	独立	独立
"城东货运铁路站"多特蒙德	反映环境	连接＋独立
盖沃尔斯贝格（Gevelsberg） 的安纳培伯根（Ennepebogen）区	补充＋独立	交织＋独立

项目类别	城市营造方案	用途方案
希尔德斯海姆的凤凰区（Phoenixgelände Hildesheim）	补充＋独立	交织＋独立
杜塞尔多夫市格雷斯海姆区玻璃厂老区	补充＋独立	连接＋交织
意大利博洛尼亚的梅尔卡托（Mercato）区	反映环境	交织＋独立
丁斯拉肯（Dinslaken）的 Lohberg 区	补充＋独立	交织＋独立

在处理"棕地"这一课题上，有两类综合性课题的讨论研究对城市设计来说特别重要：

身份

如何才能让"老地方"拥有吸引力和竞争力？需要用到哪些功能性的、城市营造性和形态设计上的工具？如何赋予其"独特的身份"？大多数情况下这类地块都极其封闭，它们又该如何融入城市语境之中？

灵活度

鉴于漫长的开发周期和难以估量的开发条件，如何保证"地块开发"能有足够的灵活度？需要用到哪些城市营造工具和形态设计工具？

具体说来是：

——老地方的"内在逻辑"很大程度上决定了新的城市营造方案；

——城市营造方案和形态设计方案必须能够赋予新场所特别的品质、面貌和独有的强调；同时也要能够灵活地应对各种不同的迁徙定居情况，并保证开发进度；

——对所有强制性的、时间和内容不可预估的发展阶段，必须确保身份和灵活度在概念设计上互相协调；

——这类场所的内部品质通常都很差，在城市营造方面需要将它们变得尽可能有魅力，并有效地"情景化"，这也同样适用于该场所的必要的营销策略；

——公共措施为"开发"提供了"脉冲动力"，这是范例和品质标准的代表，它以此决定了整片区域的水准高低；

——区域"未来的品质"以及地块开发是否成功，在很大程度上也取决于"流程设计管理的质量"和"漫长周期跨度内的对接工作"。

由此生成结果的城市设计，在底层出发点上可能依旧会存在不同的概念立场。原则上可分为"独立""补充"、各点之间的"连接"与周围环境相"交织"等概念。究竟哪个方案适用，须具体情况具体分析。关于用途方案的设计，往往要通过政治手段来解决。

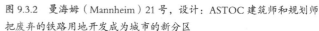

图 9.3.2 曼海姆（Mannheim）21号，设计：ASTOC 建筑师和规划师把废弃的铁路用地开发成为城市的新分区

9.4　滨水规划与建设

外部条件

　　人类总是向往迁居到水边，或者将水引入居住地。"水"具有实用性，比如用于水路运输和渔业捕捞。除此之外，"水"还有很多用途可能性和特性："水"可以产生"空间意象"，因为它能够在定义空间的同时，又不产生绝对的界限。"水"把用途分区互相划分开来，同时也把空间相互联系在一起。"水"可作为静态元素，也可以表现为动态元素。根据形态设计，"水"可以被用来为建设某些地区的"城市形象"贡献力量。从小的方面来说，集市广场上建喷泉，办公楼在入口区域插入水景元素，都能用来显示它们各自所属的公共设施的重要性；从大的方面来讲，创建出大面积的蓄水水面或对接有魅力的滨水地块的交通，从而实现高水准的场所品质和靠近城市的地段潜力相结合，此类开发方式如今是城市规划领域的"头条"话题。

　　"靠近水面"是有吸引力的生活空间的基础，这是城市营造领域中近几年来的新发现。对许多城市来说，比如科隆或杜塞尔多夫，如今在莱茵河附近的游步道、直接滨水的美观建筑和公园，都是不能从脑海中磨灭的城市元素。在目前的讨论中，居住、工作、生活"在水一方"呈明显增进态势，以至于许多滨水的地块已被改建为城市的一部分了。

　　"水"永远是生命之源。水体提供了饮用水，为肥沃土地上的种植和捕鱼食用等供应了原材料。河流的重要作用以前总是通商和航运交通。过去，交通技术的发展使河流增添了魅力：中世纪的时候，遍布欧洲的贸易奠定了居住区和整个城市的基础，河流的过渡区是优选地。直到近代，水体（特别是河流）还只作为运输和生产的工具。如今，人们才开始意识到"水体"作为建筑和城市营造的形态设计元素的意义。城市河岸成为城市的观赏面。

　　当年随着工业化的来临，河流地段越来越没有吸引力，这是因为港口设施、铁路沿线和公路以及工业设备都将水作为能源或用于冷却，于是河岸被占据。最后随着所遭受的工业污染加剧，水体彻底失去了吸引力。出于这个原因，许多建筑都开始背对河岸（例如在莱茵河沿岸）。还有其他一些滨水区域由于本身是工业用地所以没法对公众开放，又或者和交通流线的关系很不清晰。

　　自20世纪80年代起，河流地区又重新成为城市规划中的视野焦点。由于内城区面积变得越来越少，人们开始尝试把由于工业生产深度转型而荒废的老港口或工业用地，通过新的用途重新利用起来。于是，通过开放滨水用地而扩展内城区的可能性，在那里开始出现。这样，许多河流又重新回归到了"城市意象"的概念内涵之中。通过各式各样的"滨水项目"，如杜伊斯堡的内港或汉堡的"港口城市"，人们可以发现，如今水体是积极的地理因素。一处有吸引力的滨水地段还能促进地产的市场营销。

　　并非所有地点都适合让人在水边居住，或在水面上建居住区。许多地点由于生态限制或城市营造限制又或受洪水威胁而不并适合建筑性的利用。所以，闲置的工业和港口地块就体现特别的潜力。

　　历史上，人们在水边建造了为数众多的居住区，原则上可分为三种原型。这三种原型总是突然出现，并构成了居住区的城市营造意义上的轮廓：中心港口，运河系统，岸边建筑。

图 9.4.1　科隆的莱茵瑙哈芬（Rheinauhafen）区，20世纪初（上）；21世纪初。
建设中的鹤庐公寓（Kranhäuser）[1]（下）

1　该建筑群已经在2009年获得了被誉为地产界"奥斯卡金像奖"的MIPIM奖之最佳"商务中心"的称号。

中心港口

港口曾一直是城市生活中重要的"结晶点"[1]。因为它通常是城市经济发展的出发点，所以位置上距离内城区很近。随着大船的使用、集装箱的引入和原本聚集在此处的工业外迁，港口的结构转型常常留下空地和空置的建筑，或整片港口地区都不再被使用。所以，在内城区和水体之间形成了难以跨越的棕地。20 世纪 80 年代，这些地块被重新发现并被纳入城市的进一步发展。由于地段介于内城区和水体岸边之间，基于这种特殊性，内城区结合水体通过"用途混合"进行开发是具有可行性的。汉堡、伦敦或杜伊斯堡展示了重新激活这些被遗弃的、未被充分利用的滨水城区的意义，并清晰地表现了城市的潜力就躺在那些曾经的港口里！

运河系统

运河系统，指从大面积水体（Gewässer）[2] 所出发的人造链状水道网络。在历史悠久的城市中，它的首要意义是船只的出入交通流线，当然也用来排放污水。由于水路利于通商，所以一切建筑都依附于河道。如今纯粹的居住区或度假村也常常和运河系统一起修建，从而激活水体作为居住环境的休闲价值。

岸边建筑

许多聚居区并没有将相邻的"大面积水体"集成到自身的建筑营造中去，所以对岸边建筑而言，这些水体就错误地成为一种不可改变的、带有岸边植被的路障。所以这种水体既不是城市的中心，也不是内城区的区域划分元素。这些聚居区由于地形的原因，往往也没有受防护的码头。

任务和目标

水和城市的协同作用是"水岸附近有活力的城市生活"的基础。实验性的"居住方式"、居住和工作在城市营造中高品质的"混合"以及连通就近的休闲活动区而生成的"道路网络"，包括以上要素的联合体，正是城市营造所追求的目标。"若不知该设定何种用途，就会造成河岸建造失败，或港口用地遭到荒废"。为了避免出现上述情况，需从根本上制定一套可持续的滨水城市发展规划（参见《水城有限公司》2000）。下列原则是 1999 年 10 月在柏林举行的 2000 年世博会之研讨会《水城：一份中期回顾报告》的结论：

——作为滨水建筑的同时，也永远是城市系统中的建筑。城市的新滨水社区必须作为现有城市的组成部分来进行打造，并和城市空间上的交通路网（特别是与现有居住社区的交通路网）相连。

——河岸必须日常向公众开放。如果现有工作岗位在该区域都不受妨碍的话，河岸的自然性和视觉性也应该让游客享用。在这方面，它的改造品质越高，空间就会被用得越多。这是因为不同的用途安排（如休闲、娱乐或运动等）会导致河岸频繁地被公众光顾。所以，河岸的形态必须被高品质地设计。

——承载"城市身份"的建筑物（特别是保护性历史建筑）应被继续使用，以便之后重新赋予"已焕然一新的地区"以"场所原本特有的个性"。保留老港口和工业园区的一部分，比如具有保存价值的仓库或类似起重机这种建构设施。因此，作为"工业化的过去"的时代见证者，应该成为可持续发展的组成部分，它们形象地体现了城市中生活和工作的变迁。

图 9.4.2 费尔登（Verden）的阿勒乌法（Allerufer）区，城市营造竞赛，设计：kellner schlelch wunderling 建筑师和城市规划师事务所、Irene Lohaus Peter Carl 景观建筑公司

---

1 液态变为固态的温度临界点，这里作者比喻港口城市 "产城融合" 的传统依存关系。
2 原文 "Gewässer" 在德语里可以同时表示大面积 "流动的水" 和 "静态的水"，如湖泊、江河。

"水"是城市营造领域的一种重要元素。在都市的居住结构内，它构成了一种天然的划分元素，使城市结构或聚居区结构生动了起来。另外，水面是出入交通流线的系统的主导线，并展现了自身和周围环境之间"城市营造性质的结合"。与聚居区一体化地整合在一起的水面，在城市营造上总能成为周围环境的一个标识点，因为将水作为"参考定位点"可以使建筑营造避免千篇一律。大多数情况下，在很远的地方人就可感知到居住社区的这种特殊氛围，因为水面和建筑元素之间会存在一种特殊的映照。

与城市营造实践相结合

水元素、公共空间和建筑三者之间怎样融合，需要在各个城市营造的方案设计中根据具体情况具体制定。"水和建筑之间紧密的视线关系"作为城市营造的解决方法，让"水"有望能够非常强势地纳入规划。对此，特别适合上述目标的设计元素是：面向水体开放的 U 型建筑，以及岸边介于"第一排"和"第二排"之间呈差异化的"垂直高度上的拓展"，又或者是彼此之间相对偏移的建设结构。

比例

对城市营造来说，把"水面比例"纳入设计非常重要。例如，长度上的扩展，比如"港池"[1]的长度扩展是不该被忽视的。"垂直高度上的拓展"必须和周边以及城市的特点相匹配：从远处看设计是什么效果？何种体量规模更为合适？同时，沿岸建筑也有特殊作用，因为如果建成后的建筑都太低，则会失去相互间的关联；如果岸边的建设结构太大，则又对"现有的建筑"会产生压迫感并且出现"比例失调"。不存在对"封闭式"或"开放式"的建设偏好。有意识地运用前突或后突、不同的高度或者不同的建筑语言则是无可争议的，建设区的形象将更为生动。

公共空间

在公共空间的形态设计上，滨水的游步道是一个相当重要的设计元素。即使是现在，漫步也是大家喜爱的休闲娱乐活动。从岸边游步道到水面的视觉关系是重要的。通向水面的、可供人就座的阶梯设施，以及固定于水面的各种不同用途的浮动码头（从运动场馆到餐饮机构），这些都是"游步道形态设计"中的传统元素。滨水公共空间最重要的品质，还是对"水"本身的利用。在水边或水面上的休闲活动让该区域对游客充满了吸引力，小船停泊港

湾、赛艇码头和餐厅或文化设施，都能让水区具有特别的氛围。

绿地和开放空间

紧靠居住区周边环境的"滨水绿地"和"开放区域"是休闲的核心元素。若对公众开放该区域，那就能提升这个社区的价值。所以该区域必须永远保持"可进入性"的特征，并有能力吸引人们来"拜访逗留"。

滨水区域的项目开发也可能存在许多问题：

——过往的用途所产生的工业废料污染：土壤污染在老港口区域特别常见。

——安全措施：在洪水频发地区须安排好防洪措施和人员救援措施。为此，加固堤坝往往非常昂贵。

——出入交通流线状况：许多滨水区域的周边建设区被棕地和交通干线所分割，所以必须首先清除这类障碍，才能开辟出入交通流线。

——不可量物侵害（Immission）[2]：存留下来的工业，或仅仅是很小的企业，都偶尔有可能背负上"对居住区产生粗暴侵害"的负担。

——专项规划：对洪水的预防和水道的保护的需求，必须尽早列入规划。

图 9.4.3 艾托夫（Eitorf），设计：RHA 建筑师和城市规划师事务所与 L94 俱乐部联合设计
城市营造性方面与景观规划方面的综合设计方案《向胜利飞跃》

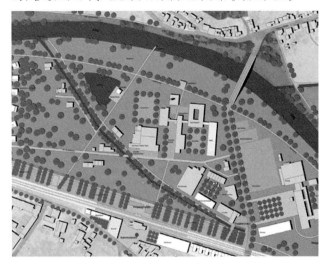

---

1 指港口内供停船、装卸货物和船只调头的水域。
2 原文 Immission 是"排入"的意思，在中国学界已经被意译为"不可量物侵害"制度。德国把"对于他人土地权利的享有或使用而发生排他性侵害（亦即妨害）的情形"概括为"Immission"。德国民法典对不可量物侵害指的是煤气、蒸汽、气味、烟气、煤烟、热气、 噪声、震动七种及来自他人土地的类似干涉的侵入，且在具体判罚中对"不可量物"的规定并不死板，非常注重与时俱进。我国《物权法》的第 89 条和第 90 条涉及到了不可量物侵害制度的内容，但还没有形成统一完善的"不可量物侵害"制度。

图 9.4.4   "滨水"在城市营造上的处理类型学

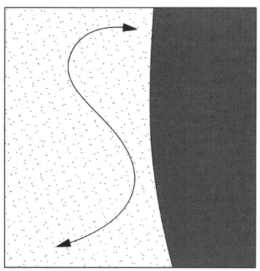

公共开放空间

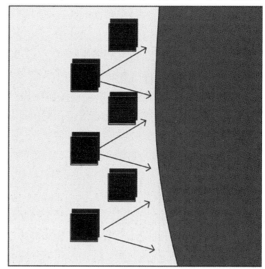

眺望水面

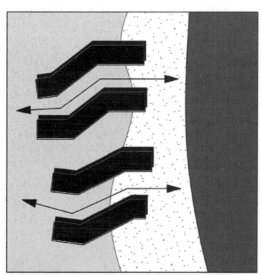

构建渗透膜

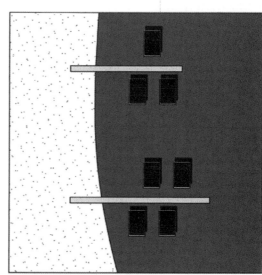

在水面上建造

构建边界

运河体系

图 9.4.4   "滨水"在城市营造上的处理类型学

——所有权关系：不宜过早发起关于"未来用途"的公开讨论，否则有些业主会利用这些情报，只顾为自己谋利。

为了使水面沿岸和沿岸区域成为"城市发展和地区发展"的"具有特殊魅力的推动器"，首先要让它们对所有人都开放准入。而且在"被建筑所覆盖的区域"之外，还要配置"休闲区"或"风景开发区"。把水体和水岸运用得充满魅力，可以使它们成为城市名片、场所要素和意义重大的形象载体。因此，要有目标地挖掘"河流、水渠或湖海"的潜力，将"水"纳入城市设计，从而使该地区在其特有的城市身份的帮助下兴盛崛起。

图 9.4.5　伍珀塔尔（Wuppertal），设计：RHA 建筑师和城市规划师事务所，竞赛作品

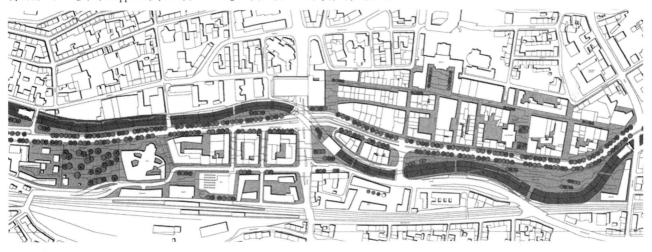

图 9.4.6　未被充分利用的居住区和工业区的城市营造开发，罗斯托克市，第九届 Europan 欧洲设计竞赛
一座新田园城市和水城的形态，具有新型公共空间的特征。通过适当的密集度和混合用途来满足不同居民的需求。水渠和水路网为每座建筑都提供了直通水面的入口。

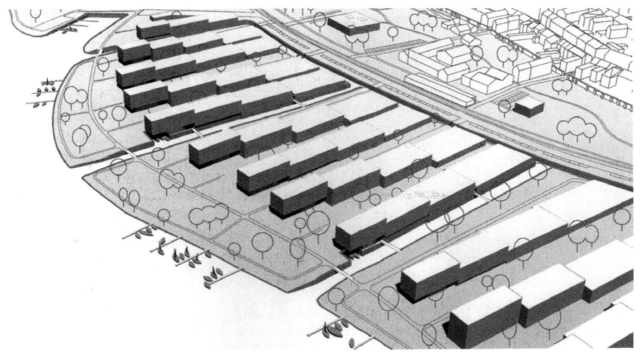

9.5　激活内城区

与伊尔卡·麦卡伦布劳赫（IIka Mecklenbrauck）[1] 共同编写

外部条件

　　城市的历史，传统上都是蕴藏在内城区的。内城区无论是对外还是对内（即城市居民）都代表了城市的核心形象：通过其内城区或市中心，城市才能被识别。人们可以在这里解读城市的"地位""文化"、经济性和社会性的"气候"。

　　对"内城区"这一概念有诸多不同的看法，如市中心、都市、核心供给区、城市的历史核心、老城，特别是在大城市或者是区域性的聚集层面上，这个概念也会被解释为城市的、区域的分中心或副中心。这些定义解释的共同点在于，无论城市大小、空间上区位如何，内城区概念都是"城市或城区的象征性中心"的"界限"。从城市体系上来看，内城区具有多重功能，包括地理中心、文化中心、政治中心、商贸中心以及服务业中心，以及内城区也可作为生活中心。

　　由此可见，内城区可以是：
　　——历史和文化遗产之地；
　　——政治、权力争斗之地；
　　——地方性民主政体之地；
　　——民众参与公共管理之地；
　　——公共、社会交往之地和公共之地；
　　——当地思想交流和改革之地；

　　——文化创作和教育之地；
　　——集体、个人自我展现之地；
　　——集多元化、多功能化和生机活力为一体之地；
　　——集市场、交易、商贸和服务业为一体之地（参见：北威州内城区网络，2010）。

历史

　　内城一直以来都是贸易之地、文化之地、社会之地和政治生活之地。其形象并非固定，而是随着不同的建筑性的历史阶段的变迁而变换。至今还可以在城市中看到各个时期所留下的社会和文化的真实痕迹。历史的这些"呈现"在欧洲城市中皆可得到印证：它是现代社会的诞生地，人们在欧洲的城市内漫步，便可以见证它的历史。

　　在古代城市中，市中心通过人在中心广场——在古希腊称之为"集市（Agora）"，或者在罗马时代被称为"论坛（Forum）"——进行商业贸易而得名。除了贸易之外，人们也在这里生活、工作，所有事情都发生在近距离的空间内。中世纪城市的市中心也同样是位于中心广场的集市。居住区往往在重要的贸易道路（比如沿着中世纪主干道，或者在港口和岸边）交汇的地带形成，最典型的范例便是公民治理的汉萨同盟城市[2]。除了交通要道和贸易之外，"靠近教会场所和世俗社会权利掌控者所在地"亦成为选址建城的另一项决定性依据。于是，建有城堡、寺院和宫殿的地方也开始"城市化"了。进入君主专制时代[3]以后，市中心往往被改造为该城市有代表性的核心点，道路或被设置理性主义的网格框架，或直通城市的中心点——权力所在地。与代表性建筑物齐平的主干道，全都被塑造得格外华丽。

　　从19世纪中期开始，城市结构的深层变迁给交通运输及生产技术带来了很大的发展。随着加工业的迅速发展，在空间上产生了对"制造业新增用地和外来劳动力人口居住"的巨大需求，而城市当时的扩张程度已不能满足。铁路交通获得巨大的进步，是一个对于几乎所有城市中的工业化来说都共通的前提条件。起初火车站常常建于城外，但随着城市的高速扩张很快被纳入了版图，并且很快成为内城区中心位置的基础设施，直至今日都还是如此。这样的发展使得城市到19世纪末出现了爆炸式的发展，市中心的密集度也相应迅速提高。

　　20世纪初期，功能主义在规划图纸上得以实施，并最终随着雅典宪章提倡城市的功能分区传播开来。这一主张最初只对城市边缘的发展产生影响。直到第二次世界大战后重建被毁城市，市中心才首次开始实现这种功能主义

图 9.5.1　科隆内城区，历史建筑与现代建筑毗邻而建

1　伊尔卡·麦卡伦布劳赫，德国城市规划师、多特蒙德工业大学空间规划系博士。
2　汉萨同盟是13-17世纪德国北部为主的商业城市和公会所结成的北欧政治经济同盟。
3　德国约16-18世纪进入君主专制时代。

的蓝图。基于功能分区的精神，内城区在改建中被逐步强化成了行政管理和消费场所。

那种战前就已出现的大型商场，如今遍布了所有城市的市中心。为此，在许多地方必须让城市结构中的其他部分退让。内城区的规模尺度也开始出现变化，新建筑被修建得更高、更大，压制了那些小型地块一直以来的形象。更根本性的尺度变化，是街道空间往往毫无节制的拓宽，因为当时人们认为这对于 20 世纪六七十年代即将急剧增加的私人交通来说是合理的。为此，很多历史性建筑结构为了给新交通干线让路而被摧毁。

这样的发展使内城区的居住功能丧失了意义。居住空间被改建为商场或办公室，此类功能单一的定位以及由此所造成的交通压力，使得内城区变得荒无人烟，那些让人驻足逗留的品质荡然无存。"居住在内城区"丧失了吸引力，迫使人们从内城区逃离、前往乡村（特别是城郊）。

20 世纪七八十年代由于兴建步行区以及绕行公路，使得上述状况有所缓解，并为内城区提供了新的"脉冲式"推动力。步行区特别容易聚集起个体商铺与服务业这两种功能。起初它们饱受批评，但如今已在很多城市成为内城区的个性特征（尤其是当这家店恰好处于历史悠久的城市结构中的时候）。

从 20 世纪 90 年代初开始，几乎所有城市都针对内城区展开了大面积的零售购物中心领域的竞争。这些购物中心建立在老城区城门前的绿地草坪上，宣传自己拥有便利的交通联系，提供免费的停车场。零售业重返内城区的这类"回归"又成为新的潮流。但由于大部分内城区的结构都像细小的颗粒，所以购物中心这种值得祝贺的发展，也引发了对其体量规模以及能否融入内城区结构的疑问。另外，内城区终于在时隔多年之后再度成为备受青睐的居住地，"复兴市中心"逐渐成为城市社会所共同关心的话题。

图 9.5.2　科隆总体规划，截图，设计：阿尔伯特·施佩尔与合伙人（Albert Speer und Partner）事务所
城市结构的补充，新的空间边缘和莱茵河左岸、右岸城区的联系

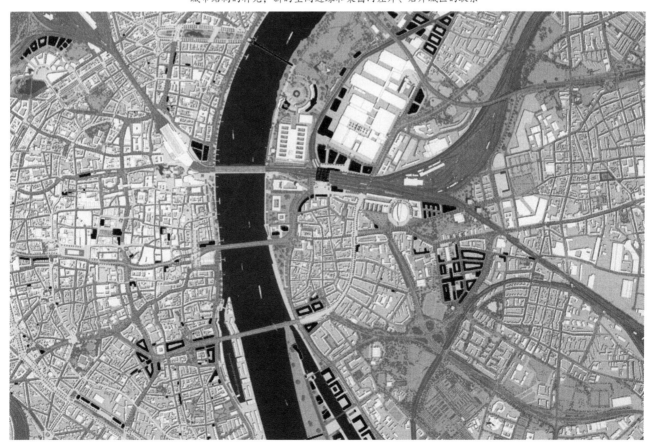

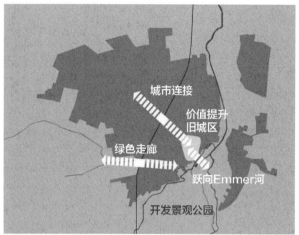

图 9.5.3 施泰因海姆（Steinheim）内城区方案，设计：RHA 建筑师和城市规划师事务所

该方案在设计施泰因海姆的公共空间时，遵循了以下空间性的指导方针：
——老城区的价值提升：通过提升公共空间的价值，以应对老城区的种种问题。
"跃向埃默尔河"：埃默河谷应该以景观公园的形式，通过改善出入交通流线从而实现价值提升。
——更好地连接内城区，即西城区：轻轨列车路线的障碍应该通过城市营造的措施得到解决。
——构筑池塘水体的绿色走廊：增加池塘边的绿化带，应能对改造西城的棕地起到积极的影响。
——景观公园的开发：在池塘边附近将出现一个紧邻聚居区并极具魅力的高品质景观空间。

目标
目标把蓝图具体细化到了不同的开发课题中。持续地在内容和形成的目标中进行反馈，在整体过程中形成一套固定的规范，从而成为共同遵循的基础。

交通
——环形系统的支架：外环＋内环；
——通向单行道的环向运用，可疏散集市街道的交通；
——更适合步行的街道空间形态设计；
——保持老城区对个人与机动车的开放；
——建立老城区公共交通专用道；
——加强机动车禁令的执行。

开放空间
——给城市居民和（自行车）游客建造一片景观公园河谷；
——配置大量休闲／娱乐设施；
——保持河谷作为滞留空间（在公园配置告示牌）；
——用河谷把老城区和内城区绿地都网状地连接在一起；
——用树木来对街道空间进行形态设计，并形成街道空间的等级层次；
——建立更适合步行者的公共空间和连通到城市的交通连接。

旅游业
——将城市描绘为"有创造力"的家具城；
——将城市描绘为滨水的历史古城；
——"让往日时光可以被重温"；
——现有的（自行车道）步行道网络化连接；
——强化作为自行车漫游者目的地的特殊基础设施（以及自行车骑行者旅馆）；
——以水上运动（如赛艇等）做出发点；
——配置指路系统／信息牌。

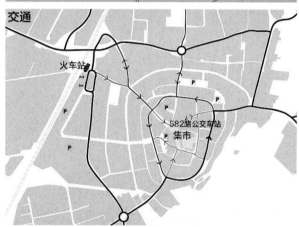

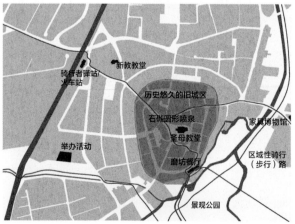

内城区的挑战

当前关于内城区形态设计的理念，越来越多地趋向于"用途混合"。它们遵循着近距离交通型的城市发展蓝图。推动这些观念发生转变的原因多种多样：

——城市的人口发展和社会变迁（人口减少、老龄化以及居民种族的多元化）导致生活方式也发生了变化，从而对居住有了新的要求；

——零售业的变化（如聚集进程、连锁化、卖场面积扩张以及购物行为改变）对内城区的功能组织体系产生了较大的影响；

——城市空间（尤其是公共空间）受商业化现象、私有化现象的影响日渐加深。

内城区与其空间需要全新的概念，来建设性地应对这些挑战。通过对开放空间和公共空间的观察，可以发现（特别是公共空间）存在明显的冲突和分歧。

（1）"都市性"和"居住需求"的对比

高品质的都市密集度（具有物理性密度和社会性密度的特征）、用途混合、大都市风格的建筑造型，对这些的期待和向往宁静的心愿是相互冲突的（这点在居住区尤为明显）。

（2）"长期性"和"暂时性"的对比

某些场所因弃用而荒废，不仅会对建筑物的外表形象产生负面影响，而且对公共空间和开放空间来说更是会造成巨大的不良后果。暂时性地激活对这些"未被利用"或"利用不充分"的场所，蕴含着巨大的机遇，人们对这类机遇仍没有引起足够的重视并加以利用。

（3）"开发利益"和"用途转化的可能性"的对比

因为会和相邻土地的用途产生联系，所以公共空间的"开发利益"（Verwertungsinteresse）常常会和住户、附近街道的居民的"占据利益""使用利益"产生冲突。[1]

同理，在内城区中，城市营造层面的"布局"和建筑设计层面的"建筑外形设计"这两者之间也常常出现矛盾和冲突。

（4）"原样重建"和"与时俱进的建筑学"的对比

恢复建筑的历史外观、遵照城市的传统布局，以及仿造已失传的立面风格，这些手法开始兴起。但这对城市营造的历史来说，可能会有"开倒车"的危险。

（5）"大面积式的征用"和"小颗粒型结构"的对比

大面积式的征用（比如零售业）重返内城区的"回归"

图 9.5.4　城市营造总体方案，设计：RHA 建筑师和城市规划师事务所

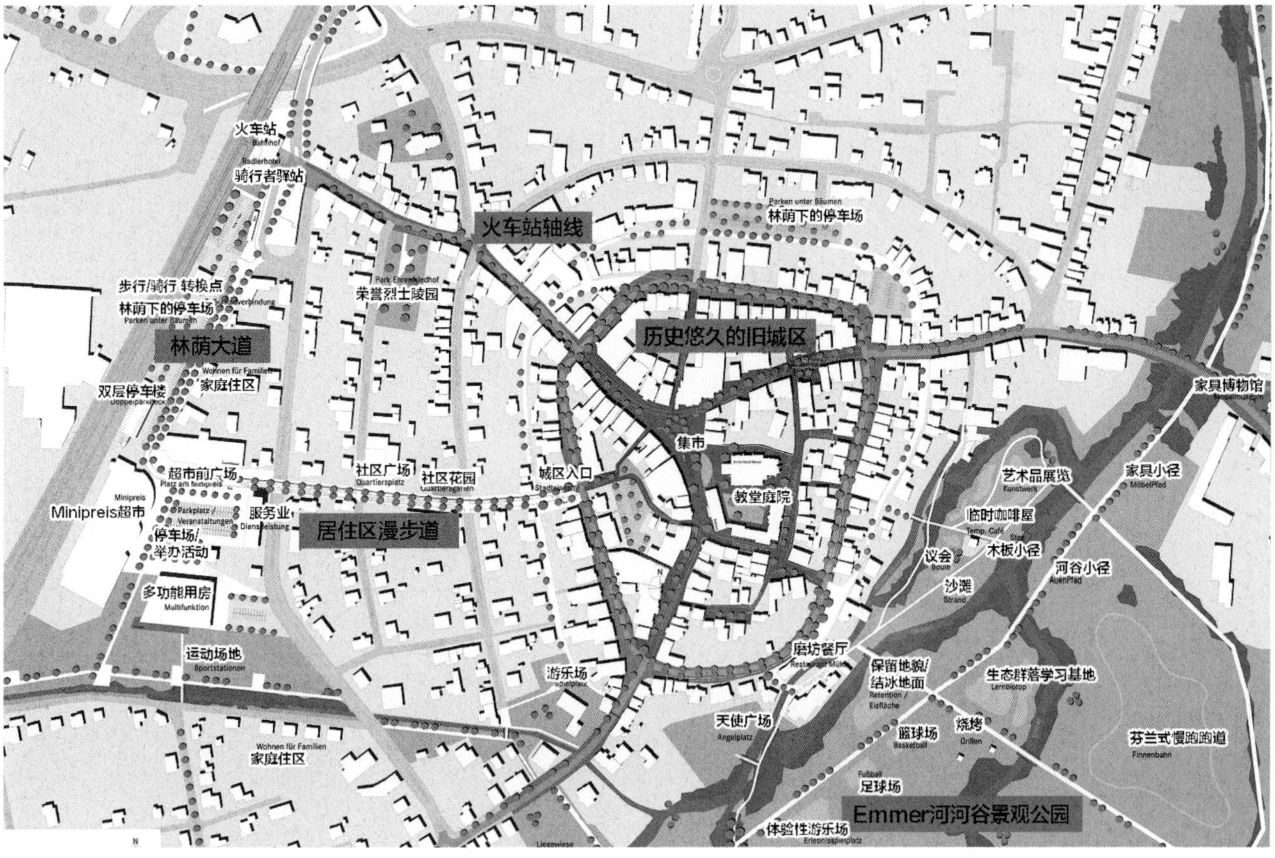

1　土地"开发利益"是追求通过土地价值提升而获得收益。土地价值由用途性质和开发强度一起决定。如今在大多数国家，土地都是一种特殊的财产，其开发权和所有权是分离的，政府为了维护公共利益，可以决定土地的用途和开发的强度。

图 9.5.5 曼海姆内城区发展方案，设计：ASTOC 建筑师和规划师事务所

位于不同位置的紧张区域内的"脉冲项目"（Implusprojekt）[1]掌控调节了内城区的发展。在条件分化的、不同邻里街区位置上的难点区域内，也启动了空间性的措施。

 紧张区域

 强度各不相同的脉冲项目

 与重点无关的独立项目

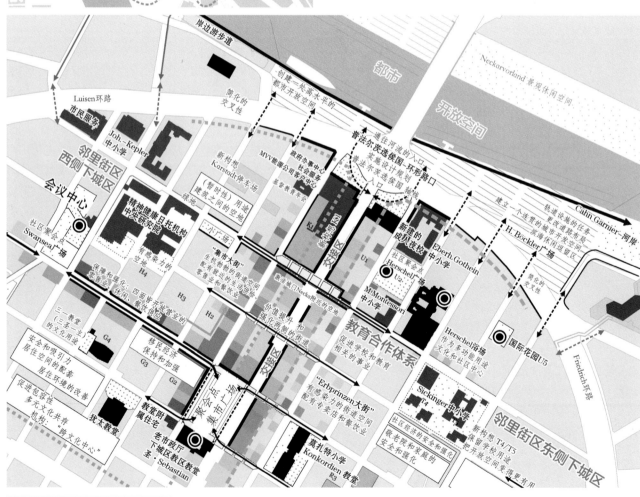

---

1 脉冲项目（Impuls project）是德国近年来在城市萎缩背景下提出的新概念，主张用创新和变革的手段来推动城市发展，重点在于实现项目的目标效果一定要尽可能"快"。

会与小颗粒型结构产生许多方面的冲突。

城市营造的实践

内城区的规划和开发涉及为数众多的参与者和利益群体。由于原则上开发需要遵守规划法，因此参与者们必须相互合作。土地所有者们、项目开发者们以及投资商的活动遵循私有经济的目标。城市发展、行政管理和政策的参与者们考虑的则是整座城市的发展远景和目标。凭借城市开发的规划法规工具以及非正式工具，就可以实现利益平衡的目标。随着 2007 年建筑法规的更新，"开发内城区"开始变得更方便。无论是加速制订的内城区控制引导性规划，还是对中心供给区的保障设置，都可作为案例来证明：如何通过详细的规章来应对城市营造上错误的开发，并形成对内部发展的刺激。实施设计方案的前提是对内城区开发的指导方针进行解说。

内城区整体性开发的指导方针

（1）核心功能的强化和复苏

需要对内城区的传统形象进行审核和调整。作为零售业的所在地，内城区将继续发挥重要的作用。补充性的用途，比如文化、居住和服务业，可以非常合理地引导地块整合，意义远远超越单纯的"消费"概念。

（2）城市形象的维护及振兴

内城区展现了欧洲城市文化上和建筑设计上典型的多样性。目前的品质（尤其是那些独有的特色）必须得到培养和变现。基于该认识，关于公共空间的形态设计和使用的研究讨论才具有核心意义。

（3）对创新过程的支持

为了在内城区里促进创新过程和改革，非常有必要使用一些新工具（比如非正式的和多层次的规划）。通过积极的交流过程，总能找到对话的方法。

（4）留有推敲的余地

鉴于大多数情况下经济发展沉重的压力，相当有必要为"无法规划的"留足推敲的余地。所以那些表面上没有开发利益的空间，要通过设计过渡用途来保护，内城区更是如此。

开发内城区的工具和组件

（1）一体化集成的城市发展方案

推行一体化的城市发展方案的重要意义贯穿从目标设定，到确定各个卖场的位置来强化内城区区域，直到主管部门分配具体的任务描述和金融工具支持的整个过程，地

方政府从而可以对城市发展自行采取多样化的决策。

让零售业或房地产的大投资人对内城区产生浓厚兴趣的因素有很多：

——交通基础设施完善；

——游客参观的频率很高；

——旅游业方面的吸引力；

随着历史而成长的地点作为情景背景；

——重新振兴周边的社区，使之成为备受青睐的居住地。

在一体化的城市发展方案中，不同的要素必须达到有说服力的平衡。

（2）"房地产与当地社区"同盟

"房地产与当地社区"同盟应该实现将经营产业的机构集中在一个范围明确的区域内（大多数情况下被称作"商圈"），该措施的目标是发展该区域的保值性。在此方面，对商圈社区的形态设计进行优化和市场营销推广是极为重要的。

（3）"共享空间"方案

"共享空间"的规划哲学在内城区内创造了一种允许各种不同的交通参与者共同使用的空间，其意义日益重大。通过放弃交通指示标志、信号设施以及车行道标线，使交通空间重新成为逗留休憩的空间。

（4）全体居民的参与

若没有城市社会和全体居民，实现内城区的发展和活力是难以设想的。规划的过程和行动，必须将"居民积极的参与"视作一种资源。

"公共空间的活力、氛围与品质，文化的多元化，可靠的城市形象，内城区以及各种中心地区里充满魅力的购物、供给和业余活动的大量可能性，这些都是这个城市的'资本'，必须好好运用，从而实现城市、乡镇继续发展的目标。要达成保持中心地区的稳定的目标，取决于获得并加强用途上充分有效的多元化。只有作为多功能的场所，城市的中心区才会有未来。"

——克里斯汀娜·西蒙－菲力普（Christina Simon-Philipp）[1]

内城区越是展现出它是多么的多元化和个性化，具有"在未来进一步发展潜力"的方案越是会变得更加复杂。根据各个不同的地点、规划目标以及实施方式，可采取不同的混合手法，如竖向和横向，粗放型和精密型，建筑内、街区内或社区内等。居住建筑还可以和写字楼、店铺还有服务业结合，甚至可以考虑并不扰民的手工作坊。人口和

---

1 克里斯汀娜·西蒙－菲力普，建筑师、城市规划师、斯图加特工程应用技术大学城市规划教授。

社会的发展推动着城市化进一步地加深，老年人的需求、新的生活方式以及持续增长的国际化趋势，令以"中心地区"作为居住地的需求不断增加。

战略及操作范围

在处理内城区激活的问题方面，有如下多种战略和操作范围可以遵循：

——混合度与多元化：坚持不懈地推进深化"用途混合"及"用途密度"，以优化各个单项用途之间的协同作用为目标；

——可及性与路网连通：内城区的功能性重点和城市空间性重点之间互相连通；

——中心聚合：制订战略，推动空间性和功能性的用途聚合到内城区范围内；

——形态设计品质：推崇高品质的建筑空间形态设计和高水准的建筑文化；

——重新获得市区空间：拆除体量过大的基础设施，比如交通街道或铁路设施；

——都市的开放空间：景观作为内城区都市体系中同等重要的元素；

——城市的公共沟通：实现对公共空间非正式的占据和功能转化；

——活动表演：通过推动事件，在内城区演绎出各类活动；

——整体性的城市营销：把各种有计划、有策略、能吸引注意力的城市营销观点整合在一起，成为一套整体性的措施手段；

——PPP（公私合营伙伴关系）：建立地方政府与私营参与者的合作机制和战略同盟；

——准备对话、把握适度：改善沟通流程、信任文化和争议文化。

规划的任务是确保实现"和主要功能类型相结合"且适度均衡的"用途多元化"，如零售业、服务业、手工业、行政管理、文化教育机构、社会机构及宗教设施，通信业、餐饮业、休闲娱乐业和能满足年轻人、老年人不同需求的高端住宅。与此同时，公共空间凭借其多种多样（从步行区至城市广场）的外表形象以及它们不同的用途、用途转化的可能性，公共空间的价值提升和激活成为内城区方案中的核心组件。高度的多功能性，以及随之而来的高品质、多元化和高端定位的空间和建筑，必须成为所有城市营造的设计目标。

"我们内城区的体验环境和休憩逗留品质深刻地受到持续发展的城市营造结构和公共空间形态设计的影响。那些拥有历史性建筑文化遗产的、具有特定建筑设计风格的和（或）设有充满活力的多元化广场文化以及带有绿化区域和停车设施的城市，再次证明了自己是吸引公众访问和游客访问的磁石。在竞争方面，'绿草地'有着决定性的城市营造优势。"

——乌尔里希·哈茨费尔德（Ulrich Hatzfeld）[1]

---

1 乌尔里希·哈茨费尔德，德国联邦交通建设和城市发展部城市发展司司长。

参考文献

1. 太阳能利用型和高效节能型的城市营造
2. 拆除和改建
3. 棕地开发

Dosch F. Gewerbebrachen als Baulandreserven[J]. Bestand, Bedarf und Verfügbarkeit von Bau-landreserven - Materialien zur Raumentwicklung, 1994 (64).

Feldtkeller A. Städtebau: Vielfalt und Integration[M]. Deutsche Verlags-Anstalt, 2001.

4. 滨水规划与建设

Oltmanns J. Wasser in der Stadt: Perspektiven einer neuen Urbanität[M]. Transit, 2000.

5. 激活内城区

Brühl H, Echter C P, Jekel G. Frölich von Bodelschwing[J]. Jekel, Gregor, 2005.

Monheim H, Monheim R. Innenstädte zwischen Autoorientierung, Verkehrsberuhigung, Shopping Centern und neuen Steuerungsmodellen[J]. Monheim, Heiner, Zöpel, Christoph (Hrsg.), 2008.

附　录

住宅类型

单户住宅类型
独立式住宅　面积尺寸范例
联排式住宅　面积尺寸范例

多户住宅类型
垂直出入交通组织类型：梯间式

- 一梯一户
- 一梯两户
- 一梯三户
- 一梯四户和一梯多户

水平的出入交通组织类型：廊道式
内廊式和外廊式

街道类型
构件
- 沿街人行道
- 沿街自行车道
- 分隔带
- 停车
- 分隔和混合准则

街道截面范例
- 宅间小路
- 生活道路 [1]
- 集散街道 [2]
- 居住片区街道
- 地方性商业街道
- 商业主干道
- 步行区
- 产业街道

1　生活性道路（Wohnstraßen），这一概念无法在我国的《城市居住区规划设计规范》中找到对应概念。德语中最初指的是在居住区设置杜绝车行的步行道，从而形成人车分流、居民共享的"邂逅区"。本书此处的译法参考了同济大学吴志强教授主持的译制组于 2010 年出版的《城市设计（上）——设计方案》。
2　类似于我国《城市居住区规划设计规范》中的"组团路"（进出组团的主要通道），德国的集散街道强调聚集和疏散当地居民的出入交通。

住宅类型

A.1 _ 单户住宅类型

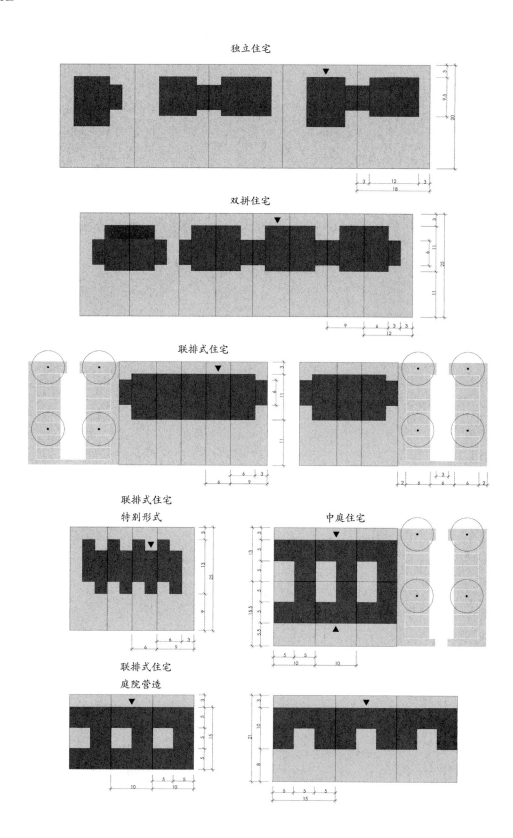

独立住宅

双拼住宅

联排式住宅

联排式住宅
特别形式

中庭住宅

联排式住宅
庭院营造

A.2 _独立式住宅 面积尺寸范例

m/m²	建筑面宽 × 进深	基地的面宽 ×× 进深	基地面积	占地面积	建筑密度	注释
最小	7m×11m	13m×25m	325m²	77m²	0.24	灵活度严重受限，建筑形体只能错位偏移
中等	9m×13m	15m×25m	375m²	117m²	0.31	对于灵活度不受限而言，是最小尺度
最大（+）	（8~13）m×13m	20m×30m	600m²	169m²	0.28	面积没有上限,特殊形式

★ 主楼到相邻地块基地之间的最小间距为 3 米（德国北威州建筑法规）

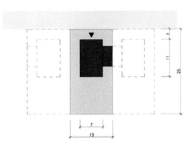

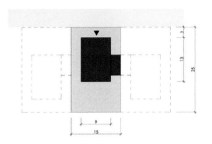

转角住宅

平房 (1 层楼高)

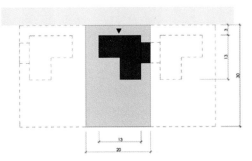

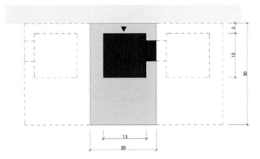

A.3 _ 联排式住宅　面积尺寸范例

m/ ㎡	建筑面宽 × 进深	基地的面宽 *× 进深	基地面积	占地面积	建筑密度	注释
最小	5.25mx11m	28.5*m	150m²	57.85m²	0.38	可允许的最小面宽为4.30m * 基地的进深取决于获准许的建筑密度
中等	6.50mx10m	35m	200m²	65m²	0.32	
最大 (+)	9.5mx13*m	35m	332.5m²	123.5m²	约0.38	* 在特殊形式——比如建筑局部有错位偏移的情况下

★ 主楼到相邻地块基地之间的最小间距为3米 (北威州建筑法规)

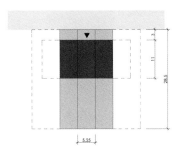

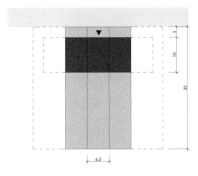

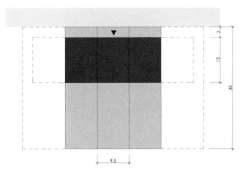

A.4.1 _ 多户住宅类型

一梯一户

一梯两户

一梯三户

一梯四户

城市别墅
（大型）

块状街区 / 行列式
（一梯两户）

块状街区 / 行列式
（一梯三户）

多户型
20m×20m
基地面积≥ 1000m²

多户型
10m×20m

多户型
11m×14m 进深

变体 I

块状街区
变体 II

变体 III

调整出入交通组织
标准
（4 层楼以内无需
强制安装电梯）

标准：配置电梯

A.4.2 _ 多户住宅类型

廊道式住宅楼

木桁架建筑[1]

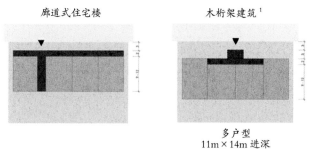

多户型
11m×14m 进深

---

1 木桁架建筑是德国最常见的木结构建筑形式，这里泛指德国旧式传统的多户住宅类型。参见本书第四章 4.3 节"居住篇"。

A.5 _ 垂直出入交通组织类型：一梯一户

基本准则

出入交通组织类型：一梯一户

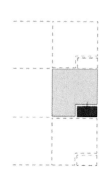

A.6 _ 垂直出入交通组织类型：一梯两户

基本准则

出入交通组织类型：一梯两户

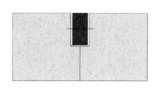

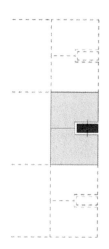

A.7 _ 出入交通组织类型：一梯三户

组织类型：一梯三户

基本原则

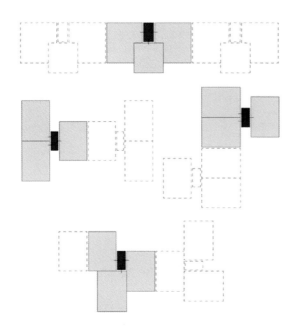

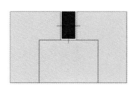

A.8 _ 垂直出入交通组织类型：一梯四户和一梯多户

组织类型：一梯四户

基本原则

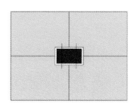

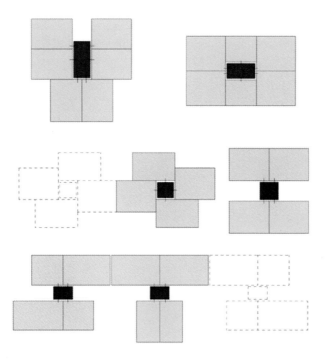

A.9 _ 内部出入通道的各种交通组织可能性

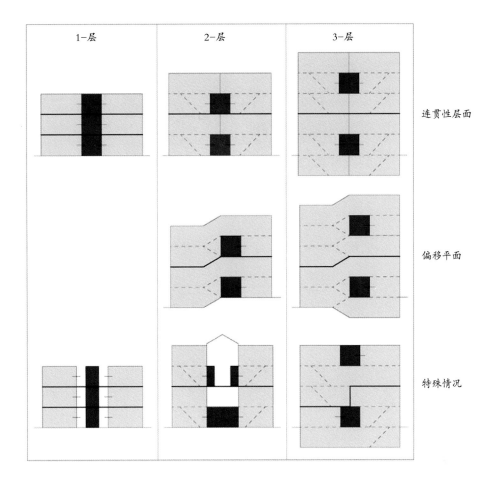

连贯性层面

偏移平面

特殊情况

A.9 _ 内部出入通道的各种交通组织可能性

	1-层	1-层	1-层
连贯性层面			
偏移平面			

A.11_ 每两层中外部设置一个出入通道的交通组织（复式）

屋顶层：

屋顶层（屋顶高于 2.4m）占用的可使用面积要比整体层少 1/3 。

梯队层：

外墙全面向内部偏移，且承重并不落在下一层的外墙上。向内的偏移可以任意选择，但要结合露台的"可用性"一起考虑（少于 1m 的露台进深是难以使用的，最佳距离是 2m 或更多）。其屋顶高度和"整体层"的屋顶高度相符。

整体层：

整体层的空间最小的层高在各州的建设规范中均有规定。当建成天花板从而围合出层高的时候，房间高度指的是从地板的上部边缘到天花板的下部边缘的净高。客厅应该不低于 2.40m 的房间净高。

住房的平均层高约为 3.00m，如办公室或诊所，层高则为 3.50-4.00m

为了在地面层实现诸如底部通车等用途混合，应选择设置成更高的层高。

从楼层和房间的高度可以看出，对用途、场所以及科技装配的要求，各个建筑物分别具有哪些要求。

如今出现了追求更高的房间、建筑的层高的趋势。

地下层：

地下室 / 地下层只允许最多高出地面 1.6m（德国北威州建筑法规）。

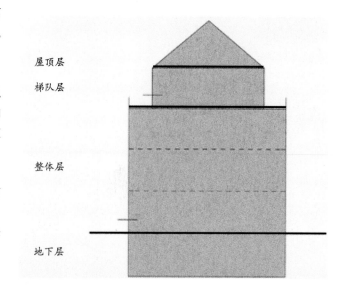

屋顶层
梯队层
整体层
地下层

街道类型

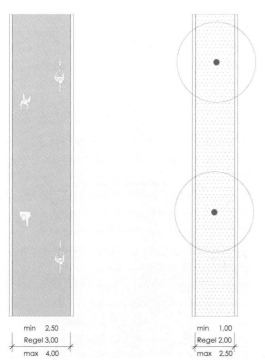

沿街步行道　　　　沿街自行车道

min	1,50
Regel	2,00
max	3,00

min	1,50
Regel	2,00
max	2,50

步行与自行车
共用道　　　　　　分隔带

min	2,50
Regel	3,00
max	4,00

min	1,00
Regel	2,00
max	2,50

1. 沿街步行道

沿街步行道不应窄于 1.50m，较宽的配置往往更适宜。特别是邻近学校、购物中心、娱乐场所以及类似的用途，应力求较宽的形态设计。

社会性的需求如逗留、玩耍等，以及对无障碍设计的需求，随着周边地带的用途、地段以及步行道之路网范围内的街道空间的重要性而有很大区别。在设计街边人行道时，基本上应该对这些需求都加以考虑。

2. 沿街自行车道

规划中沿街自行车道的宽度不能低于最小 1.60m。

当然，准确的宽度应由车行道和自行车道的综合路网内所具有的重要性和所处的地段来决定。原则上较宽的自行车道能提供更舒适的骑车体验，并形成更安全的街道情景。

3. 步行者和自行车的共用道

在居住区外围或步行者、自行车较少的情况下，主要可以使用步行者和自行车的共用道，其宽度不应低于 2.50m。若该共用道两侧之间的宽度大于 3.50m 的话，为步行者和自行车设置分隔设施就很有意义。

4. 分隔带

分隔带的宽度可在最小 1m、最多 2.5m 的范围之间变化。它们一般被布置在交通流量大、多车道的大街，以此清晰地实现车道之间的双向分隔。分隔带须进行绿化。在片区大街和集中运输街道中宽度足够的情况下，可以同时把分隔带作为停车带使用，以及从而形成自行车道 / 步行道和车行道之间的分隔。

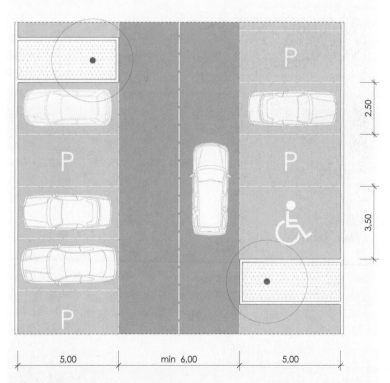

与车道平行的停车位设置

4a. 平行于车行道的停车布置

对于和车行道平行的私家车停车位，应该从最小宽度 2.00m 和最小长度 6.00m 这个标准出发进行布置。这类停车作为节约占地的形式，推荐主要用于狭窄的街道。

特别作为载重
汽车停车位

与车道垂直的停车位设置

4b. 垂直于车行道的停车布置

这类垂直于车行道的停车布置涉及高难度的调车作业。不过当然，它也同时提供了实现更多停车位的可能性。停车位的大小从宽 2.30m × 长 5.00m 起步。

行为能力受限人士的停车位（轮椅使用者等）应至少达到 3.50m 的宽度。无论是垂直还是平行的停车布置，街道空间的形态设计都一定要考虑绿化。遵循"每轮到第 5 个停车位，就在这个位置上种一棵树"的法则。每棵树都至少拥有 4.00m² 的根系面积。根系面积越大越好。因此，它应尽可能地和毗邻的绿地相连通。

274

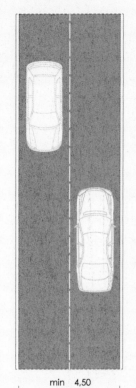

min　4,50
Regel 5,00
max　6,50

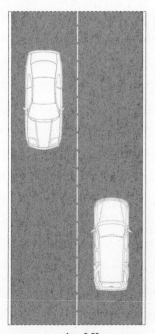

min　5,50
Regel 6,50
max　7,50

5a. 车行道——分隔准则：出入连接街道

配置有双向双车道的出入连接街道，其宽度随着街道的功能性以及它在城市整体环境语境中的等级而改变。一般来说，常见的宽度约为 5m。要加以考虑的是，这些街道不仅要适合私家车行驶，更要适合公共汽车、载重汽车和其他机动交通工具。

"出入连接街道"这一概念是具有机动交通工具的小区街道和集散街道的统称。出入连接街道能够满足自行车交通的主要连接功能。在这方面，限速 30 公里的区域是随处可见的。

5b. 车道分隔准则：主干道

一条主干道一般来说，宽 5.50m 至 6.50m，在开发上既可以不种树，也可以种树。

它与"出入连接街道"的区别在于，出入连接街道正常情况下汇集交通，并将之引入主干道，从而使交通从这里向不同方向分流。此处常见的限速为每小时 50 公里或更高。

混合区域

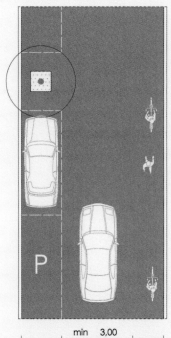

6. 车行道——混合准则

静态交通街道（又称"游玩街道"）就是车行道的一种典型混合准则。既非通过不同的铺地又非凭借色彩条纹从而区分彼此，步行道和车行道是让所有类型的交通参与者共同使用。在应用该准则时，须保证至少 3.00m 的净宽。此处驾驶机动车不允许超过步行速度。

混合区域

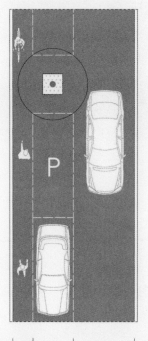

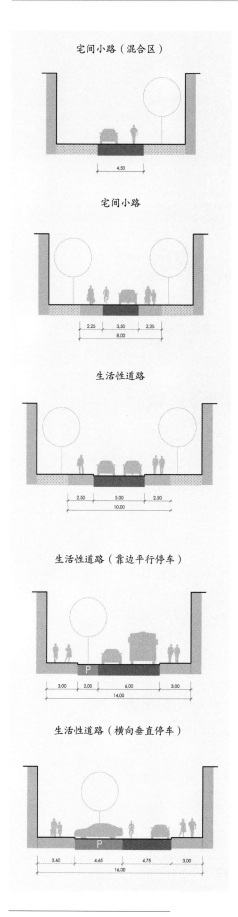

宅间小路（混合区）

4.50

宅间小路

2.25 3.50 2.25
8.00

生活性道路

2.50 5.00 2.50
10.00

生活性道路（靠边平行停车）

3.00 2.00 6.00 3.00
14.00

生活性道路（横向垂直停车）

3.60 4.65 4.75 3.00
16.00

7. 宅间小路

宅间小路属于出入连接街道中最静态的交通形式。与其相连的都是带有居住建筑的私人领地，因此，格外高水准的逗留品质应该处于这种规划中的聚焦点。在这里大多会采用车行道——混合准则。通常情况下在居住建筑的边缘会有一些半私人的"前区"，如前花园、车库或停车位等。这些前区由一种供私家车、自行车和步行者共同使用的交通用地连接起来。此处往往会安排使用小块状的铺地，这样会对驾驶者产生影响，使其减速。左右侧的树木或植物花坛，也可达到同样的效果。但除此之外需要注意的是，对于死胡同，必须考虑到有足够的面积，以确保垃圾回收车和急救车可以掉头。

对城市中所有空间的尺度确认，应注意街道宽度与建筑物高度的比例，最大值不能超过明显的 5：1，这样也才可以形成对此空间人性化视角的观察认知。

8. 生活性道路

一条生活性道路的气质，更倾向于公共空间。虽然与其相连的也仅仅是居住建筑，但建筑密度明显高于宅间小路。此处不仅仅是逗留品质出现了特别的需求提升，同时也提高了交通和停车的用途需求。

在建筑前方可以有选择性地修建一条半私人的绿色走道。接着可以（或有选择性地）隔开修建一条步行道以及一条带有绿化的停车地带。通常来说，中间的车行道应足够使两辆私家车相遇而过。

自行车交通总是与机动车交通分享同一道路。需要注意的是，针对私家车与垃圾回收车的相遇情况，车行道边缘必须留有足够的让车线空间。[1]

---

1 这样做是为了避免行车道不够宽而造成堵塞。

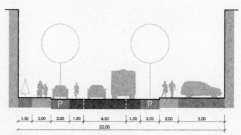

集散街道（简化版）

9. 集散街道

集散街道不仅连接着居住建筑，也连接着零散的商铺以及集体公共需求的机构设施。此处的居住密集度高于生活性道路。集散街道除了主要以步行者（沿街式或横穿式动线连接）的需求为导向，还要以自行车或有些巴士公共交通为导向。当车行道中间的隔离带较宽或车行道不包括对步行者、自行车骑行者的服务时，可以用树木或者树木成排的方式，将车行道作为林荫大道来进行装配。

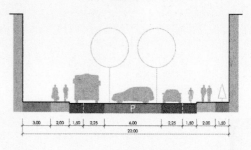

集散街道

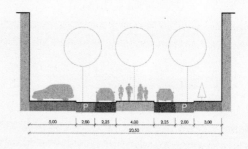

集散街道

10. 居住片区街道

密集，往往封闭性整体化的建设，就是居住片区街道的明显特征。由居住、产业以及服务业构成的混合用途在此处占据支配地位。

由于高密集度的使用而对停车位产生了很高的需求——这一典型的问题，在居住片区街道上再度显现。同时还须注意"逗留品质"。可通过设置诸如绿化带、树木带和停车带的连接方式，来解决这一问题。

居住片区街道的截面能够在很大程度上和住区街道相似，但区别只在于，此处必须为步行者分配专用的区域，因为毕竟居住片区街道也主要具有主干道的功能。另外重要的一点，是这里必须有醒目的标志，来提示步行者准备横穿街道。

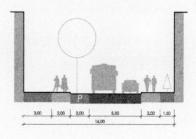

居住片区街道

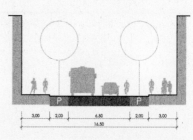

居住片区街道

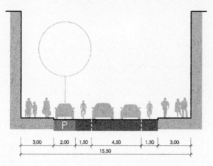

地方性商业街道

| 3.00 | 2.00 | 1.50 | 4.50 | 1.50 | 3.00 |

15.50

11a. 地方性商业街道（作为"出入连接街道"）

局部商业街道，一般位于城区中心。其识别标志通常是有活力的地面层商铺，以及高密集度的建设方式。多种多样的用途需求在此处相互汇集。对于沿街、横穿道路的步行者，必须采取和"地面层商铺区域中的进货和发货交通"同等的重视。此外，这种用途混合还必须对当地居民和店铺的"目的性交通"保证大量的停车位供给。

截面上，街道可以这样建造：在建筑物之前应设宽敞的步行区。其周边应加上可供停车的设施，比如通过单个树木隔开的一批"泊车港"。这里需要注意的是，不应过于紧凑地设置停车带/绿化带，应尽可能地保证宽松的"非停车用地"，以便步行者有机会偶尔从中通过，到达街道的对面。

车行道中间应不仅要能保证私家车的通行，还要能保证线路公交车和邮递车可以通行。也可以在车行道中央设置一条中央绿化带，用以给过马路的步行者提供方便。因为按照规定，在地方性商业街道上行驶限速应为时速30公里，所以这样一来，自行车在车行道上与机动车一同行驶就毫无问题了。

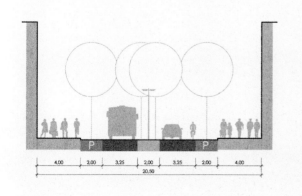

地方性商业街道（带有中央隔离带）

| 4.00 | 2.00 | 3.25 | 2.00 | 3.25 | 2.00 | 4.00 |

20.50

11b. 地方性商业街道（作为主干道）

当地方性商业街道作为主干道时，尤其要注意提供给步行者横穿街道的便利，因为此处达到50公里的机动车时速并不少见。如果这里同时还有轨道交通，那么出现特殊情况的机会也应该会增加。对此需要引起注意的是，共享使用街道的交通参与者越多，越应该确保给自行车骑行者提供分离的车道。

12. 商业主干道

商业主干道一般位于大型和中型城市的中心。商铺密集地开在地面层，但在上部楼层，商铺也同样的密集；居住功能在这里反倒成了例外。

部分被划为步行区的商业主干道，邮递货运车在早上依旧必须驶入。对没有纯粹的步行区的城市，在对商业主干道进行规划和形态设计时，必须以下列特殊的要求为导向。

在这里，必须对逗留品质以及沿街和横穿的步行道的连接给予高度重视。在宽敞的商铺前区的设计中，可以提供停歇或逗留的可能性（比如设有长椅）；通过树木行列和花坛来使人放松、营造出高水准的逗留品质，这种手法是令人向往的。同时街道空间也必须以公共交通为导向，为进、发货车辆行驶维持交通区域，同时为停车提供可能（至少短期可供通行）。至于是否需要修建单独分离的自行车车道，则取决于此处街道的机动车交通强度。

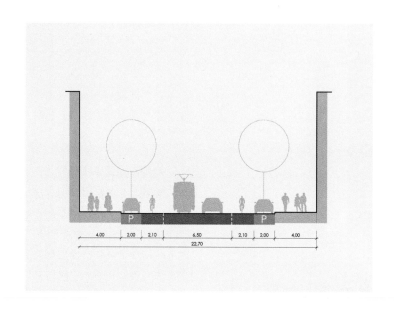

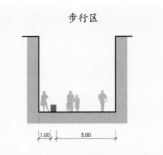

步行区

└ 1.00 ┘└── 5.00 ──┘

分段的步行区

└ 3.80 ┘└ 4.00 ┘└ 3.80 ┘

跑步道

产业街道

└ 3.00 ┘└1.60┘└2.50┘└── 6.50 ──┘└2.50┘└1.60┘└ 3.00 ┘
└────────────── 20.70 ──────────────┘

13. 步行区

步行区指的是基本上屏蔽车辆，并只允许步行者使用的街道。根据各地屏蔽规定的不同，供货商以及经常还包括自行车骑行者，基本上只被允许在某段确定的时间内行驶。

诸如长椅、垃圾筒和照明的家具化元素可以整合一体化，比如以"家具岛"的形式。

14. 产业街道

产业街道中包括了划分成小块的基地，带有单体建筑和相配套的停车用地。在这些基地上，诸如零售业、办公室或休闲娱乐等这些用途得到了实现。交通用地在此必须满足机动车及邮递运输的需求。为了实现连接大型产业用地区块的出入交通，应权衡开发一条单独的拐弯车道，用以保证集散交通顺畅。

尽管建设结构上对机动车亲和，但产业街道也不应忽视与公共交通的连接，以及自行车车道的铺设。

图片来源

0 引言

图 0.1.1_Fingerhute Carl: Learning from China. Das Tao der Stadt, Birkhäuser, Basel, Boston, Berlin, 2004, S. 116

图 0.2.1_Eigene Abbildung

图 0.3.1_Schirmacher, Ernst: Stadtvorstellungen. Die Gestalt der mittelalterlichen Städte – Erhaltung und planendes Handeln, Artemis, Zürich, München, 1988, S. 19

1 基本概念

图 1.1.1_Eigene Abbildung

图 1.1.2_Fotos oben: Götz Kemnitz, Freiburg, unten links: Susanne Dürr, Karlsru-he, unten rechts: Stadt Freiburg, Luftbild Meyer, Bebauungsplan: Stadtpla-nungsamt Freiburg, in: Kuhn, Gerd: Hariander, Tilman: Baugemeinschaften im Südwesten Deutschlands, Deutscher Sparkassenveriag, Stuttgart, LBS Stiftung Bauen und Wohnen, 2010

图 1.2.1_Berman, IIa: El Khafif, Mona: URBANbuil. local, global, William Stout, Richmond, CA, 2008, S. 386-387

图 1.2.2_Foto: Christa Reicher

图 1.3.1_Foto: Uwe Grützner

图 1.4.1_von Meiss, Pierre: Vom Objekt zum Raum zum Ort. Dimensionen der Architektur, Birkhäuser, Basel, Boston, Berlin, 1994, oben: S. 76, unten: S. 74

图 1.5.1_Eigene Abbildung

2 概述：从历史到理论

图 2.1.1_Benevolo, Leonardo: Die Geschichte der Stadt, Campus, Frankfurt, New York, 1982.S. 17

图 2.1.2_Klotz, Heinrich: Von der Urhütte zum Wolkenkratzer: Geschichte der gebauten Umwelt, Prestel, München, 1991, links: S. 25, rechts: S. 22

图 2.1.3 —图 2.1.4_Benevolo, Leonardo: Die Geschichte der Stadt, Campus, Frankfurt, New York, 1982, S. 24/S. 29

图 2.1.5 —图 2.1.8_Klotz, Heinrich: Von der Urhütte zum Wolkenkratzen Geschichte der gebauten Umwelt, Prestel, München, 1991, S. 38/S. 40/S. 108/S. 115

图 2.1.9_Benevolo, Leonardo: Die Geschichte der Stadt, Campus, Frankfurt, New York, 1982, S. 337

图 2.1.10_Krause, Karl-Jürgen: Plätze. Begriff, Geschichte, Form, Größe und Profil, Umdruck 2, FG SLG, TU Dortmund, 2004

图 2.1.11_Rowe, Colin, Koetter, Fred: Collage City, Birkhäuser, Basel, Boston, Berlin, 1984, S. 74

图 2.1.12 —图 2.1.13_Klotz, Heinrich: Von der Urhütte zum Wolkenkratzer; Geschichte der gebauten Umwelt, Prestel, München, 1991, S. 179/S. 181

图 2.1.14_Wer war LeCorubusier? Sammlung, Albert Skira, Jean Leymarie, 1968, S. 161

图 2.1.15_Krier, Rob: Town Spaces, Contemporary Interpretations in traditional Urbanism, Birkhäuser, Basel, Boston, Berlin, 2006, Foto: Archive Groth + Graalfs, H.G. Esch

图 2.1.16_Senat Berlin

图 2.2.1_Benevolo, Leonardo: Die Geschichte der Stadt, Campus, Frankfurt, New York, 1982.S. 875

图 2.2.2_Rowe, Colin, Koetter, Fred: Collage City, Birkhäuser, Basel, Boston, Berlin, 1984, S. 105

图 2.2.3_Alexander, Christopher: A pattern language. Towns, Buildings, Construction, Oxford University Press, New York, 1977, oben: S. 309, unten: S. 304

3 城市的"语法"

图 3.1.1 —图 3.1.10_El Khafif, Mona: Inszenierter Urbanismus. Stadtraum für Kunst, Kultur und Konsum im Zeitalter der Erlebnisgesellschaft. Vdm-Veriag, Saarbrücken, 2009: Wien Kriegsarchiv; Studie Integral

图 3.2.1 —图 3.2.2_Eigene Abbildung

图 3.2.3_Benevolo, Leonardo: Die Geschichte der Stadt, Campus, Frankfurt, New York, 1982, S. 331

图 3.2.4_Eigene Abbildung

图 3.2.5_Kainrath, Wilhelm: Die Bandstadt; Städtebauliche Vision oder reales Modell der Stadtentwicklung?, Picus Verlag, Wien, 1997, S. 56

图 3.2.6_Eigene Abbildung

图 3.2.7_Reicher, Christa; Kunzmann, Klaus; Polivka, Jan; Roost, Frank; Wegener, Michael: Schichten einer Region_ Kartenstücke zur räumlichen Struktur des Ruhrgebiets, Jovis, Berlin, S. 2011

图 3.2.8—图 3.2.10_Eigene Abbildung

图 3.3.1_Eigene Darstellung, nach Rowe, Colin, Koetter, Fred: Collage City, Birkhäuser, Basel, Boston, Berlin, 1984, S. 88

图 3.3.2_Koetter, Fred: Collage City, Birkhäuser, Basel, Boston, Berlin, 1984, S. 88

图 3.3.3_von Meiss, Pierre: Vom Objekt zum Raum zum Ort, Dimensionen der Architektur, Birkhäuser, Basel, Boston, Berlin, 1994, S. 35

图 3.3.4- 图 3.3.5_Rowe, Colin, Koetter, Fred: Collage City, Birkhäuser, Basel, Boston, Berlin, 1984, S. 88/S. 89

图 3.3.6_Lorenc, Vilem: Nove Mesto prazske, STNL, Praha, 1973, S. 161

图 3.3.7_Rowe, Colin, Koetter, Fred: Collage City, Birkhäuser, Basel, Boston, Berlin, 1984

图 3.3.8- 图 3.3.9_Eigene Abbildung

图 3.3.10_RHA_ Reicher Haase Architekten+Stadtplaner

图 3.4.1_Leupen, Bernard; Mooij, Harald: Het Ontwerpen van Woningen, Een Handboek, Nai Uitgevers, Rotterdam, 2008, S. 204

图 3.4.2- 图 3.4.3_Oberste Baubehörde, Bayerisches Staatsministerium des Inneren

图 3.4.4_Atelier 5: Siedlungen und städtebauliche Projekte. Vieweg Verlag, Braunschweig, Wiesbaden, 1994

图 3.4.5- 图 3.4.6_Eigene Abbildung

图 3.4.7- 图 3.4.8_Jonas, Carsten: Die Stadt und ihr Grundriss, Zu Form und Ge-schichte der deutschen Stadt nach Entfestigung und Eisenbahnanschluss, Emst Wasmuth Verlag, Tübingen, Berlin, 2009, S. 79/S. 212

图 3.4.9_Leupen, Bernard; Mooij, Harald: Het Ontwerpen van Woningen, Een Handboek, Nai Uitgevers, Rotterdam, 2008, S. 208

图 3.4.10_Bodenschatz, Harald: Renaissance der Mitte. Zentrumsumbau in London und Berlin. Schriften des Schinkel-Zentrums für Architektur, Stadtforschung, und Denkmalpflege der Technischen Universität Berlin 2. Verlagshaus Braun, Berlin, 2005

图 3.4.11_EUROPAN Europa (Hrsg.), europan 4_ europäische Ergebnisse, Die Stadt über der Stadt bauen, Umwandlung zeitgenössicher Gebiete, Paris, 1997, S. 208, Wettbewerbsbeitrag Juan Carlos Gömez Avendano, Gudrun Michor, Anne-Marie Pichler

图 3.4.12_EUROPAN Europa (Hrsg.), europan 9, Ergebnisse, Paris, 2008, S. 21, Wettbewerbsbeitrag Eva Garcia Luque

图 3.4.13- 图 3.4.14_Eigene Abbildung

图 3.4.15_Jonas, Carsten: Die Stadt und ihr Grundriss, Zu Form und Geschichte der deutschen Stadt nach Entfestigung und Eisenbahnanschluss, Ernst Wasmuth Verlag, Tübingen, Berlin, 2009, S. 91

图 3.4.16_Foto: Fachgebiet Städtebau, Stadtgestaltung und Bauleitplanung, TU Dortmund

图 3.4.17_Poolen Architekten, Amersfoort, NL, in: Schenk, Lohnhard; van Gool, Rob: Neuer Wohnungsbau in den Niederlanden, Konzepte, Typologien, Pro-jekte, DVA Deutsche Verlags-Anstalt, Stuttgart, München, 2010, S. 126/127 Fotos oben: Leohnhard Schenk, unten: Rob van Gool

图 3.4.18_RHA_Reicher Haase Architekten + Stadtplaner

图 3.4.19- 图 3.4.20_Eigene Abbildung

图 3.4.21_Cusveller, Sjoerd (Hrsg.): J.J.P. Oud, De Kiefhoek, Een voonwijkin Rotterdam, Laaren, 1990

图 3.4.22_Hoogewoning, Anne; van Toorn, Roemen Vollaard, Piet; Wortmann, Arthur: Architectuur in Nederland, Jaarboek, Nai Uitgevers, Rotterdam, 2001, S. 44-45

图 3.4.23_Architecten Werkgroep, Tilburg, NL, in: Schenk, Lohnhard; van Gool, Rob: Neuer Wohnungsbau in den Niederlanden, Konzepte, Typologien, Pro-jekte, DVA Deutsche Verlags-Anstalt, Stuttgart, München, 2010, S. 84, Fotos; Michael Klevits, Breda

图 3.4.24- 图 3.4.25_Eigene Abbildung

图 3.4.26- 图 3.4.27_Jonas, Carsten: Die Stadt und ihr Grundriss, Zu Form und Ge-schichte der deutschen Stadt nach Entfestigung und Eisenbahnanschluss, Emst Wasmuth Verlag, Tübingen, Berlin, 2009, S. 112/113

图 3.4.28_Europan (Hrsg.), europan 5. Die deutschen Ergebnisse, Mobilität und Nähe, Neue Landschaften Urbanen Wohnens, Berlin, 1999, S. 46, Wettbe-werbsbeitrag Sonja Moers, Thorsten Wrangel, Jon Prengel

图 3.4.29_ZEUROPAN Europa(Hrsg.), europan 9, Ergebnisse, Paris, 2008, S. 312, Wettbewerbsbeitrag Anna Helamaa, Maija Perhe, Jesse Weckroth

图 3.4.30- 图 3.4.31_Eigene Abbildung

图 3.4.32_Foto: Manfred Hanisch, Mettmann

图 3.4.33_Klotz, Heinrich: Von der Urhütte zum Wolkenkratzer; Geschichte der gebauten Umwelt, Prestel, München, 1991,170

图 3.4.34_Penkhues Architekten, Kassel, Foto: Christian Richters, Münster, in: Wettbewerbe aktuell 9/2000

图 3.4.35_RHA_ Reicher Haase Architekten + Stadtplaner

图 3.4.36 — 3.4.37_Eigene Abbildung

图 3.4.38_Klotz, Heinrich: Von der Urhütte zum Wolkenkratzer; Geschichte der gebauten Umwelt, Prestel, München, 1991

图3.4.39_Atelier 5: Siedlungen und städtebauliche Projekte. Vieweg Verlag, Braunschweig, Wiesbaden, 1994

图3.4.40_OeverZaaijer architecture and urbanism, Amsterdam, NL, in: Schenk, Lohnhard; van Gool, Rob: Neuer Wohnungsbau in den Niederlanden, Konzepte, Typologien, Projekte, DVA Deutsche Verlags-Anstalt, Stuttgart, München, 2010, Foto: Allard vn der Hoek

图3.5.1_Berman. IIa; El Khafif, Mona: URBANbuild. local, global., William Stout, Richmond, CA, 2008, S. 430

图3.5.2 — 图 3.5.3_Berman, IIa; El Khafif, Mona: URBANbuil. local, global., William Stout, Richmond, CA, 2008, S. 416-421

图3.5.4_Fotos: Frank Roost

图3.5.5_Berman, IIa; El Khafif, Mona: URBANbuil. local, global., William Stout, Richmond, CA, 2008, S. 416-421

图3.5.6_Schema: Krusche, Jürgen; Roost, Frank: Tokyo, Die Strasse als gelebter Raum, Lars Müller Publishers, Baden, 2010, Fotos oben: Jürgen Krusche, unten: Christa Reicher

4 城市的构件

图 4.1.1_Foto: Andy Earl

图 4.1.2 — 图 4.1.3_Gothein, Marie-Luise Gothein: Geschichte der Gartenkunst, Eugen Diederichs, Jena, 1914

图 4.1.4_Stadt Münster

图 4.1.5_Planergruppe Oberhausen

图4.1.6_Prof. Dr. Helmut Gebhard, Bernhard Landbrecht, München, Prof. Donata Valentien, Prof. Christoph Valentien, Weßling, Barbara Franz, Passau, in: Bayerisches Staatsministerium des Innern: Weiterentwicklung von Siedlungsgebieten, München, 1994, S. 10

图 4.1.7 — 图 4.1.8_Foto: Uwe Grützner

图 4.1.9_Foto: Rabanus

图 4.1.10_Foto: Uwe Grützner

图4.1.11_RHA_ Reicher Haase Architekten + Stadtplaner

图4.1.12_RHA_ Reicher Haase Architekten + Stadtplaner, Planergruppe Oberhausen

图4.1.13_Foto: Planergruppe Oberhausen

图4.1.14_Foto oben: Martin Brockhoff, Bielefeld, unten: Jörg Hempel, Aachen

图4.2.1 — 图 4.2.2_Foto: Stadt Hattingen

图4.2.3_Eigene Abbildung noch Knirsch, Jürgen:

Stadtplätze, Architektur und Freiraumplanung. 2004, S. 18

图 4.2.4 — 图 4.2.5_Foto: RHA_ Reicher Haase Architekten + Stadtplaner

图 4.2.6 — 图 4.2.9_Eigene Abbildung

图 4.2.10 — 图 4.2.11_RHA_ Reicher Haase Architekten + Stadtplaner

图 4.3.1_Fingerhuth, Carl: Learning from China, Das Tao der Stadt, Birkhäuser, Basel, Boston, Berlin, 2004, S. 53

图 4.3.2_Jonas, Carsten: Die Stadt und ihr Grundriss, Zu Form und Geschichte der deutschen Stadt nach Entfestigung und Eisenbahnanschluss, Ernst Was- muth Verlag, Tübingen, Berlin, 2009, S. 79

图 4.3.3_Gössel, Peter; Leuthäuser, Gabriele: Architektur des 20. Jahrhunderls, Benedikt Taschen Verlag, Köln, 1990, S. 163

图 4.3.4_Jonas, Carsten: Die Stadt und ihr Grundriss. Zu Form und Geschichte der deutschen Stadt nach Entfestigung und Eisenbahnanschluss, Emst Was- muth Verlag, Tübingen, Berlin, 2009, S.1 16

图 4.3.5— 图 4.3.7_Everding, Dagmar (Hrsg.): Solarer Städtebau, Vom Pilotprojekt zum planerischen Leitbild, W. Kohlhammer, Stuttgart, 2007, S. 30/S. 33/S. 35

图 4.3.8_Jonas, Carsten: Die Stadt und ihr Grundriss, Zu Form und Geschichte der deutschen Stadt nach Entfestigung und Eisenbahnanschluss, Emst Was- muth Verlag. Tübingen, Berlin, 2009, S. 295

图 4.3.9_Fingerhuth, Carl: Learning from China, Das Tao der Stadt, Birkhäuser, Basel, Boston, Berlin, 2004, S. 78/79

图 4.3.10_Eigene Abbildung

图 4.3.11_RHA_ Reicher Haase Architekten + Stadtplaner

图 4.3.12_ASTOC Architects and Planners, Köln

图 4.3.13_Eigene Abbildung

图 4.3.14_Amann I Burdenski I Munkel Architekten und Generalplaner GmbH8.Co.KG , in: Kuhn, Gerd; Hollander, Tilman: Baugemeinschaften im Südwesten Deutschlands, Deutscher Sparkassenverlag, Stuttgart, LBS Stiftung Bauen und Wohnen, 2010, S. 73

图 4.3.15_Common 8> Gies (Michael Gies), in: Kuhn, Gerd; Harlander, Tilman: Baugemeinschaften im Südwesten Deutschlands, Deutscher Sparkassenverlag, Stuttgart. LBS Stiftung Bauen und Wohnen, 2010, S. 63/65, Fotos: Christine Falkner, Stuttgart, Guido Kirsch, Freiburg

图 4.3.16_Eigene Abbildung

图 4.3.17_Eigene Abbildung

图 4.3.18_NOENENALBUS ARCHITEKTUR (Lothar Albus), in: Kuhn, Gerd; Harlander, Tilman: Baugemeinschaften im Südwesten Deutschlands, Deutscher Sparkassenverlag, Stuttgart, LBS Stiftung Bauen und Wohnen, 2010, S. 82, Foto: Bernhard Müller, Tübingen, Grundriss: Christiane Falkner, Stuttgart

图 4.3.19– 图 4.3.20_Carsten Lorenzen APS, Kopenhagen, DK

图 4.3.21_EUROPAN Europa (Hrsg.): europan 9 Ergebnisse, Paris, 2008, S. 23, Wettbewerbsbeitrag Yuri Gerrits, Martin Birgel

图 4.3.22_Eigene Abbildung

图 4.3.23_RHA_ Reicher Haase Architekten + Stadtplaner

图 4.3.24_Norbert Post • Hartmut Welters Architekten & Stadtplaner GmbH, Dortmund

图 4.3.25_Foto: Christa Reicher

图 4.3.26_Claus en Kaan Architecten, Amsterdam, NL, in: van Gool, Rob, Hertelt, Lars; Raith; Frank–Bertolt; Schenk, Leonhard: Das niederländische Reihenhaus. Serie und Vielfalt, DVA Deutsche Verlags–Anstalt, Stuttgart, München, o.J. S. 61

图 4.3.27_Neutelings Riedijk Architecten, Rotterdam, NL, in: van Gool, Rob, Hertelt, Lars; Raith; Frank–Bertolt; Schenk, Leonhard: Das niederländische Reihenhaus, Serie und Vielfalt, DVA Deutsche Verlags–Anstalt, Stuttgart, München, O.J. S. 143, Foto; Rob t 'Hard, Rotterdam

图 4.4.1_Jonas, Carsten, Die Stadt und ihr Grundriss, Zu Form und Geschichte der deutschen Stadt nach Entfestigung und Eisenbahnanschluss, Ernst Was– muth Verlag, Tübingen, Berlin, 2009, S. 88

图 4.4.2_Eigene Abbildung

图 4.4.3_Reinhard Angelis Planung, Architektur, Gestaltung, Köln

图 4.4.4 — 图 4.4.7_Eigene Abbildung

图 4.4.8_RHA_ Reicher Haase Architekten + Stadtplaner

图 4.4.9_EUROPAN Europa (Hrsg.): europan 4_ europäische Ergebnisse, Die Stadt über der Stadt bauen, Umwandlung zeitgenössischer Gebiete, Paris, 1997, S. 179, Wettbewerbsbeitrag Angela Garcia de Paredes, Ignacio Garcia Pedrosa, Manuel Garcia de Paredes, Nuria Ruiz Garcia,

图 4.4.10_Stegepartner, Dortmund, LEG Stadtentwicklung GmbH & Co. KG, Stadt Dortmund, Stadtplanungsamt:

Zukunftsstandort PHOENIX WEST, Gestaltungshandbuch, Dortmund, 2005

图 4.4.11_RHA_ Reicher Haase Architekten + Stadtplaner

图 4.5.1_Foto: Christa Reicher

图 4.5.2_Klaus Köpke, Peter Kulka, Katte Töpper mit Wolf Siepmann und Helmut Herzog, Foto: LEG

图 4.5.3 — 图 4.5.4_ETH Institut für Städtebau, Professur Kees Christiaanse

图 4.5.5_Stiftung Bauhaus Dessau/ETH Zürich, gta Archiv

图 4.5.6_RHA_ Reicher Haase Architekten + Stadtplaner

图 4.5.7_Stadt Kamp–Lintfort, pbr Planungsbüro Rohling, Müller Reimann Architekten Berlin, Marcus Patrias Architekten Dortmund

图 4.5.8_RHA_ Reicher Haase Architekten + Stadtplaner, in: RWTH Aachen, Campus Melaten, Gestaltungshandbuch

图 4.5.9_Läufer, Tausch, Tuczek Architekten Berlin, kl Landschaftsarchitekten Kuhn Klapka, Berlin

图 4.6.1_Landesmedienzentrum Baden–Württemberg, Stuttgart, in: Gössel, Peter Leuthäuser. Gabriele: Architektur des 20. Jahrhunderts. Benedikt Taschen Verlag, Köln. 1990, S.1 34

图 4.6.2_Uttke, Angela 2010

图 4.6.3_Uttke, Angela 2010, unter Berücksichtigung von Guy, Glifford: The Retail Development Process. London Routledge 1994; O' Mara, Paul: Developing Power Center. Washington D.C., Urban Land Institute 1996; Dawson, John A.: Topics in applied Geography: Shopping Center Development. London Longman 1983.

图 4.6.4_Uttke,Angela:Supermärkte und Lebensmitteldiscounter,Wege der städtebaulichen Qualifizierung. Verlag Dorothea Röhn, Dortmund, 2009, S. 101

图 4.6.5_AJR Atelier Jörg Rügemer. Hamburg/Salt Lake City (oben), Schlösser Architekten, Dortmund (unten)

图 4.6.6_bob–architektur, Köln

5 解读城市

图 5.1.1_Ophthalmotro, Knapp

图 5.1.2_von Meiss, Pierre: Vom Objekt zum Raum zum Ort, Dimensionen der Architektur, Birkhäuser, Basel, Boston, Berlin, 1994, S. 29

图 5.1.3_Spengemann, Kari–Ludwig: Architektur wahrnehmen. Karl Kerber Verlag, Bielefeld, 1993.S. 131

图 5.1.4_Initiative StadtBauKultur NRW, Fotos oben
links: Birgit Hupfeld, oben rechts: Jens Weber, unten:
Robert Hoemig

图 5.2.1_Kulturkreis der deutschen Wirtschaft,
BDI, Wettbewerbsbeitrag und 1. Preisträger Holger
Hoffschröer

图 5.2.2_RHA_ Reicher Haase Architekten + Stadtplaner,
Planergruppe Ober-hausen

图 5.2.3_RHA_ Reicher Haase Architekten + Stadtplaner

图 5.2.4_Katrin Teichert

图 5.3.1 —图 5.3.2_Erbrecht, Gerhardt: City
Dortmund, Der öffentliche Raum (eine städtebauliche
Bestandsaufnahme und Planungsempfehlung 1986),
Dortmund, Tiefbauamt Dortmund: 1986

图 5.4.1 —图 5.4.2_Eigene Abbildung

图 5.4.4_Fotos: Päivi Kataikko

图 5.4.3_Foto: RHA_ Reicher Haase Architekten +
Stadtplaner

图 5.4.5_Päivi Kataikko

图 5.4.5_eigene Darstellung, nach Matthias Franz

6 城市设计

图 6.1.1_Eigene Darstellung

图 6.1.2_RHA_ Reicher Haase Architekten + Stadtplaner

图 6.2.1_RHA_ Reicher Haase Architekten + Stadtplaner,
Planergruppe Ober-hausen

图 6.2.2 —图 6.2.5_RHA_ Reicher Haase Architekten +
Stadtplaner

图 6.2.6_Kühn, Erich: Stadt und Natur, Vorträge,
Aufsätze, Dokumente 1932-1981, Hans Christians Verlag,
Hamburg, Thomas Bandholtz, Lotte Kühn, Institut für
Städtebau und Landesplanung RWTH Aachen, Gerd Curdes
(Hrsg.), 1984, S. 288/292

图 6.3.1_pp I as pesch partner architekten stadtplaner

图 6.3.2_Projekt Ruhr GmbH (Hrsg.): Masterplan Emscher
Landschaftspark 2010, Klartext Verlag, Essen, 2005, S.
49

图 6.3.3_ASTOC Architects and Planners, Köln/KCAP
Architects & Planners, Rotterdam/Hamburgplan AG

图 6.4.1 —图 6.4.2_RHA_ Reicher Haase Architekten +
Stadtplaner

图 6.4.3_Ferdinand Heide Architekten, Frankfurt

图 6.4.4_Valentien + Valentien Landschaftsarchitekten
und Stadtplaner, Stadt München

图 6.5.1 —图 6.5.2_RHA_ Reicher Haase Architekten +

Stadtplaner

图 6.5.3_scheuvens + wachten, Dortmund

图 6.5.4 —图 6.6.4_RHA_ Reicher Haase Architekten +
Stadtplaner

图 6.6.5_LAD+ Landschaftsarchitektur Diekmann,
Hannover

图 6.6.6 —图 6.7.4_RHA_ Reicher Haase Architekten +
Stadtplaner

图 6.8.1 —图 6.8.4_Oswald, Franz, Baccini, Peter
Netzstadt_ Einführung in das Stadtentwerfen,
Birkhäuser, Basel, Boston, Berlin, 2003, S. 66/S. 73/S.
174/S. 175

图 6.8.5_scheuvens + wachten, Dortmund

图 6.8.6_Fachgebiet Städtebau, Stadtgestaltung und
Bauleitplanung, TU Dortmund

图 6.9.1 —图 6.9.2_RHA_ Reicher Haase Architekten +
Stadtplaner

7 城市形态设计与态度

图 7.1.1_Lynch, Kevin: Das Bild der Stadt, Bertelsmann
Fachverlag, Gütersloh, Berlin, München, Bauwelt
Fundamente 16, Urlich Conrads (Hrsg.), 1968, S. 168/169

图 7.2.1_Rowe, Colin, Koetter, Fred: Collage City,
Birkhäuser, Basel, Boston, Berlin, 1984, S. 166

图 7.3.1_Foto: Uwe Grützner

图 7.3.2_Foto: Christa Reicher

图 7.4.1_Planungsgruppe Kasper + Klever

8 城市营造是一个过程

图 8.1.1_Senatsverwaltung für Stadtentwicklung,
Berlin, Wettbewerbsbeitrag Base/Another Architekt,
Paris/Berlin

图 8.1.2_LEG-Preis 2010, Wettbewerbsbeitrag Viola
Spurk

图 8.1.3_RHA_ Reicher Haase Architekten + Stadtplaner

图 8.2.1_Fachgebiet Städtebau, Stadtgestaltung und
Bauleitplanung, TU Dortmund

图 8.2.2 —图 8.2.3_Montag Stiftung Urbane Räume gAG

图 8.3.1_Eigene Darstellung, nach Karl Ganser

图 8.3.2_Foto: Frank Roost

图 8.3.3_Fotos: Ilka Mecklenbrauck

9 精选专题集

图 9.1.1_Rowe, Colin, Koetter, Fred, Collage City,
Birkhäuser, Basel, Boston, Berlin, 1984, S. 144

图 9.1.2_Jonas, Carsten: Die Stadt und ihr Grundriss, Zu Form und Geschichte der deutschen Stadt nach Entfestigung und Eisenbahnanschluss, Emst Was-muth Verlag, Tübingen, Berlin, 2009, S. 112

图 9.1.3_Architekten Paolo Soleri

图 9.1.4_Kühn, Erich: Stadt und Natur, Vorträge, Aufsätze, Dokumente, 1932- 1981, Hans Christians Verlag, Hamburg, Thomas Bandholtz, Lotte Kühn, Institut für Städtebau und Landesplanung RWTH Aachen, Gerd Curdes (Hrsg.), 1984, S.144/154

图 9.1.5_Fuller

图 9.1.6 —图 9.1.8_Fotos: Christa Reicher

图 9.1.9_RHA_ Reicher Haase Architekten + Stadtplaner

图 9.1.10_Luftbild Pertlwieser/StPL, Magistrat Linz, Österreich

图 9.1.11_Arbeitsgemeinschaft Marin Treberspurg, Georg Reinberg, Erich Raith

图 9.2.1_LEG-Preis 2010, Wettbewerbsbeitrag Anna Lips und Annette Bohr, Staatl. Akademie der Künste Stuttgart, Prof. Nicolas Fritz/MA Dipl.-Ing. Peter Weigand

图 9.2.2_Sebastian Büchs

图 9.2.3_ASTOC Architects and Planners, Köln, Fotos: Ulrich Neikes, Goch (Luftbild), Christa Lachenmaier, Köln

图 9.2.4_LEG-Preis, Wettbewerbsbeitrag Viola Spurk

图 9.3.1_RHA_ Reicher Haase Architekten + Stadtplaner

图 9.3.2_Eigene Abbildung, RHA_ Reicher Haase Architekten + Stadtplaner

图 9.3.3_ASTOC Architects and Planners, Köln

图 9.4.1_Hölzer, Christoph; Hundt, Tobias; Lüke, Carolin; Hamm, Oliver G.: Riverscapes, Designing Urban Embankments, Birkhäuser, Basel, Boston, Berlin, Montag Stiftung Urbane Räume, Regionale 2010,2008, S. 175

图 9.4.2_keilner schleich wunderling architekten + stadtplaner GmbH, IRENELO— HAUSPETERCARL LANDSCHAFSARCHITEKTUR

图 9.4.3_RHA_ Reicher Haase Architekten + Stadtplaner

图 9.4.4_Eigene Abbildung

图 9.4.5_RHA_ Reicher Haase Architekten + Stadtplaner

图 9.4.6_EUROPAN Europa (Hrsg.): europan 9 Ergebnisse, Paris, 2008, S. 58, Wett-bewerbsbeitrag Florian Krieger

图 9.5.1_Foto: Christa Reicher

图 9.5.2_Streitberger, Bernd, Müller, Anne Luise (Hrsg.) 2011: Rechtsrheinische Perspektiven. Stadtplanung und Städtebau im postindustriellen Köln. 1990 bis 2030. DOM publishers, Berlin.

图 9.5.3 —图 9.5.4_RHA_ Reicher Haase Architekten + Stadtplaner

图 9.5.5_ASTOC Architects and Planners, Köln

附录

图 A.1 —图 A.11_Eigene Abbildung

提示

　　本书中所使用的许多配图都出自于公开课和研讨课的课件资料。我们已竭尽全力寻找配图的来源和规划资料或图片资料的作者。若还存在任何缺失或缺陷，请多多包涵。

译后记

本书第一版于2012年问世，是欧洲最大的城市规划学院——多特蒙德工大的空间规划系的教材《城市设计》。中文版是基于原著的第3版翻译，自2014年开始酝酿，于2015年8月成功立项，直到现在终于能顺利出版，前后用了4年的时间。衷心感谢这个过程中所有参与者对我的帮助。

首先要感谢原作者莱歇尔教授。起初，我在布伦瑞克工业大学建筑工程系城市营造研究所的课程进修中，无意间接触到了她的这本书。在严苛的学业中，我逐步为书中的知识所折服。这本书伴随着我，从德国的学术进修生涯一路走向中国的设计实践工作。随着翻译工作的进行，对本书的理解亦不断加深。不论莱歇尔教授对我孜孜不倦的教诲、对书本内容深入浅出的答疑解惑，仅就这本书的学术理论而言，她已经影响了我的整个人生。

然后，我要感谢对这本书的立项和出版工作起了很大作用的老师和前辈们。先从这本书的立项说起，它源于我和布伦瑞克工业大学建筑系的助教 Michael Bucherer 老师的一次闲聊。那天我笑着和他说最近在读这本书，里面的知识很不错，我想抄录一部分发给国内的同学们一起学习。他很认真地看着我说："这可能会侵犯作者的版权，你为何不正式翻译，通过官方渠道引进到中国出版呢？"从此，这个念头的火种开始在我的心底闪烁。

由于从未从事相关的工作，且人在德国，所以数月以来如此宏大的构想只能徘徊在心头。许久之后又是一次闲聊，国内的好友吕宬给了我付诸行动的鼓励和支持。确实，不试试怎么知道不行呢？原本对引进书籍一无所知的我，开始大着胆子寻找出版社。幸运的事情发生了：同济大学建筑与城市规划学院院长、李振宇教授在出版社办事时，无意间看到了吕宬为我呈递的原稿（彼时出版社尚未决定是否立项），翻阅后他当即为这本《城市设计》的立项做了推荐。自此好消息不断：教授级高级建筑师、原深圳市规划和国土资源委员会副总规划师、深圳规划学会常务理事、住建部城市设计专家委员会委员张宇星博士在看了我的翻译书稿以后，也高度肯定了它的学术价值，还给出了宝贵的意见。后来到了出版阶段，我更是有幸邀得了同济大学建筑与城市规划学院城市更新与设计学科的主持教授庄宇博士和当初启发我去德国留学的浙江大学建筑工程学院教授秦洛峰博士为本书作序。庄宇教授还亲自为中文版书名的翻译，提供了关键的建议。这一切，恐怕当初连立项都不敢奢望的我无论如何都不能想象，但它就那么实实在在地发生了。

在翻译工作中，要特别感谢吴易难娜（德籍华人）以及韩毅（上海外国语大学日耳曼文学学士、德国金融硕士）、周乃逊（德籍华人）、Robin Hertwig（德国）、李潇（莱歇尔教授辅导的博士生，其著作《区域的远见》译者）、林志远（中国台湾）等朋友们在语义分析上对我的帮助。多亏他们，我在原文理解上的硬伤才得以避免。

在初稿的校对工作上，除了第四章和附录由我自行完成之外，好友应倩校对了第二、第五、第七、第八章；张宇寰（马来西亚华人）校对了前言、第一、第六章；张帆校对了第三章、梁睿校对了第九章。再次感谢这些昔日一起在德国求学奋斗的好友们的无偿帮助，祝大家在如今的事业岗位上都能实现自己的追求和价值。

在编辑出版的工作上，非常感谢同济大学出版社熊磊丽老师的细致工作。另外，当年在同济大学吴志强教授译制组中参与翻译 Dieter Prinz 教授所著《城市设计》全程工作的干靓博士，也为本书提供了宝贵的建议。

上述各位老师、朋友们的信任和帮助，在下实在无以为报。唯有下定决心，用最好的图文翻译品质，力争让本书不留遗憾。

因此，为了追求学术上的准确性和表达上的通畅性，我进行了大量阅读和广泛联想、反复推翻之前的版本或斟酌着再度恢复。无论翻译和校对有多么辛苦，在我心中一以贯之的，就是一份责任感。在遇上甚至连普通德国人都难以理解的德语表述时，我一再告诫自己，这本书的译法将会成为未来其他书籍的参照，我现在必须承担起历史的责任，所以一定要慎重，一定要严谨。同理，本书还翻译了几乎所有配图中的德文注解，并且为了改成中文，几乎所有配图都进行了重制，有些清晰度质量甚至比德语原版更好。文中所提到的每一个对德国人来说习以为常的知识点和案例背景，译文都增加了相应的注释。通过建立和其他语种资料（不限于中文、德文，甚至参考了日文、法文、英文等各个语种的翻译版本）的对比参照，来保证译法的准确性。

综上所述，希望通过一切努力，最终能达到让读者"几乎感觉不到这是一本译作"的效果。在几轮精细校对的过程中，我像一只五维空间上的蚂蚁，不停地穿梭在时间轴上，和不同时间、具有对文章不同理解深度和角度的自己对话，不停推敲更合适的表述方法。希望结合了我自身写作习惯的译作文风，能令读者更容易理解其中所阐述的思想。由于这本书的翻译成果，综合了不止我一人的学术观点，还包括前文所提到的那些朋友的帮助，以及其他相关文献的印证，所以本书的译文不光应是准确的，更应该是能够立体地反映这个时代的。希望这本译作能起到"城市设计"这门学科的导航手册的效果，让人发现每一个要点背后，都有深邃的学术空间可以挖掘。

另外值得一提的巧合，就是在本书立项仅仅 4 个月之后，中央城市工作会议时隔 37 年，于 2015 年 12 月重启。会议首次提出"要在规划理念和方法上不断创新，增强规划科学性、指导性。要加强城市设计……"以及"要提升规划水平，增强城市规划的科学性和权威性，促进'多规合一'，全面开展城市设计……"当时新闻一出，我就愣住了：万万没想到微不足道的自己，居然能有幸做一件和这个澎湃的时代产生共鸣的事情。在那一刻，我仿佛真正领会到荀子说"路虽弥，不行不至；事虽小，不做不成"和周恩来那句"为中华之崛起而读书"的含义。

最后，感谢家人们对我的养育和栽培。希望我能成为你们心中的骄傲。

2017 年 12 月 17 日